人类地外空间
受控生态系统构建技术研究

谢更新 ◎ 著

重庆大学出版社

内容提要

本书以人类地外星球生存受控生态系统构建为研究对象，对人类在这方面做出的努力和成果进行了系统性的总结，构建了地外宜居天体评估模型，在团队承担的嫦娥四号生物载荷在月球培育出第一片绿叶的基础上，凝练和系统提出了未来人类如何在月球等地外星球构建受控生态系统的理论、方案及路线等，同时提出了利用地球洞穴系统来模拟月球和火星上的熔岩管道的内部环境进行研究和验证实验设计，以及构建地外星球地面模拟系统对未来地外基地建设的意义。

图书在版编目（CIP）数据

人类地外空间受控生态系统构建技术研究／谢更新著
. -- 重庆：重庆大学出版社，2023.8
ISBN 978-7-5689-3739-9

Ⅰ．①人… Ⅱ．①谢… Ⅲ．①地外环境—生态系—研
究 Ⅳ．①X21

中国国家版本馆 CIP 数据核字（2023）第 012153 号

人类地外空间受控生态系统构建技术研究
RENLEI DIWAI KONGJIAN SHOUKONG SHENGTAI XITONG GOUJIAN JISHU YANJIU
谢更新　著
策划编辑：杨粮菊

责任编辑：姜　凤　　版式设计：杨粮菊
责任校对：邹　忌　　责任印制：张　策

*

重庆大学出版社出版发行
出版人：陈晓阳
社址：重庆市沙坪坝区大学城西路 21 号
邮编：401331
电话：（023）88617190　88617185（中小学）
传真：（023）88617186　88617166
网址：http://www.cqup.com.cn
邮箱：fxk@ cqup. com. cn（营销中心）
全国新华书店经销
重庆升光电力印务有限公司印刷

*

开本：720mm×1020mm　1/16　印张：20.5　字数：360 千　插页：6 开 1 页
2023 年 8 月第 1 版　　2023 年 8 月第 1 次印刷
ISBN 978-7-5689-3739-9　定价：128.00 元

编委会

序 言

  人类从古至今都对星空充满幻想与寄托。习近平总书记指出,"探索浩瀚宇宙,发展航天事业,建设航天强国,是我们不懈追求的航天梦。"1961 年 4 月,世界上第一艘载人飞船"东方 1 号"成功发射,加加林成为第一个太空人;1965 年列昂诺夫进行了人类首次太空行走;1969 年阿姆斯特朗登陆月球并迈出了"人类的一大步";2007 年 10 月我国首颗探月卫星嫦娥一号升空,标志着我国已经进入世界具有深空探测能力的国家行列;2022 年 12 月嫦娥五号返回器携带月球样品着陆地球,宣告了我国探月工程"绕、落、回"三步走规划已如期完成。随着人类在深空探测这条道路上取得越来越多的成就,建立地外基地已经变得不再遥不可及。美国、欧盟、俄罗斯等航天强国均已公布了建立地外基地的计划,而我国也已经将论证月球科研站建设纳入下一步探月工程规划之中。

  我国的美丽神话故事"广寒宫""嫦娥奔月"表达了对地外星球的向往。随着科技和经济的发展,在地外星球生存、科考、旅游甚至移民不再是畅想,而逐渐变为现实。建立地外星球生存基地是人类面临的重大科学工程难题和挑战,地外星球的表面环境十分恶劣,有机生物无法直接在其表面生存。2019 年嫦娥四号任务生物科普试验载荷项目实现人类首次在地外星球的真实环境下构建了一个微型生态系统,开展生物生存试验并成功在月球上培育了人类第一片绿叶,向人们证实了生物在其他星球上生长是可行的。但若想在地外星球建立生存基地还有很多亟待解决的问题:怎样建造或者寻找合适的避难所? 如何对星球上的原位资源进行利用? 怎样构建一个类似地球的生态系统并保障其长期稳定运行? 著者结合自身科研工作及目前人类在建立地外基地方面的研究进行全面的分析和展望,不仅可以为我国未来地外基地的建设提供设计理念和技术基础,还能够为相关科技产业的发展提供指引。

《人类地外空间受控生态系统构建技术研究》一书的内容贯穿了"建立地外星球基地"的完整生命周期,不仅介绍了人类对地球和地外生存空间的探索历史,还从多个角度对不同地外天体的宜居性进行了分析;它详细介绍了人类受控空间系统的发展历史、运行的原理,并对针对地外环境如何构建起一套行之有效的受控生态系统进行了总结和分析;提出了利用地球上的喀斯特洞穴来模拟地外熔岩管道进行研究实验和验证的思路,并设计了一套初步的方案,对推进地外基地建设的相关研究具有积极意义。

本书在系统介绍如何建立地外星球基地的同时,还对人类首次在月球表面进行的生物实验进行了详细的描述和介绍,包含实验的原理及方案、子系统的设计、地面准备实验及月球实验的详细流程和结果,展望了未来建立地外基地的技术及发展路线。本书也是深空探测方面十分专业的著作,对人类如何在地外星球建立基地进行了细致的描述、规划和展望,对世界上在地外星球基地规划方面提出了中国学者的方案,对我国未来建立月球乃至火星基地具有十分重要的推动和引领作用。

谢更新

2023.6.12

目　录

1　绪言

　　生命起源与进化是一个亘古未解之谜，它与天体演化和基本粒子理论并称为现代科学的 3 个前沿问题。对生命起源进行探讨，揭示生命诞生之谜，不仅意味着一个谜团的解开，还必然会导致科学上新兴学科的诞生，而其实际影响也将关系着我们人类未来的命运，如生命再造与生存、地外生命寻找与太空星体"地球化"等重大科学问题。而开展生命起源与进化研究又不得不就人类生存的环境和空间进行探索，正如现代航天学和火箭理论的奠基人，苏联科学家康斯坦丁·齐奥尔科夫斯基说过的"地球是人类的摇篮，但人类不可能永远被束缚在摇篮里。"人类要离开地球这个生存的摇篮，去探索如何在地外星球进行生存，必然是我们将要研究和探索的重要内容，到目前为止，我们还没有找到利用现有技术可以到达的适合生存的地外星球，人类可以到达的月球、火星等星球，其表面的气压、空气成分、密度、元素及辐射等环境条件并不适合生存，要在地外星球生存、种植等就需要构建一个密闭的受控生态系统。

1.1 人类拓展生存空间的探索历史

1.1.1 地球生存空间不断拓展

根据已发现的古猿和古人类化石材料,最早的人类可能在距今300万年或400万年之前出现,大部分研究表明人类可能起源于非洲。6万~5.5万年前,第一批现代人类祖先——智人走出非洲,走得最远的抵达了澳大利亚。5.5万~5万年前,智人走出非洲,进入欧亚干草原。5万~4.5万年前,一批又一批的现代人类沿着"撒哈拉通道"走出非洲,抵达中亚——亚洲东部和印度等地。那时欧洲尚未出现现代人类,仍然只有尼安德特人。4.5万~4万年前,亚洲和西伯利亚遍布现代人类,一批人调头从中亚向欧洲走去。4万~3.5万年前,欧洲的现代人类最远已到达西班牙。从伊朗高原到欧亚干草原的人类非常活跃,部分人类向南进入印度和东南亚。3.5~3万年前,在欧洲,现代人类与尼安德特人和克罗马农人混杂居住。6万年前的现代人类也进入了亚洲东部。3万~2.5万年前,冰河期高峰,人类抵达白令海峡边,但无法跨越,尼安德特人灭绝。2万~1.5万年前,冰河逐渐消退,多批人类进入美洲,很快抵达中南美洲,其中,包括6万年前第一批走出非洲的现代人类。人类第一次拓展生存空间历时数十万年。早期人类迁徙路线图如图1.1所示。

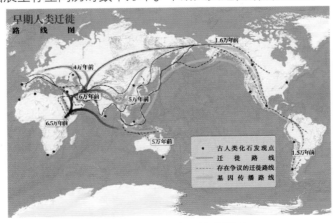

图1.1 早期人类迁徙路线图

　　《史记·秦始皇本纪》中记载:秦始皇二十八年(公元前219年),"齐人徐福等上书,言海中有三神山,名曰蓬莱、方丈、瀛洲,仙人居之。请得斋戒,与童男女求之。于是遣徐福发童男女数千人,入海求仙人。"徐福两次渡海,第一次于秦始皇二十八年,第二次于秦始皇三十七年(公元前210)的六七月间,均于琅邪起航,作沿岸逐岛航行,东渡止于日本今和歌山县新宫市,两次共计上万人(含水手、船工、武士等),并带去了秦代中国先进的诸如冶铜、冶铁、制陶、纺织等手工业技术和以稻作为代表的五谷种植农业技术,成功地将秦代先进的物质文明移植于日本,形成了以九州为中心的日本铁器时代前期的弥生文化。人类探索生存空间的历程就是人类发展的历程。

　　人类对生存空间的探索促进了人类社会的进步与发展。1492年,意大利热那亚航海家哥伦布找到了西班牙国王,要求寻找从海上通往印度的通道。伊莎贝尔女王向哥伦布提供了3艘船(圣玛丽亚号、平塔号和尼娜号)和百余名水手。哥伦布率船队由加迪斯出发,10月12日发现了美洲新大陆并登上巴哈马的圣萨尔瓦多岛,然后带了几个土著人及一些物品返回西班牙。向西航行,寻找印度,到达中美洲的巴哈马群岛(Bahamas),后来的3次航行,他分别到了加勒比海(Caribbean Sea)沿岸的中美洲和南美洲北部。哥伦布发现美洲,成为新旧大陆交往的先驱。首次打破了美洲大陆与欧洲大陆及其他各地区、各民族之间的孤立隔绝状态,迎来了两大世界文明社会的新时期,使世界日益成为一个整体,逐渐形成世界市场,客观上促进了美洲社会向文明社会过渡。人类最早证实看见南极洲是在1820年,分别由俄罗斯帝国海军舰长法比安·戈特利布·冯·别林斯高晋、英国皇家海军舰长爱德华·布兰斯菲尔德及美国斯托宁顿海豹捕猎人纳撒尼尔·帕尔默3人所见。冯·别林斯高晋在1820年1月27日发现南极洲,领先布兰斯菲尔德10天,也早了帕尔默10个月。当天,由冯·别林斯高晋和米哈伊尔·彼得罗维奇·拉扎列夫率领的探险队,乘两艘船舰在距南极大陆32 km处发现了冰原。首位证实踏上南极大陆的则是美国海豹捕猎人约翰·戴维斯,他于1821年2月7日在西南极洲登陆。

　　人类早期生存主要依靠洞穴,然后搭建简易房。随着科技和文明进步,人类居住的房屋也随着生产力的发展和社会的进步在逐渐发生转变。人类居住史如图1.2所示。

图 1.2　人类居住史

1）早期

原始人类为避寒暑风雨，防虫蛇猛兽，住在山洞里或树上，这就是所谓的"穴居"和"巢居"（树上筑巢）。经过不断进化，古人开始营建房屋。

2）古代

随着人类文化和技术的发展，人们开始群居，并开始按照事先设计好的方案建造房屋。于是经过人们精工雕凿、科学拼接而成的木屋和石屋，以及木石土合用建造的各种形式的房屋大量出现，直至发展成为规模宏大的宫殿建筑群和寺庙建筑群。

3）近代

近代房屋在本质上有了巨大变革。人们不再单纯地依靠天然材料，而是采用钢筋水泥等人工材料，而且更加重视房屋内外的装饰。例如，在墙上镶瓷砖、涂金粉，使房屋变得金碧辉煌，光彩夺目。这些建筑，无论从结构上还是从外观上都远远超过了古代房屋。

4）现代

现代房屋已不只是供人们生活、工作的庇护所，它为人类提供了生产、科研、艺术创作等一切发展现代文明的场所。

1.1.2　人类拓展太空生存空间历史

近代人类拓展太空生存空间主要历程如图 1.3 所示。

1)第一颗人造卫星

斯普特尼克 1 号(Спутник-1)是人类第一颗人造卫星,由苏联火箭专家科罗廖夫利用导弹改制而成,整体为铝制球体,直径 58 cm,重 83.6 kg。圆球外面附着两对弹簧鞭状天线,其中,一对长 240 cm,另一对长 290 cm。该卫星内部装有两台无线电发射机——频率分别为 20.005 和 40.002 MHz。无线电发射机发出的信号,采用一般电报信号的形式,每个信号持续时间约 0.3 s,间歇时间与此相同。此外,还装有一台磁强计,一台辐射计数器,一些测量卫星内部温度和压力的感应元件及作为电源的化学电池。无线电发射机的用途是通过向地球发出信号来提示太空中的气压和温度变化。1957 年 10 月 4 日,苏联在拜科努尔航天中心发射升空,它以每小时 29 000 km 的速度脱离地球引力,成为第一个进入外层空间的人造物体,在外层空间以 20.005 至 40.002 MHz 的频率向地球发送无线电波信号,可被业余无线电用户所接收。其发送一直持续至 1957 年 10 月 26 日,因电池耗尽而中断。1958 年初,斯普特尼克 1 号共围绕地球运转了 6 000 万 km。在轨道中度过 3 个多月,围绕地球转了 1 400 多圈,最后失去动力,脱离工作轨道坠入大气层消失。

2)第一艘载人飞船

1961 年 4 月 12 日,苏联成功发射了世界上第一艘载人飞船"东方 1 号",乘坐这艘飞船的航天员是加加林。飞船环绕地球飞行时,轨道近地点为 169 km,远地点为 315 km,轨道周期是 89.3 min,从发射到返回历时 108 min。在"东方 1 号"载人飞船发射之前,苏联曾多次进行不载人飞行试验。在第三次飞行试验时,飞船上载有 2 只狗和 50 只老鼠,并成功返回。专家发现,在飞船绕地球飞行到第四圈时,1 只狗严重呕吐,因此,决定第一次载人飞行只绕地球一圈就返回。

3）第一次太空行走

1965 年 3 月 18 日,苏联发射了"上升 2 号"飞船,该飞船有两名航天员,别列亚耶夫空军上校和列昂诺夫空军中校。列昂诺夫在舱外空间环境中行走了 12 min,成为太空行走的第一人。

4）第一次太空对接

1966 年 3 月 16 日,美国宇航员阿姆斯特朗和斯科特乘坐"双子星座 8 号"载人飞船,与无目标飞行器"阿金纳"手动交会对接,成功实现了世界上两个航天器之间的首次交会对接。

5）第一座空间站

1971 年 4 月 19 日,苏联发射了世界上第一座空间站"礼炮 1 号",开辟了载人航天的新领域。"礼炮 1 号"运行至 1971 年 10 月 11 日止。

"礼炮 1 号"的用途是测试太空站的系统组件,做一些关于科学的实验研究。"礼炮 1 号"长 20 m,最大直径 4 m,内部空间为 99 m³,在轨道时的净重是 18 425 kg。"礼炮 1 号"内有数个分隔区,其中 3 个加了压,有两个是用来泊接的。第一个舱是传送舱,直接与太空站连接,泊接口呈圆锥形,前面宽 2 m,后面宽 3 m。第二个舱是主舱,直径约 4 m。空间可容纳 8 把大椅子,有 7 个工作台,几个控制面板和 20 个舷窗。第三个舱是辅助舱,装有控制和通信装置、电力供应、维生系统和其他辅助设备。第四个也是最后一个舱,直径约 2 m,装有引擎和其他关联的控制装置,此舱并没有加压。"礼炮 1 号"有一个缓冲电池组、额外的氧气和水供应,还有一个再生系统。另外,太空站其余装置包括两块太阳能板,分别放置在太空站的两端,像一对羽翼。还有一个放射式散热器,以及一些定位和控制装置。

"礼炮 1 号"上安装有猎户座 1 号太空天文台,它是由多布罗沃尔斯基设计的,隶属位于亚美尼亚的布拉堪天文台。利用此装置的镜面望远镜和梅森系统,可以得到星体的紫外光谱图。光谱照片是利用了远紫外线敏感的菲林而获得的。光谱仪的色散为 32 a/mm(3.2 nm/mm),而得到的光谱照片在 2 600 Å 处的分辨率约为 5 a(在 260 nm 处为 0.5 nm)。在 2 000～3 800 Å(200～380 nm)得到了织女星和半人马座贝塔星的无纵裂光谱图。这架望远镜是由宇航员维多克·帕特赛耶夫操作的,他是第一个在地球大气层以外操作望远镜的人。

6)运行时间最长的空间站

1986 年 2 月 20 日,苏联成功发射了"和平号"空间站的核心舱,从此开始了新型空间站的建设。在"和平号"空间站运行的 15 年期间,共有 31 艘载人飞船、62 艘货运飞船与之对接,28 个长期考察组和 16 个短期考察组先后访问过"和平号"空间站,共进行了 16 500 次科学试验,完成了 23 项国际科学考察计划。2001 年 3 月 23 日,"和平号"空间站坠落于南太平洋预定海域,成为人类历史上飞行时间最长的空间站。

7)第一次进入月球轨道

1968 年 12 月 21 日,美国土星 5 号火箭发射升空,它携带的"阿波罗 8 号"飞船载有 3 名航天员。于 12 月 24 日上午,机组抵达了月球轨道并环绕月球轨道运动。这是人类第一次环绕月球飞行。

8)第一架航天飞机

1981 年 4 月 12 日,第一架航天飞机"哥伦比亚号"在美国卡纳维拉尔角肯尼迪航天中心发射成功,翻开了航天史上新的一页。这架航天飞机总长约 56 m,翼展约 24 m,最大有效载荷 29.5 t。它的核心部分轨道器长 37.2 m。每次飞行最多可载 8 名宇航员,飞行时间 7~30 天,轨道器可重复使用 75~100 次。航天飞机集火箭、卫星和飞机的技术特点于一身,能像火箭一样垂直发射进入空间轨道,又能像卫星一样在太空轨道飞行,还能像飞机一样再入大气层滑翔着陆,是一种新型的多功能航天飞行器。

9)人类第一次登月

阿波罗计划是美国在 1961—1972 年组织实施的一系列载人登月飞行任务。目的是实现载人登月飞行和人对月球的实地考察,为载人行星飞行和探测进行技术准备,它是世界航天史上具有划时代意义的一项成就。

阿波罗计划是人类第一次登上月球的伟大工程,始于 1961 年 5 月,结束于 1972 年 12 月,历时 11 年 7 个月。阿波罗计划载人登月的技术途径是选用月球轨道交会方案,即将一艘载有 3 名航天员的飞船发射到月球轨道上,然后由 2 名航天员乘登月舱在月面上降落,进行月面探险。另一名航天员仍留在指挥舱中绕月球轨道飞行,并进行科学实验。返回时,在月面上的 2 名航天员启动登月舱的上升段发动机,飞上月球轨道,与指挥舱交会对接。2 名航天员进入指挥舱后,抛弃登月舱的上升段,脱离月球轨道返回地球。在再入大气层前,抛弃服务舱,仅指挥舱在太平洋上溅落。阿波罗飞船研制出来后,相继进行了 6 次无人亚轨道和环地轨道飞行、一次环地飞行、3 次载人环月飞行,最后才正式进行登月飞行。1968 年 10 月 11 日发射的阿波罗 7 号是第一艘载 3 名航天员的阿波罗飞船。在此之前,阿波罗计划中只做了不载人的飞行试验。自阿波罗 7 号起,到阿波罗 18 号止,美国共发射了 12 艘载人阿波罗飞船。

1969 年 7 月 16 日,巨大的"土星 5 号"火箭载着"阿波罗 11 号"飞船从美国肯尼迪航天中心发射场点火升空,开始了人类首次登月的太空征程。美国宇航员尼尔·阿姆斯特朗、埃德温·奥尔德林、迈克尔·科林斯驾驶着阿波罗 11 号宇宙飞船跨越 38 万 km 的征程,承载着全人类的梦想踏上了月球表面。

这确实是一个人的小小一步,但却是整个人类的伟大一步。他们见证了从地球到月球梦想的实现,这一步跨越了 5 000 年的时光。阿波罗 11 号在大约 160 km 的高度、以 29 000 km/h 的速度环绕地球飞行。大约在第二轨道的中途,射入超月球轨道的点火开始。这是"土星"火箭助推器最后一次关键性的点火,火箭发动机的这次点火将使飞船达到逃逸速度——40 200 km/h 从而脱离地球轨道。

10) 人类第一次火星探测

早在 1960 年,人类就开始陆续向火星发射探测器,但都未取得预期成果,直到 1962 年 11 月,苏联发射的"火星 1 号"探测器成功进入前往火星的轨道,在飞离地球 1 亿 km 与地面失联,这可以看作人类火星探测的开端。1965 年 7 月,美国发射的"水手 4 号"探测器首次飞临火星并成功获取 21 张照片;1972 年,美国"水手 9 号"探测器成为火星的第一颗人造卫星;1976 年,美国"海盗 1 号"探测器顺利着陆火星,并传回彩色照片;2004 年,欧洲航天局"火星快车"探测器在火星南极发现冰冻水,这是人类首次在火星表面发现水;2021 年,中国"祝融号"火星车成功抵达火星表面,人类首次获取火星车火星表面移动过程的视频。

11) 人类第一次太阳系地外天体探测

除月球、火星外,太阳系内还有其他天体值得探索。1974 年 2 月,美国"水手

"10号"飞掠金星并获取云层照片,3月从离水星表面 700 km 处经过,这是人类第一个探测过水星的太空船。1972 年,美国发射的"先驱者 10 号"探测器,首次抵达木星附近并获取木星彩色照片;1979 年 9 月,美国"先驱者 11 号"探测器首次拍摄土星的照片;1986 年美国"旅行者 2 号"飞掠天王星;1989 年经过海王星;2014 年 9 月,美国"旅行者 1 号"探测器飞离太阳系,这是首个冲出太阳系的人造飞行器。中国在探月工程"绕、落、回"规划和"天问一号"成功发射的基础上,后续将长期持续地进行深空探测,主要任务包括对太阳系的其他行星、深远空间的小行星和 100 个天文单位(150 亿 km)之外的太阳系边际进行探测。

1.2　人类生存空间探索的范围

1.2.1　陆地

现代科技可以带领我们到达陆地上几乎任何一个区域,所以人类对陆地表面的了解相对多一些,用卫星几乎可以测绘陆地表面的每一寸土地。

地表垂直高度上人类已经登上过地球之巅:1953 年 5 月 29 日,人类第一次登上海拔 8 844.43 m 的珠穆朗玛峰,创造这一壮举的是新西兰人埃德蒙·希拉里。在地下垂直深度上,科拉超深井是到达地球最深处的人造物。苏联于 1970 年在科拉半岛邻近挪威国界的地区开始了一项科学钻探,其中,最深的一个钻孔 SG-3 在 1989 年达到 12 263 m,以垂深计算。科拉超深井 SG-3 是世界上最深的参数井,由科学研发中心"NEDRA"钻成,位于摩尔曼斯克州,扎波利亚尔内市以西 10 km。该井处于波罗的海地盾东北部,前寒武纪携矿接合处。井深 12 263 m,上部直径 92 cm,下部直径 21.5 cm。SG-3 井不带勘探目的,纯粹用于在莫霍面接近地表处的科研。2008 年,美国卡塔尔地区的阿肖辛油井长度达到 12 289 m,打破了科拉超深钻井 SG-3 钻孔的长度记录。

1.2.2 海洋

马里亚纳海沟(Mariana Trench),又名玛利亚娜海沟。位于 $11°20'N,142°11.5'E$,即菲律宾东北、马里亚纳群岛附近的太平洋底,北起硫黄岛、西南至雅浦岛附近。其北部有阿留申、千岛、小笠原等海沟,南有新不列颠和新赫布里底等海沟,全长 2 550 km,呈弧形,平均宽 70 km。据估计,这条海沟已形成 6 000 万年。

马里亚纳海沟最深处达 6～11 km,是已知的海洋最深处,这里水压高、完全黑暗、温度低、含氧量低,且食物资源匮乏,是地球上环境最恶劣的区域之一。

1958 年,美国海军以高价从设计者皮卡德父子手中购买了"的里雅斯特"号。在皮卡德父子的直接领导下,美国海军从德国购置了一种耐压强度更高的克虏伯球,建造了新型的"的里雅斯特"号深潜器。1958 年,新型的"的里雅斯特"号首次试潜就潜到 5 600 m 的深度;第二年又潜到 7 315 m。"的里雅斯特"号在 1960 年 1 月 20 日用了 4 小时 43 分钟的时间,潜到了世界海洋最深处——马利亚纳海沟,最大潜水深度为 10 916 m。人类几乎探索到了最深的海底。20 世纪 60 年代出现的"的里雅斯特"号深潜器是一个固定在储油器上的球型钢制吊舱。储油器中装满了比水轻的汽油,能在必要的情况下使潜水器浮出水面。下水前,把几吨重的铁沙压载装进特殊的储油罐中,在升上水面前,打开储油罐,甩掉压载。由蓄电池供电的小型电动机保证了螺旋桨、舵和其他机动装置运转。这种类型的深潜器不能灵活运行,它如同"深水电梯",观察人员潜到指定地点后就返回。

"深海挑战者"号是一艘由澳大利亚工程师打造、仅能容纳 1 人的深潜器,高 7.3 m,重 12 t,承压钢板厚 6.4 cm。该潜水器安装有多个摄像头,可以全程 3D 摄像,同时具备赛车和鱼雷的高级性能,而且还配有专业设备收集小型海底生物,以供地面科研人员研究。深潜器被设计成可以在海底缓缓移动,然后垂直上升。"深海挑战者"号下潜速度可达到每分钟 500 英尺(约合 150 m)。2012 年 3 月 26 日,加拿大导演詹姆斯·卡梅隆乘坐"深海挑战者"号潜艇抵达太平洋下约 1.1 万 m 深处的马里亚纳海沟,成为全球第二批到达该处的人类、第一位只身潜入万米深海底的挑战者。

"奋斗者"号是中国研发的万米载人潜水器,于 2016 年立项,由以蛟龙号、深海勇士号载人潜水器的研发力量为主的科研团队承担。2020 年 6 月 19 日,中国万米载人潜水器正式命名为"奋斗者"号。2020 年 10 月 27 日,"奋斗者"号在马里亚纳海沟成功下潜突破 1 万 m，达到 10 058 m，创造了中国载人深潜的新纪录。11 月 10 日 8 时 12 分，"奋斗者"号在马里亚纳海沟成功坐底，坐底深度 10 909 m，刷新了中国载人深潜的新纪录。11 月 13 日 8 时 04 分，"奋斗者"号载人潜水器在马里亚纳海沟再次成功下潜突破 10 000 m。11 月 17 日 7 时 44 分，"奋斗者"号再次下潜突破万米。11 月 19 日，"奋斗者"号再次突破万米海深复核科考作业。

1.2.3　太空

人类踏足过的最远太空空间是月球表面，1969 年 7 月 16 日，阿姆斯特朗同奥尔德林和迈克尔·柯林斯乘"阿波罗 11"号宇宙飞船，飞向月球。7 月 20 日，由阿姆斯特朗操纵"鹰"号登月舱在月球表面着陆，于美国时间当天下午 10 时左右，他和奥尔德林跨出登月舱，踏上月球表面。阿姆斯特朗成了第一位登上月球并在月球上行走的人。当时他说出了此后在无数场合常被引用的名言："这是个人迈出的一小步，但却是人类迈出的一大步。"他们在月球上度过了 21 小时，21 日从月球起飞，24 日返回地球。

目前探索太空距离最远的太空探测器"旅行者 1 号"（Voyager 1）是由美国国家航空航天局（National Aeronautics and Space Administration，NASA）研制的一艘无人外太阳系空间探测器，重 815 kg，于 1977 年 9 月 5 日发射，截至 2020 年 6 月仍然正常运转。它曾到访过木星和土星，是提供了其卫星高解像清晰照片的第一艘航天器。其主要任务是 1979 年经过木星系统、1980 年经过土星系统，结束于 1980 年 11 月 20 日。它也是第一个提供了木星、土星以及其卫星详细照片的探测器，是距今离地球最远的人造卫星。截至 2019 年 10 月 23 日，"旅行者 1 号"正处于离太阳 211 亿 km 的距离。直到现在，"旅行者 1 号"仍有足够的能源支持其星际飞行，并且可以与地球保持联络，但由于动力衰竭，有部分功能已经丧失，在 2025 年后，"旅行者 1 号"就会彻底与地球失去联系，并成为漂浮在宇宙中的一艘"流浪探测器"。

1.3　人类地外生存空间技术的发展

1.3.1　载人飞船

载人飞船是人类进入地外空间的运载工具,也是人类地外生存空间的第一站,在广阔的宇宙空间里为人类提供了必要的生存环境。

1)苏联

(1)东方号

苏联最早的载人飞船系列是"东方号",每艘只能乘坐一名航天员,共发射 6 艘。该系列飞船的设计源自天顶号卫星系列,采用两舱式结构,东方号飞船由密封座舱(2 400 kg)和工作舱组成,重约 4 730 kg。球形座舱直径为 2.3 m,能乘坐 1 名航天员,舱壁上有 3 个舷窗。舱外表面覆盖了一层防热材料。座舱内有可供飞行 10 昼夜的生命保障系统、弹射座椅和无线电、光学、导航等仪器设备。东方号飞船在返回前抛掉末级运载火箭和仪器舱,座舱单独再入大气层。当座舱下降到离地面约 7 km 高度时,航天员弹出飞船座舱,借助降落伞单独着陆。仪器舱位于座舱后,舱内装有化学电池、返回反推火箭和其他辅助设备。东方号飞船既可自动控制,也可由航天员手动控制。飞船飞行轨道的近地点约为 180 km,远地点为 222 ~ 327 km,倾角约 65°,周期约 89 min。

1961 年 4 月 12 日,世界上第一艘载人飞船"东方 1 号"飞上太空。苏联航天员尤里·加加林乘飞船绕地球飞行 108 min 后安全返回地面,成为世界上进入太空飞行的第一人。1963 年 6 月 16 日,苏联的捷列什科娃乘"东方 6 号"飞船进入太空,成为世界上第一位女航天员。

(2)上升号

上升号宇宙飞船是苏联第二代载人飞船,这一系列飞船在 1964—1965 年间共发射了 2 艘。

上升号载人飞船是以东方号飞船为基础改造而成的,其形状和尺寸大体上与东方号相似,长约 5 m,直径 2.4 m,重约 5.5 t,舱内自由空间 1.6 m³。和东方号载人飞船相比,其主要变化有:

①为了能容纳 3 名航天员,去掉了弹射座椅,换上了 3 个带有减震器的座椅,但即使这样 3 个人穿着航天服也挤不进去,为此把航天服改成了普通飞行服。

②去掉弹射座椅后,将着陆方式改为座舱整体着陆,主伞由两具面积为 574 m² 的伞组成。座舱增加了着陆缓冲器,当飞船距地面 1 m 时,由触杆式触地开关控制缓冲火箭点火,实现软着陆。

③为了实现出舱活动,增加了一个可伸缩气闸舱。气闸舱收缩后高度为 0.7 m,伸长后高度为 2.5 m,内径 1 m。有两个闸门:一个与飞船相连;另一个与外界相通。出舱活动完成后,将其抛掉。

④将生命保障系统的 10 天储备减为 3 天。

(3)联盟号

该系列飞船自 20 世纪 60 年代首飞,目前仍在使用。联盟号飞船是苏联继东方号飞船与上升号飞船之后自行研制的第三款载人飞船,是目前世界上服役时间最长、发射频率最高,同时也是可靠性最好的载人飞船,其设计目的原本是作为苏联载人登月计划中的地月往返工具,然而,由于苏联后来取消了登月计划,联盟号的活动范围就此被限制在地球轨道。1991 年,苏联解体后,联盟号的制造与发射转由俄罗斯联邦航天局掌握,主要负责对和平号空间站与国际空间站的人员运输和物资补给。2011 年,隶属美国国家航空航天局(简称"NASA")的航天飞机全线退役后,联盟号飞船成了宇航员往返国际空间站的唯一运输工具。联盟号飞船的改进型号众多,其衍生出的其他航天器包括探测器号、联盟号 T、联盟号 TM、联盟号 TMA、联盟号 MS 及进步号货运飞船等。

2)美国

(1)水星号

水星号飞船由逃逸部分、天线舱、回收舱和乘员舱四大部分组成。实际上真正的飞船只有一个舱段,即乘员舱,其他部分都是辅助设备。水星号飞船长 2.9 m,呈锥形,重 1.3 ~ 1.8 t,每艘飞船都有所变化和改进。美国人对载人飞船的研制从总体技术的掌握方面要落后于俄罗斯,在他们发射的 25 艘水星号飞船中载人的只有 6 次,而在这 6 次中真正进行轨道飞行的只有 4 次,其他的都是进行各种无人飞行试验。在发射中他们选择了不同的运载火箭,从中找出最佳的配置方案。第一颗水星无人飞船是 1959 年 8 月 21 日用"小兵"运载火箭发射的,实际上是一个金属模型,主要验证飞船的发射和回收技术。美国飞船的回收和俄罗斯不同,可能是国土面积的原因,俄罗斯面积大,所以它的回收选在陆地上,而美国则选在开阔的海面上。

(2)双子星座号

1965 年投入使用的"双子星座"飞船是美国第二代飞船。双子星座号是两舱式飞船,由座舱和服务舱组成,形状与第一代飞船"水星号飞船"相似,呈长圆锥形,高 5.6 m,最大直径 3.1 m,重 3.2 ~ 3.8 t,可乘坐两名航天员。

"双子星座"的座舱分密封和非密封两个部分,密封装有显示仪表、控制设备、废物处理装置和两把弹射座椅以及食物和水;非密封装有无线电设备、生命保障系统和降落伞等,全长 3.4 m,最大直径 2.3 m,航天员活动空间 2.55 m³,总重 1 982 kg。座舱前端还有交会对接用的雷达和对接装置,座舱底部覆盖再入防热材料。其服务舱分上舱和下舱两个部分,上舱装有 4 台制动发动机,下舱有轨道发动机及燃料、轨道通信设备、电池等,全长 1.4 m,最大直径 3.05 m,重 1 278 kg,其中,环控生命保障系统重 117 kg。由于服务舱内壁有许多流动冷却液的管子,因此该舱又是一个空间热辐射器。"双子星座"飞船在返回前先抛弃服务舱下舱。然后点燃 4 台制动火箭,再扔上舱。座舱再入大气层后,下降到低空时打开降落伞,航天员与座舱一起在海面上溅落。

(3)阿波罗号

阿波罗号飞船是美国第三代载人宇宙飞船系列。1966—1972 年共发射 17 艘:1 ~ 3 号为模拟飞船,4 ~ 6 号为不载人飞船,7 ~ 10 号为绕地球或月球轨道飞行的载人飞船,11 ~ 17 号为载人登月飞船。

飞船总重 45 t,由指挥舱、服务舱和登月舱三大部分组成。指挥舱呈圆锥形,是飞船的主体,宇航员生活和工作的地方。舱内装有各种控制操纵仪器、宇航员的装备、食物、水和废物处理设备等。服务舱为圆筒形,紧连指挥舱下面,是飞船的机房和仓库,主火箭、燃料、电源装置和氧、水等供应品统统都在这里。飞船进入月球轨道、绕月飞行时变轨以及返回地球时脱离月球轨道都靠主火箭的推力来实现。登月舱的形状犹如一个 4 条腿的怪物,是载人登月的专用设备,分下降段和上升段两大部分,各自配备有发动机。起飞时,登月舱装在服务舱下面的铝壳内,在进入奔月轨道后,从壳中出来被对接在整个飞船的最前面。它能够把两名宇航员送到月球表面。上升段里有生命保障系统、通信设备和电源设备。在登月过程中,两名宇航员在月面完成任务后,上升段发动机使他们飞离月面。在"阿波罗 15 号"至"阿波罗 17 号"飞船中还带有一辆月球车。车上有电视摄像机、无线电收发机和测量仪器,宇航员乘坐它在月面上考察。

3)中国

神舟飞船结构分为轨道舱、返回舱、推进舱、附加段 4 个部分。

神舟飞船的轨道舱是一个圆柱体,总长 2.8 m,最大直径 2.27 m,一端与返回舱相通,另一端与空间对接机构连接。轨道舱被称为"多功能厅",因为几名航天员除了升空和返回时要进入返回舱外,其余时间都在轨道舱中。轨道舱集工作、吃饭、睡觉和清洁等诸多功能于一体。为了使轨道舱在独自飞行的阶段可以获得电力,在轨道舱的两侧安装了太阳电池板翼,每块太阳翼除去三角部分面积为 2.0 m×3.4 m,轨道舱自由飞行时,可以由它提供 0.5 kW 以上的电力。轨道舱尾部有 4 组小的推进发动机,每组 4 个,为飞船提供辅助推力和与轨道舱分离后继续保持轨道运动的能力;轨道舱一侧靠近返回舱部分有一个圆形的舱门,为航天员进出轨道舱提供了通道,不过,该舱门的最大直径仅 65 cm,只有身体灵巧、受过专门训练的人,才能自由进出。舱门的上面有轨道舱的观察窗。轨道舱是飞船进入轨道后航天员工作、生活的场所。舱内除备有食物、饮水和大小便收集器等生活装置外,还有空间应用和科学试验用的仪器设备。返回舱返回后,轨道舱相当于一颗对地观察卫星或太空实验室,它将继续留在轨道上工作半年左右。轨道舱留轨利用是中国飞船的一大特色,俄罗斯和美国飞船的轨道舱和返回舱分离后,一般是废弃不用的。

返回舱又称为座舱,长 2.00 m,直径 2.40 m。它是航天员的"驾驶室",是航天员往返太空时乘坐的舱段,为密闭结构,前端有舱门。神舟飞船的返回舱呈钟形,有舱门与轨道舱相连。返回舱是飞船的指挥控制中心,内设可供 3 名航天员斜躺的座椅,供航天员起飞、上升和返回阶段乘坐。座椅前下方是仪表板、手控操纵手柄和光学瞄准镜等,显示飞船上各系统机器设备的状况。航天员通过这些仪表进行监视,并在必要时控制飞船上系统机器设备的工作。轨道舱和返回舱均为密闭舱段,内有环境控制和生命保障系统,确保舱内充满一个大气压力的氧氮混合气体,并将温度和湿度调节到人体合适的范围,确保航天员在整个飞行任务过程中的生命安全。另外,舱内还安装了供着陆用的主、备两具降落伞。神舟飞船的返回舱侧壁上开设了两个圆形窗口:一个用于航天员观测窗外的情景;另一个供航天员操作光学瞄准镜观测地面驾驶飞船。返回舱的底座是金属架层密封结构,上面安装了返回舱的仪器设备,该底座轻便且十分坚固,在返回舱返回地面进入大气层时,保护返回舱不被炙热的大气烧毁。

推进舱又称为仪器舱或设备舱。推进舱长 3.05 m,直径 2.50 m,底部直径 2.80 m。安装推进系统、电源、轨道制动,并为航天员提供氧气和水。推进舱呈圆柱形,内部装载推进系统的发动机和推进剂,为飞船提供调整姿态和轨道以及制动减速所需的动力,还有电源、环境控制和通信等系统的部分设备。两侧各有一对太阳翼,除去三角部分,太阳翼的面积为 2.0 m×7.5 m。与前面轨道舱的电池翼加起来,产生的电力将 3 倍于联盟号,平均 1.5 kW 以上,相当于富康 AX 新浪潮汽车的电源所提供的功率。这几块电池翼除了提供的电力较大外,还可以绕连接点转动,这样不管飞船怎样运动,它始终可以保持最佳方向获得最大电力,免去了"翘向太阳"所要进行的大量机动,这样可以在保证太阳电池阵对日定向的同时进行飞船对地的不间断观测。

设备舱的尾部是飞船的推进系统。主推进系统由 4 个大型的主发动机组成,它们位于推进舱的底部正中。在推进舱侧裙内四周又分别布置了 4 对纠正姿态用的小推进器,说它们小是和主推进器相比较而言,与其他辅助推进器相比则大很多。另外,推进舱侧裙外还有辅助用的小型推进器。

附加段也称为过渡段,是为了将来与另一艘飞船或空间站交会对接做准备用的。在载人飞行及交会对接前,附加段也可以安装各种仪器用于空间探测。

1.3.2　空间站

空间站是一种在近地轨道长时间运行、可供多名航天员巡访、长期工作和生活的载人航天器。空间站分为单模块空间站和多模块空间站两种。单模块空间站可由航天运载器一次发射入轨。多模块空间站则由航天运载器分批将各模块送入轨道,在太空中将各模块组装而成。

1）礼炮号系列空间站

礼炮号系列空间站由苏联建造,其中,"礼炮1号"是人类的第一个空间站。它们的任务是完成天体物理学、航天医学、航天生物学等方面广泛的科研计划,考察地球自然资源和进行长期失重条件下的技术实验。自1971年4月19日至1982年4月11日,苏联一共发射了7座礼炮号空间站。前5座只有一个对接口,即只能与一艘飞船对接飞行。因空间站上携带的食品、氧气、燃料等储备有限,在太空的使用寿命都不长。经过改进的"礼炮6号"和"7号"空间站为第二代,增加了一个对接口,除接待联盟号载入飞船外,还可与进步号货运飞船对接,用以补给宇航员生活所需的各种用品,上述三者组成航天复合体,是从事宇宙物理、地球大气现象、医学—生物学、地球资源调查等各种科学研究和工艺试验的航天实验室。1977年9月29日发射上天的"礼炮6号"空间站,在太空飞行近5年,共接待18艘联盟号和联盟T号载人飞船。有16批33名宇航员到站上工作,累计载人飞行176天。其中,1980年宇航员波波夫和柳明创造了在空间站飞行185天的纪录。1982年4月19日"礼炮7号"空间站进入轨道飞行,接待了联盟T号飞船的11批28名宇航员,其中包括第一位进行太空行走的女宇航员萨维茨卡娅。特别是1984年3名宇航员基齐姆、索洛维约夫和阿季科夫在空间站创造了237天的飞行纪录。"礼炮7号"空间站载人飞行累计达800多天,直到1986年8月才停止载人飞行。

2）天空实验室

天空实验室是美国的空间站,1973年由两级土星5号运载火箭发射入轨,同年,先后发射了3艘阿波罗号飞船(即阿波罗号飞船)的指挥-服务舱与其交会对接,每次送去3名航天员。

天空实验室是美国的第一个试验型空间站,天空实验室是通过两次发射对接而成的。先利用运载火箭把装配好的工作舱、过渡舱、对接舱和太阳能望远镜送入轨道,随后再用运载火箭把乘有3名宇航员的阿波罗飞船送入轨道,使飞船和对接舱对接,组成完整的实验室。

工作舱是天空实验室的基本部位,是宇航员主要的工作和生活舱室。舱内设有环境控制系统,它能给宇航员提供舒适的环境,保持室温为15.6~20 ℃。太阳能望远镜是天空实验室上的一个天文台,可以拍摄太阳的紫外光线和X射线等,获

得精美的日冕照片。在天空实验室里有作业室兼实验室、食堂、寝室、厕所等。天空实验室全长 36 m，最大直径 6.7 m，质量约 77 t，包括轨道舱、气闸舱、对接舱、太阳能望远镜等，可提供 360 m³ 的工作场所。

"天空实验室"具有 368 m³ 的容积，有 11 个食品贮藏器和 5 个食品冷冻器，可贮藏 907 kg 食品，不同种类的冷热食品分装在金属盒内。另外，卫生设施也大为改善，有沐浴、香皂、毛巾等。

空间站的最大部分，这是一个"二层小楼"，下层供宇航员生活起居和进行一些实验工作，上层有一个大的工作区和贮水箱、存放食物箱、冷冻箱以及实验设备、用品。

3）和平号

和平号空间站（俄语：Мир，兼有"和平"与"世界"之意）是苏联建造的一个轨道空间站，苏联解体后归俄罗斯。它是人类首个可长期居住的空间研究中心，同时也是首个第三代空间站，经过数年由多个模块在轨道上组装而成。

和平号对接着 7 个不同的模块，分批由质子-K 运载火箭发射升空。除了对接舱，这个是由亚特兰蒂斯号带上天空的。

核心模块：1986 年 2 月 19 日发射，搭载质子-K 运载火箭（重 20 100 kg）。功能包括主要生活区和所有其他模块对接的核心站。

量子 1 号：1987 年 3 月 31 日发射，搭载质子-K 运载火箭。1987 年 4 月 9 日对接。重 10 000 kg，计划为联盟 TM-2 号，用于天文和科学实验材料。

量子 2 号：1989 年 11 月 26 日发射，搭载质子-K 运载火箭。1989 年 12 月 6 日对接。重 19 640 kg，计划为联盟 TM-8 号，更新了更先进的生命支持系统以及一个气密室。

晶体号：1990 年 5 月 31 日发射，搭载质子-K 运载火箭。1990 年 6 月 10 日对接。重 19 640 kg。文件是联盟 TM-9 号，建立了地球物理和天体物理实验室。

光谱号：1995 年 5 月 20 日发射，搭载质子 K-运载火箭。1995 年 6 月 1 日对接。重 19 640 kg，计划为联盟 TM-21 号，为和平号航天飞机计划做准备。

对接舱号：1995 年 1 月 12 日发射，搭载亚特兰蒂斯号（STS-74）。1995 年 1 月 15 日对接。计划为联盟 TM-22 号（重 6 134 kg），为美国的航天飞机安装扩展坞槽以适应和平号航天飞机计划。

自然号：1996 年 4 月 23 日发射，搭载质子 K-运载火箭。1996 年 4 月 26 日对接。重 19 000 kg，计划为联盟 TM-23 号，作为远程地球遥感模块。

4）国际空间站

国际空间站是目前在轨运行最大的空间平台，是一个拥有现代化科研设备、可开展大规模、多学科基础和应用科学研究的空间实验室，为在微重力环境下开展科学实验研究提供了大量实验载荷和资源，支持人在地球轨道长期驻留。国际空间站项目由 16 个国家共同建造、运行和使用，是有史以来规模最大、耗时最长且涉及国家最多的空间国际合作项目。自 1998 年正式建站以来，经过十多年的建设，于 2010 年完成建造任务转入全面使用阶段。目前，国际空间站主要由美国国家航空航天局、俄罗斯联邦航天局、欧洲航天局、日本宇宙航空研究开发机构、加拿大空间局共同运营。

国际空间站总体设计采用桁架挂舱式结构，即以桁架为基本结构，增压舱和其他服务设施挂靠在桁架上，形成桁架挂舱式空间站。从大体上看，国际空间站可视为由两大部分立体交叉组合而成：一部分是以俄罗斯多功能舱为基础，通过对接舱段及节点舱，与俄罗斯服务舱、实验舱、生命保障舱、美国实验舱、日本实验舱、欧洲航天局的"哥伦布"轨道设施等对接，形成空间站的核心部分；另一部分是在美国的桁架结构上，装有加拿大的遥控操作机械臂服务系统和空间站舱外设备，在桁架两端安装有 4 对大型太阳能电池帆板。这两大部分垂直交叉构成"龙骨架"，不仅加强了空间站的刚度，而且有利于各分系统和科学实验设备、仪器工作性能的正常发挥，有利于航天员出舱装配与维修等。

5）天宫号空间实验室

1992 年 9 月 21 日，中国政府决定实施载人航天工程，并确定了三步走的发展战略。第一步，发射载人飞船（即神舟飞船），建成初步配套的试验性载人飞船工程，开展空间应用实验；第二步，在第一艘载人飞船发射成功后，突破载人飞船和空间飞行器的交会对接技术，并利用载人飞船技术改装、发射一个空间实验室，解决有一定规模的、短期有人照料的空间应用问题；第三步，建造载人空间站，解决有较大规模的、长期有人照料的空间应用问题。

天宫一号是中国载人航天工程发射的第一个目标飞行器，是中国第一个空间实验室,天宫一号为全新研制,采用实验舱和资源舱两舱构型,全长 10.40 m,舱体最大直径 3.35 m,起飞质量 8 506 kg,舱体最大直径达 3.35 m,设计在轨寿命 2 年。实验舱主要负责航天员工作、训练及生活,为全密封环境,内设睡眠区以及航天员保持骨骼强健的健身区。该舱由密封舱和非密封后锥段组成,最大直径 3.35 m,轴向长度 6.4 m,密封舱有效活动空间约 15 m³,非密封后锥段安装遥感试验设备。实验舱前端安装被动对接机构及交会对接测量合作目标,与飞船对接后,可形成直径为 0.8 m 的转移通道。资源舱的主要任务是为天宫一号的飞行提供能源保障,并控制飞行姿态;主要为柱状非密封舱,配置推进系统、太阳电池翼等,为空间飞行提供动力和能源。舱体直径 2.775 m,轴向尺寸 3.2 m。电池翼展开后总长为 18.405 m。

天宫二号为中国载人航天工程发射的第二个目标飞行器,是中国首个具备补加功能的载人航天科学实验空间实验室。天宫二号采用实验舱和资源舱两舱构型,全长 10.4 m,最大直径 3.35 m,太阳翼展宽约 18.4 m,重 8.6 t,设计在轨寿命 2 年。为满足推进剂补加验证试验需要,天宫二号在天宫一号目标飞行器备份产品的基础上,对推进分系统进行了适应性改造;为满足中期驻留需要,对载人宜居环境进行了重大改善,具备支持 2 名航天员在轨工作、生活 30 天的能力。

6)中国空间站

中国空间站(China Space Station,又称天宫号空间站)是中华人民共和国建成的国家级太空实验室。于 2022 年建成。空间站轨道高度为 400～450 km,倾角为 42°～43°,设计寿命为 10 年,长期驻留 3 人,总重可达 180 t,可进行较大规模的空间应用。

中国空间站由核心舱、实验舱梦天、实验舱问天、载人飞船(即已经命名的"神舟"号飞船)和货运飞船(天舟一号飞船)5 个模块组成。各飞行器既是独立的飞行器,具备独立的飞行能力,又可以与核心舱组合成多种形态的空间组合体,在核心舱统一调度下协同工作,完成空间站承担的各项任务。

核心舱全长约 18.1 m,最大直径约 4.2 m,发射重量为 20～22 t。核心舱模块分为节点舱、生活控制舱和资源舱。主要任务包括为航天员提供居住环境,支持航天员长期在轨驻留,支持飞船和扩展模块对接停靠并开展少量的空间应用实验。核心舱是空间站的管理和控制中心,有 5 个对接口,可以对接一艘货运飞船、两艘载人飞船和两个实验舱,另有一个供航天员出舱活动的出舱口。

实验舱全长均约 14.4 m,最大直径均约 4.2 m,发射重量均为 20～22 t。空间站核心舱以组合体控制任务为主,实验舱Ⅱ以应用实验任务为主,实验舱Ⅰ兼有二者功能。实验舱Ⅰ、Ⅱ先后发射,具备独立飞行功能,与核心舱对接后形成组合体,可开展长期在轨驻留的空间应用和新技术试验,并对核心舱平台功能予以备份和增强。

2020 年 5 月 5 日 18 时,中国载人空间站工程研制的长征五号 B 运载火箭,搭载新一代载人飞船试验船和柔性充气式货物返回舱试验舱在文昌航天发射场点火升空,首飞任务取得圆满成功,为中国空间站在轨建造任务奠定了重要基础。

2020 年 10 月 1 日,第三批 18 名预备航天员加入航天员队伍,包括 7 名航天驾驶员、7 名航天飞行工程师和 4 名载荷专家,分别参加了空间站运营阶段各次飞行任务。

2021 年 1 月,中国空间站天和核心舱、天舟二号货运飞船、空间应用系统核心舱任务,分别顺利通过主管部门组织的出厂评审,标志着中国空间站建造即将转入任务实施阶段。

2021 年 4 月 23 日上午,空间站天和核心舱与长征五号 B 遥二运载火箭组合体在中国文昌航天发射场垂直转运至发射区,意味着中国空间站建设大幕已经开启。

2022 年 10 月 31 日,搭载空间站梦天实验舱的长征五号 B 遥四运载火箭,在我国文昌航天发射场发射成功。

2022 年 11 月 3 日,神舟十四号航天员乘组进入梦天实验舱。随着空间站梦天实验舱的顺利完成转位,中国空间站天和核心舱、问天实验舱与其相拥,标志着中国空间站"T"字基本构型在轨组装完成,朝着建成空间站的目标迈出了关键一步。

1.3.3 人类地外生存生命保障技术

在载人航天刚刚起步的 20 世纪 60 年代初,美国和苏联的生命保障技术专家和生物学家开始了对生物再生生命保障系统(Bioregenerative Life Support System,BLSS)的探索。他们清楚地认识到,载人航天的目标不只是近地轨道上的短期飞行,还有月球基地、火星基地和更加遥远的外太空,要实现这些目标,必须依靠BLSS 技术,BLSS 是利用高等植物和微生物等物质来生产食物、处理废物,同时再生空气和水,为航天员生命活动提供物质保障的独立、完整、复杂的系统。它是在物理/化学的非再生式和再生式环境控制与生命保障系统(Environmental Control and Life Support System,ECLSS)的基础上,引入生态平衡概念和生物技术,力图创造工程控制技术和生物技术相结合的人工小型生态环境,实现在一定的密闭空间内人和其他生物之间氧气、水分和有机物的循环再生,从而大大减少长期空间活动的地面补给,降低运行成本,并为航天员创造一个更为舒适和安全的生活环境。

自 20 世纪 50 年代开始实验研究如何建立有人居住的闭合生态系统以来,其在苏联、美国、日本、德国、英国和中国有不同程度的发展。在自然生物圈外建立人类生命保障系统,人们自己控制作为其中一个生物组成的闭合人造生态系统中的物质循环。研究表明,与不受任何人控制的生物圈相反,一个小的闭合生态系统只有在人为控制下才能维持运转。这些研究不仅有利于解决空间生命保障问题,还将对解决全球生物圈问题起着基础性的重要作用。

1)俄罗斯:BIOS

苏联是世界上最早开始研究 BLSS 的国家,为了开展 BLSS 研究,专门成立了生物物理研究所,位于克拉斯诺亚尔斯克。1961—1965 年,研究者发展了微藻类连续栽培的生物工艺学,并在 BIOS-1 系统进行了实验,这是生命保障系统中大气和水再生的关键环节。1969 年,高等植物的栽培得到了精细研究,在 BIOS-2 系统中,进行了 90 天的封闭实验。这两次实验成功的结果是 BIOS-3 综合系统的基础。苏联科学家所建立的地基生物再生式生命保障系统——BIOS-3 综合实验系统是世界上第一个也是目前最成功的循环系统,"有人试验"中试验了 95% 的闭合度。

2)美国

(1)ALS

与俄罗斯的 BIOS 不同,美国在 BLSS 方面的研究并不只是局限于某一项目,其研究规模非常庞大,有大大小小许多项目遍布全美,时间跨度逾半个世纪。

1978 年,NASA 启动了受控生态生命保障系统(Controlled Ecological Life Support System,CELSS)项目,致力于全面利用生态学和生物学技术研究 BLSS,研究内容包括环境控制、植物高效栽培、食物加工、系统模拟与分析等。该项目主要由 NASA 约翰逊航天中心、艾姆斯研究中心和肯尼迪航天中心负责,同时汇集了一大批高校和企业的力量。作为 CELSS 项目的后续研究,1985 年初,NASA 肯尼迪航天中心开始实施高级生命保障（Advanced Life Support，ALS）计划实验模型项目（Breadboard Project），其总体目标是发展、整合大型和无人的试验基地，用来评价生物部件和验证生物再生式 ALS 计划的可行性。1995 年秋，NASA 中心的不同 ALS 计划成员聚集在约翰逊航天中心讨论 ALS 的研究任务，包括生物再生食物和资源的技术。在 NASA 的艾莫斯研究中心，约翰逊航天中心和肯尼迪航天中心进行了一系列的远程电信会议，会议公布了初步计划。1996 年 9 月，由 NASA 不同中心和大学组成的植物研究小组在 JSC 举行了会议，总结了近些年的研究成果，并确定了发展完全综合的生命保障系统测试装置 BIO-Plex（Bioregenerative Planetary Life Support Systems Test Complex）的目标。1996 年 10 月，NASA 指定肯尼迪航天中心负责管理和调整生物再生式研究以支持 ALS 计划。

（2）生物圈二号

生物圈二号（Biosphere II）是美国建于亚利桑那州图森市以北沙漠中的一座微型人工生态循环系统，为了与生物圈一号（地球本身）区分而得此名，它由美国前橄榄球运动员约翰·艾伦发起，是爱德华·P. 巴斯及其他人员主持建造的人造封闭生态系统。并与几家财团联手出资，主要投资者为美国石油大王洛克菲勒委托空间生物圈风险投资公司承建，历时 8 年，几乎完全密封，占地 12 000 m^2，容积达 141 600 m^3，由 80 000 根白漆钢梁和 6 000 块玻璃组成，耗资 1.5 亿美元。其建造地址为亚利桑那州图森市大沙漠，生物圈二号组成部分如图 1.4 所示，结构参数见表 1.1。

表 1.1　生物圈二号内各组成部分及结构参数一览表

区域	面积/m^2	体积/m^3	土壤/m^3	水分/m^3	大气/m^3
集约农业区	2 000	38 000	2 720	60	35 220
居住区	1 000	11 000	2	1	10 997
热带雨林	2 000	6 000	6 000	100	28 900
热带草原/海洋/沼泽	2 500	49 000	4 000	3 400	41 600
沙漠	1 400	22 000	4 000	400	17 600
"西肺"	1 800	15 000	0	0	15 000
"南肺"	1 800	15 750	0	750	15 000

注：上述两"肺"的体积仅为其完全膨胀的 50%。

1991 年 9 月 26 日，4 男 4 女共 8 名科研人员首次进驻生物圈二号，1993 年 6

月 26 日出"圈",共计停留 21 个月,他们在各自的研究领域内均积累了丰富的科学数据和实践经验。生物圈二号第 2 次任务于 1994 年 3 月启动,4 男 3 女共 7 位实验人员在对首批结果进行评估并改进技术后,离开了生物圈二号。在这期间,他们对大气、水和废物循环利用及食物生产进行了广泛而系统的科学研究。生物圈二号是世界上最大的封闭式人工生态系统之一。它使人类首次能够在整体水平上研究生态学,从而开辟了了解目前地球生物圈全球范围生态变化过程的新途径。更为重要的是,它将作为首例永久性生物再生式生命保障系统的地面模拟装置而有可能应用于人类未来的地外星球定居和宇宙载人探险。

在 1991—1993 年的实验中,研究人员发现:生物圈二号的氧气与二氧化碳的大气组成比例,无法自行达到平衡;生物圈二号内的水泥建筑物影响正常的碳循环;生物圈二号因为物种多样性相对单一,缺少足够分解者的作用,多数动植物无法正常生长或生殖,其灭绝的速度比预期的还要快。经广泛讨论,确认生物圈二号实验失败,未达到设计者的预期目标。这证明了在已知的科学技术条件下,人类离开了地球将难以永续生存。同时也证明了地球目前仍是人类唯一能依赖与信赖的维生系统。

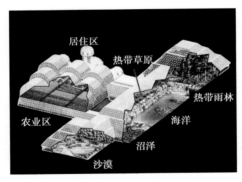

图 1.4　生物圈二号

3)日本:CEEF

在 20 世纪 90 年代日本研究者成立了环境科学研究所,在青森县洛卡石村建造了封闭式生态系统实验设施(Closed Ecology Experiment Facilites,CEEF),利用此系统进行痕量 ^{14}C 在生态系统中转移转化的模拟实验。

随着载人航天技术的不断完善,他们利用 CEEF 系统,研究密闭环境条件下动植物等生物与环境之间的物质交换和能量流动情况,为太空基地密闭生态生命保障系统的建立提供有价值的依据。

CEEF 由密闭种植实验系统(CPEF)、动物饲养和居住实验系统(CABHEF)及密闭岩石和水圈实验系统(CGHEF)3 个部分组成。CPEF 包括种植舱、种植保障舱和物质循环系统;CABHEF 包括动物饲养和居住舱及物质循环系统;CGHEF 包括土壤和水圈舱及物质循环系统。

4)欧洲:MELiSSA

BLSS 能够在将来的建立月球基地、探索火星等人类的长期空间任务中实现呼吸作用所需的大气再生、水循环、废物处理和食物再生四项基本功能。从经济、技术角度而言,BLSS 具有物理/化学生命保障系统不可比拟的优越性。欧洲航天局很早就意识到这一点,并提出了构建微生态生命保障系统方案(Micro-Ecological Life Support System Alternative,MELiSSA)作为 BLSS 模型,研究适于长期空间任务的生物生命保障系统。MELiSSA 是基于微生物与高等植物构建的生态系统,它采用彼此相连的工程化微生物反应器和植物栽培舱作为基本单元建立生命保障系统,其目的是通过研究阐明人工密闭生态系统的长期工作状况,发展新的生物生命保障技术以满足将来长期载人空间任务的需求,其目标是通过微生物种群、高等植物与人之间的联合作用,在整个密闭生态系统链环中实现空气和水的再生、食物的生产及废物的循环利用。

MELiSSA 生态系统框架包括 5 个隔间:多物种厌氧堆肥器,用于分解植物物质和人类粪便;用于吸收挥发性有机酸的光异养细菌室;好氧硝化室氧化铵;光合作用链(微藻和高等植物),用于生产食物、净化水和恢复空气活力;载人舱。高等植物室采用水培、传送带式栽培系统,采用交错种植,可生产多达 20 个植物品种。其他微生物室的副产物为高等植物提供营养。这些废物处理隔间包含纯微生物菌株,除了堆肥装置,其中包括从人类肠道引进的混合物种。堆肥装置已被证明是基础设施中技术要求最高的部分,废物分解已被证明是最难以简化和稳定的过程。实验结果表明,通过堆肥的粪便矿化可能太慢,而废物矿化的物理化学环节对生命维持系统至关重要。在 20 世纪 90 年代,MELiSSA 项目的很多工作都集中在单个隔间的技术开发、机械过程建模和控制的算法开发上。

5)中国

(1)航天员生保系统

中国航天员科研训练中心,简称中国航天员中心,前身为 507 所,位于北京市海淀区,成立于1968年4月1日,是中国载人航天领域内医学与工程相结合的综合型研究机构,如图1.5所示为中国航天员科研训练中心的空间站组合模拟器。

中国航天员科研训练中心于1985年经国务院学位委员会批准开始招收研究生。招生专业涉及心理学、生理学、病理学、生物学、生物物理、生物化学、医疗、卫生、药物、营养食品、生物工程、物理、化学、数学、飞行器设计、自动控制、系统工程、流体力学、计算机应用、电子技术、仿真技术、热力学、机械制造、精密仪器、仪表、传感器等几十个专业领域。设有15个研究室、一个实验工厂,拥有航天医学基础与应用国家重点实验室和人因工程国家级重点实验室2个国家级重点实验室。拥有一个藏有各科类、多种语言的图书资料、各类刊物共计12万册的图书馆。此外,设有计算机培训实验室、多功能学术报告厅,现有硕士研究生导师近百名,其研究水平和学术水平在国内居于领先地位。

图1.5　中国航天员科研训练中心的空间站组合体模拟器

中国航天员生命保障系统主要分为两个系统:一是以航天员为中心的航天员系统;二是以航天员环境与生命保障为中心的生保系统。形成了完整的航天员选拔训练体系,建造了航天飞行模拟器、模拟失重水槽、舱外航天服试验舱等十余个大型地面训练试验设施,选拔培养了30多名优秀航天员;建立了具有中国特色的航天员健康保障机制,走出了中西医结合的航天员健康保障之路;突破和掌握了航天飞行器环境控制与生命保障关键技术,实现了航天员从短期飞行到中长期飞行的生命安全保障;自主研制了以"飞天"舱外航天服为代表的航天员系列化功能服装,展现了航天员良好形象;研制生产了6大类上百种航天食品,把"舌尖上的中国"带进茫茫宇宙;设计并完成了超百项有人参与的空间科学试验,为后续空间站建设和深空探测收集了宝贵数据;提出了飞行器设计和飞行试验各个阶段的医学要求,全面建立了有害环境因素医学评价标准和评价方法体系;设计了企鹅服、太空跑台等多项失重防护措施,有效减少了太空特因环境对航天员的不良影响;创建

了航天工效学评价体系,确保了航天员安全、高效

该中心成立 50 多年来,坚持以系统论为指导,机、环境三要素的相互影响及合理组合为着眼点,以确保航员效工作为主要目标,开展了诸多科学研究和研制工作,取得了丰硕成果,并逐步形成了一支高素质的科技人才队伍。尤其是作为国家载人航天工程主要参加单位之一,承担了航天员选拔训练、医学监督和医学保障、飞船环境控制与生命保障系统研制、航天服与航天食品研制、大型地面模拟试验和训练设备研制等多项重要任务,为中国载人航天的圆满成功作出了突出贡献。

（2）嫦娥四号月面微型生态系统

由国家国防科工局、教育部、中国科学院、中国科协、共青团中央五部委于 2015 年联合举办的"月球探测载荷创意设计征集活动",经教育部深空探测联合研究中心组织、重庆大学牵头研制的生物科普试验载荷,因创意新颖和工程可实现性等优势,通过初选、专家评选、网络投票、资深专家评选等,从全国近 300 份作品中脱颖而出,荣获一等奖,并被探月工程"两总"系统遴选为嫦娥四号搭载试验载荷。在工程总体、探测器总体的指导下,在山东航天电子技术研究所、中科院成都光电技术研究所、兰州空间技术物理研究所等单位的支持下,生物科普试验载荷研制团队先后开展了生物筛选、培育实验 200 多项次,工程研制试验 40 余项。经该团队的集体努力与攻关,最终在月面构建了一个密闭小型的适宜生存的环境并在月球上成功地实现了人类首次植物培育实验,培育出月球上第一片绿叶,这是人类在地外星球构建适宜生存环境具有里程碑意义的实验,如图 1.6 所示。

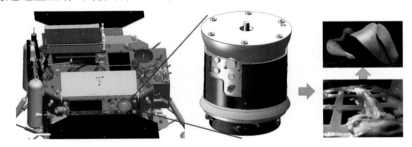

图 1.6 全球首个月面微型生态系统

2 地外天体宜居性分析

2.1 人类生存环境分析

2.1.1 地球的起源

自古以来,各国学者针对地球起源问题提出 40 多种假说,包括星云说、遭遇说等学说。我国天文学家戴文赛于 20 世纪 70 年代提出了新星云假说,该假说认为,地球的形成要经过"原始星云→星云盘→尘层→星子→行星"5 个阶段。行星的吸积是地球形成的最终阶段,有均一吸积说和非均一吸积说两种观点。其中,均一吸积说认可度更高,即原始地球是一个接近均质且没有明显分层现象的球体。对于原始地球形成时的温度来说,人们有两种看法:高温起源说和低温起源说。目前,低温起源说更得到认同,在低温起源说中,地球形成时基本上是各种石质混合物,平均温度不超过 1 000 ℃。形成后,由于放射性物质的衰变、旋转动能转换成热能、引力和重力位能的释放等生热方式,原始地球持续升温并发生熔融现象,熔融态比重小的矿物上涌形成外层,比重大的重物质下降形成内层,从而形成最初的"壳、幔、核"。地壳岩石受大气与水的风化和侵蚀,发生沉积作用而形成沉积岩,沉积岩受到地质作用发生变质而形成变质岩。这些变质岩重复受到各种地质作用,可能经过多次熔化一固结过程,先形成一个大陆的核心,再逐渐演化成为大陆。

地球的大气和海洋都是次生的。海洋是地球内部增温和分异的结果,但大气形成的过程更复杂。原生的大气可能是还原性的,当绿色植物出现后,它们发生光合作用,利用太阳辐射将水和二氧化碳转化为有机物和自由氧。当氧的产生多于消耗时,氧逐渐积累起来,最终形成以氮和氧为主的大气。

人类的祖先在长期使用天然工具的工程中学会了制造工具,意味着人类开始经过思考进行有意识的活动,这种自觉能动性是人类和动物最重要的区别,是人类从猿到人的飞跃转变,自此人类的发展进入了新的阶段。

2.1.2 人类适宜的生存环境

人类适宜的生存环境有多方面要求。首先是大气环境,正常大气环境含有 78% N_2、21% O_2、0.2% CO_2 和一定比例的其他气体,其中 O_2 对人类的生存至关重要。其次人类对温度也十分敏感,当室温为 20~26 ℃ 时,人体感觉最为舒适。人类的生存还需要大量液态水和充足的食物以及避免遭受过多辐射等必要条件。人类具体生存环境要素,见表 2.1。

表 2.1　人类具体生存环境要素

序号	环境要素	适宜指标
1	温度/℃	15~30
2	空气氧含量/%	19.5~23.5[*]
3	气压/MPa	0.05~0.25
4	湿度/%	45~60
5	淡水/(mL·d^{-1})	1 500~1 700
6	辐射/(mSv·year^{-1})	<1
7	光照周期/(h·d^{-1})	12
8	重力/G①	0.67~1.6
9	能量需求/(cal·d^{-1})	1 800~2 340

[*]注:空气中含氧量为 21% 左右,当氧气浓度为 19.5%~23.5%,人能够正常生活。在这个区间以外,氧气浓度过低或过高,对人体都有一定的危害。同时,人在缺氧环境(低于 19.5%)与富氧环境(高于 23.5%)都有一定的适应能力,但是两种环境之间的交替则会出现严重不适。

① 1 G≈9.8 m/s^2。

2.1.3　人造生态系统的构建

人类生存的空间及其中可以直接或间接影响人类生活和发展的各种自然因素称为环境。地球的生物圈能够为人类的生存提供适宜的生存环境,必需的环境因素包括充足的太阳光照、适宜的温湿度和重力条件、循环的空气、水分和物质以及低辐射强度,见表2.2。

表 2.2　地球生物圈环境的主要物理参数

物理特性	地球
平均太阳辐照度/$(W \cdot m^{-2})$	1 369
平均温度/℃	15
适宜湿度范围/%	45 ~ 75
气压/kPa	101.325
标准重力加速度/$(m \cdot s^{-2})$	9.806 65

生物圈是地球上最大的生态系统,是地球上所有生态系统的总和,人类依赖于生物圈生活。从 20 世纪 60 年代开始,人类开始进行受控循环生态系统研究,以期能够建造出人造生态系统。美、俄等航天强国先后进行受控循环生态系统等生命保障系统的研究工作,最初在系统的设计原理、构建方案等领域开展研究,随后实施了一系列地面装置验证试验和空间飞行器搭载研究试验。

国外地面验证试验完成了长时间下的较高物质闭合度的受控生态系统构造试验,较为著名的人造生态系统试验主要有:美国的 Biosphere 2、俄罗斯的 Ground Experimental Complex、日本的 CEEF 和欧洲的 MELiSSA 等。其中,美国的 Biosphere 2 在 20 世纪 90 年代中期就已宣布失败,主要原因在于无法实现系统内部的物质自循环,而其他生态系统也均无法达到物质的 100% 闭合度。此外,美国、俄罗斯等航天强国在空间站等航天飞行器上开展过一系列动植物培育、培养试验。试验结果表明,在适宜生存的环境条件下,小麦、大豆等植物和老鼠、乌龟等动物都能在微重力条件下正常生长发育。

从 20 世纪 90 年代中期开始,我国逐步开展受控生态保障系统的研究工作。前期主要进行物种的筛选、培养和废物循环处理等工作。到 21 世纪初期,开始进行受控生态循环系统装置的研究,随后开展了多次多人密闭生态循环系统构建试验。其中,2016 年中国航天员中心主持开展的 4 人 180 天系统集成技术试验,实现了系统内部 100% 大气、100% 水和 55% 食物的循环再生;2019 年嫦娥四号生物科普试验载荷项目实现了人类首次在地外星球真实环境下进行微型生态系统试验,如图 2.1 所示。成功地在月球上培育植物生长发芽,这说明在月球上营造适宜环境能够保障植物进行生长发育,从而证明在地外星体构建人造生态系统可以保障地球生物的生长发育。

到目前为止,虽然人类还无法建成真正意义上长期运行的人造生态系统,但是这些试验也同样证明了人类或其他生物在适宜环境的密闭生态系统装置内部是可以短期生存的,而能否长期、持续地生存取决于人造生态系统能否持续、稳定地运行。基于此,设计了地外受控循环生态系统构建方案以及火星基地生态系统概念图,如图 2.2 和图 2.3 所示。

图 2.1 嫦娥四号生物科普试验载荷及月面培育首片绿叶

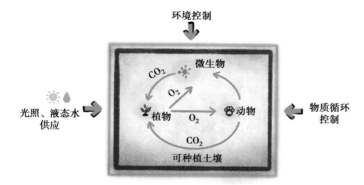

图 2.2 地外受控循环生态系统构建方案

图 2.3　火星基地生态系统概念图

生物宜居环境是指具有适宜任何形式生命出现或生存的环境,其空间范围可以大至行星系统,也可以小至微生物生存的微尺度环境。在天体生物学的理论框架中,是否支持液态水的存在是衡量环境宜居性的一个核心指标。此外,能量(太阳能或化学能)、生命所需的基本元素(C,H,O,N,S,P)等也是影响环境宜居性的重要参数,板块运动、全球或局部磁场等则可能有助于形成类似地球的、具有长期演化历史的大型生态系统。

2.2　宜居模型建立

2.2.1　宜居星介绍

在行星宜居环境研究中,除了考虑空间尺度外,还要在时间尺度上以演化的视角进行探讨。生命起源的环境与其繁盛的环境可能截然不同,当前宜居的环境过去不一定适宜生命的发生,而现在不宜居的环境过去可能可以支持生命起源和演化。地球在生命出现前就已经具有宜居环境,早期地球的环境与现在的环境差别甚大,从形成初期的高温和高辐射环境到液态水和早期海洋的出现,从缺氧的表层环境到氧气的出现和臭氧层的形成,从被冰川覆盖的“雪球地球”到全球升温变暖的极热事件。

地球在地质历史时期经历过多种不同的环境,这表明同一个天体在不同演化阶段可以具有截然不同的宜居环境。而生命也会不断地适应环境并在一定程度上改造宜居环境。从空间和时间尺度上共同探究行星宜居环境是该领域的发展趋势。

对地外天体宜居环境的判别主要依据对地球类似极端环境的类比研究,目前人们已经发现了至少30个不同的类比研究地点或环境,包括我国柴达木盆地类火星环境和地貌。对这些极端环境中微生物的研究改变了人们对生命生存极限的认识。目前已在40～70 km高度的临近空间、10 000 m以下的深海、120 ℃的高温环境、零下17 ℃的低温环境、常年干燥的沙漠、南极永久冻土带等极端环境中都发现了微生物的存在,这拓宽了宜居环境的定义和范畴。这些极端环境可以类比太阳系内的一些天体,如临近空间、沙漠、南极永久冻土带可以类比现在的火星环境,深海和冰下湖可以类比土卫二和木卫二内部的海洋环境等。对极端环境及微生物的研究可以帮助我们更加准确地评判地外天体是否具有宜居环境。

火星是除地球以外研究最为深入的行星。早期火星具有大量液态水甚至海洋,具有核、幔、壳分层和全球磁场,可能发生过板块运动,气候湿润,这些证据表明火星可能一度具有类似于早期地球的宜居环境。现代火星地表环境恶劣,但其地下可能具有支持类似于地球微生物等生命形式生存的条件,当前对火星宜居环境和生命的探索已逐渐从火星表面探测,到更加关注火星表面以下的环境研究。

研究表明,太阳系内的一些冰卫星,如木卫二、木卫三、木卫四、土卫二、土卫四和海卫一等,在其表面冰层以下可能存在液态海洋,具有一定的宜居性。在这些冰卫星中,木卫二和土卫二尤其引人关注。木卫二的海洋与其岩石层直接接触,推测可能存在类似地球的深海热液喷口,为生命的起源和演化提供了必要的能量和营养元素。土卫二表面向外溅射出含水冰颗粒和有机物的羽状物,暗示其内部可能存在液态水和一些生命活动或类似于地球的前生命化学反应过程等。土卫六大气中存在着较复杂的有机合成反应,其表面存在富含烷烃的海洋,被认为是研究太阳系生命起源和早期生命演化的天然实验室。对这些太阳系冰卫星潜在宜居环境的研究使人们认识到宇宙中宜居环境具有多样性。

寻找可能具有宜居环境的系外行星也是当前天体生物学研究的热点。截至2022,已确认的系外行星总数刚刚超过5 000颗。尽管人们已经认识到系外行星无论从其本身特点还是其所处的行星系统都可能与地球及太阳系的其他行星有显著的差异,它们具有的潜在宜居环境也千差万别,但是目前对宜居系外行星的基本定义依然是其星球表面的温度、压力等物理环境可以维持液态水存在的"超级地球"。该标准可以帮助人们从越来越多的被发现的系外行星中优先选择最有可能具有宜居环境的天体开展深入研究。

1992年,人们发现了脉冲星周围的一颗系外行星。1995年,人们发现了太阳类恒星周围的一颗系外行星,这些发现揭开了系外行星研究的新篇章。到2016年系外行星的数目超过了3000颗,还有数千颗候选行星。尽管其中绝大多数是非宜居行星,距地球50光年之内有数颗确认存在的疑似宜居系外行星(表2.3)。接下来对这些行星的宜居性分析可能颠覆我们对地球宜居性的认识。从这个意义上讲,回答"地球人类在宇宙中是否独一无二?"这个问题在过去的20年间已经向前迈出了巨大的一步。地球殊异假说(Rare Earth hypothesis)认为,地球上复杂(多细胞)生命的形成需要影响生命进化的天文和地质条件及偶然事件的不同寻常的结合。这些条件和事件包括了星系和恒星周围的宜居带、行星系统中存在距离恒星较远的类木行星,宜居行星要有合适的质量、磁场、板块运动、岩石圈、大气圈、海洋,并且拥有一颗巨大的天然卫星(如月球),宜居行星的演化过程中要发生小行星撞击、大规模火山和岩浆活动等。国际科学界对地球殊异假说有比较大的争议。近年来,系外行星研究在与此相关的领域取得了一些新进展,例如,我们现在知道类似地球质量的岩石行星是比较普遍的现象,对宜居行星的存在概率的认识也比2000年深刻得多。尽管我们对行星演化的理解仍然是很片面的,但更重要的是,我们在不远的将来有可能利用对系外行星的实际观测检验这一假说。

表2.3　50光年以内的疑似宜居系外行星和部分太阳系天体

行星名	距离/光年	质量比	恒星类型	表面温度	发现状态	发现年代
地球	0	1	G	适中	确认存在	—
金星	<1	0.815	G	热	确认存在	公元前17世纪
火星	<1	0.107	G	寒冷	确认存在	—
木卫二	<1	0.008	G	寒冷	确认存在	1996
土卫二	<1	0.00002	G	寒冷	确认存在	1980
土卫六	<1	0.023	G	寒冷	确认存在	1655
Tau Ceti e	11.9	4.3	M	热	未确认	2012
Kapteyn b	12.7	4.8	M	寒冷	确认存在	2014
Gliese 832 c	16.1	5.4	M	适中	确认存在	2014

行星名	距离/光年	质量比	恒星类型	表面温度	发现状态	发现年代
Gliese 682 c	16.6	4.4	M	寒冷	未确认	2014
Gliese 581 g	20.2	3.1~4.3	M	适中	可疑	2010
Gliese 581 d	20.2	6	M	寒冷	未确认	2007
Gliese 667 Cc	23.6	4	M	适中	确认存在	2011
Gliese 667 Cf	23.6	3	M	适中	可疑	2013
Gliese 667 Ce	23.6	3	M	寒冷	可疑	2013
Gliese 180 c	39.5	6	M	适中	未确认	2014
Gliese 180 b	39.5	8	M	热	未确认	2014
Gliese 442 b	41.3	10	M	适中	未确认	2014
HD 40307 g	41.7	8.2	K	适中	确认存在	2012
Gliese 163 c	48.9	7	M	热	确认存在	2012

注:按照哈佛分类法为 O,B,A,F,G,K,M,R,N,S 等类型,其中 G 型星表面温度为 4 900~6 000 K,K 型星表面温度为 3 500~4 900 K,M 型星表面温度小于 3 500 K。

2.2.2　地外星体宜居基本要求

1)相对适宜的温度

例如,月球表面温度变化很大,阿波罗 15 号着陆_____上的温度是 102~384 K,火星表面的平均温度约 210 K,目前探明的地外星体还未发现与地球相似的温度环境,地外星球宜居需要满足人体正常的生命活动需求。因此,需要将极端的温度环境加以改造,大致控制在 15~30 ℃,创造一个温度适宜的生活环境。

2)合理屏蔽辐射

高强度的太阳辐射有害人体健康。月球受到银河宇宙线(Galactic Cosmic Rays,GCR)和太阳粒子事件(Solar Particle Event,SPE)的作用。由于缺乏大气和磁场较弱的原因,月球表面因宇宙辐射产生的剂量约 0.3 Sv/year,但在 1 m 深的表土中,宇宙射线粒子的辐射剂量当量下降到 2 mSv/year 左右,与地球表面相当。火星上的辐射来源有 3 个:银河宇宙射线、太阳粒子事件和次级辐射。其中,次级辐射是由 GCR 和 SPE 与火星大气和地表的相互作用引起的。火星稀薄的大气能够吸收一部分辐射,但其表面辐射水平仍远高于地球上的辐射水平,因此,表面辐射屏蔽对人类火星任务的成功至关重要。火星奥德赛号航天器上的火星辐射环境实验(MARI)记录了大量在轨辐射测量结果,模拟数据表明 2 ~ 3 m 深的洞穴就可以满足人们的正常生存。因此,要实现地外星体宜居,需要采取有效的措施避免人体或植物接受高强度的太阳辐射。

3)丰富的水资源

水是生命之源,在地外星体严重缺水的条件下,需要创新技术运用原位资源进行水的提取、制备及高效的水循环管理。近年来,通过许多方法在月球上明确地探测到了水(无论是 OH 或 H_2O)或水冰。美国 NASA 局月球陨石坑观测与传感卫星(LCROSS)撞击地点的风化层中水冰的质量分数估计为 5.6% ±2.9%。同时还观测到许多其他挥发性化合物的光谱波段,包括轻烃、含硫物质和二氧化碳。Li 等人通过 Chandrayaan-1 的月球矿物绘图仪(M3)发现永久阴影区水冰的含量可能达到了 30% 的质量分数。海盗号测得在赤道地区(±30°) H_2O 的质量分数为 1% ~3% ,火星奥德赛数据表明,地下 1 m 处的 H_2O 质量分数高达 8% ~ 10% ,在中纬度(40° ~55°)的一些地区几米范围内可能存在冰层,在高纬度(55° ~70°)近地表地下冰层可能广泛存在,极地(70° ~90°)的水冰含量超过50% 。

无论是月球还是火星两极处的水资源都相对丰富,尤其是火星。目前,月球上存在水的证据都指向两极的永久阴影区,但这些地区面临着无法使用太阳能和熔岩管道温度较低的问题。要实现地外星体宜居,需要在水资源获取及管理方面深入地开展研究。

2.3 月球

2.3.1 月球的起源与演化

月球岩石样品分析结果表明月球与地球形成时间相近,两者一起经过了约45

亿年演化成如今的地月系统。作为地球唯一的天然卫星,相比地球经过了漫长而复杂的地质演化进程,月球地质演化因其表面的真空环境而相对缓慢,因此,通过探究月球的起源与演化可以揭示早期地球的演变情况。对于月球的起源与演化,各国学者曾有过多种相关假说,但至今仍难以形成一个统一的说法。这些假说的争论焦点在于,月球是独立形成的还是从地球分裂出去的? 月球一直是地球的卫星,还是在后期被地球俘获的?

月球起源假说可以通过现有的探测数据来验证,常用的依据见表 2.4。

表 2.4 月球起源假说的依据

月球	具体情况
物理参数	质量约为地球的 1/81,平均密度为 3.34 g/cm^3
化学成分	相比地球,月球富含难熔元素,匮乏挥发性元素和亲铁元素;月球水资源稀缺,月壤还原性强;表面岩石的年龄通常大于 31 亿年
内部情况	月球内部具有核幔壳结构;现今内能枯竭而活动僵死
地月系统	角动量为 3.45×10^{41} rad · g · cm^2/s;月球的公转中心是地月系统质量中心,月球的公转平面与地球的赤道面未重合

1)月球的起源

近代以来,月球的起源问题备受关注,著名生物学家达尔文的儿子乔治·达尔文于 1878 年提出的分裂说:地球的自转周期和潮汐周期共振致使地球脱落部分星体形成月球。随后各国学者对月球起源假说进行模拟验证或发展完善,甚至提出新的假说。1930 年,Jeffreys 针对月球起源的分裂说提出了异议,认为共振并不能造成地球分裂。1952 年,Harold Urey 提出月球由太阳系冰冷的、未经分异的原始星尘汇聚形成,而不是从地球分裂出去的。随后,共增生理论、捕获理论及分裂理论相继出现,都符合月球形成的部分事实依据。1975 年,Hartmann 和 Davis 根据之前的各类假说,结合现代探测器观测到的准确数据,提出了大碰撞分裂假说:未知天体撞击地球,导致部分地壳和地幔脱离地球引力束缚后缓慢吸积形成月球。此后,大碰撞分裂理论被不断完善,成为月球起源的主流理论。

(1)共增生理论

1959 年,Schmidt 提出了共增生理论(图 2.4),该理论经过不断补充完善,总结了月球的形成过程。在太阳系演化的初期,许多星子在以太阳为中心的轨道运动,它们彼此碰撞增生形成太阳系内的各大行星。当以太阳为中心运转的星子群经过正在增生的原始地球时,它们的轨道受原始地球的吸引转变为以地球质量为中心的近似双曲线轨道,其中一部分星子群的运转方向与地球一致,而另一些则相反。两种运转方向的星子群发生碰撞,角动量彼此抵消,一部分碰撞碎屑物质会被原始地球吸引捕获,而另一部分则由于速度较大、仅转变为以地球为中心的环绕轨道而不被地球捕获,从而形成了围绕地球的原始月球星子群(PLS)。通常认为,当围绕太阳公转的星子群接近地球时,大多数与地球旋转方向相同,因此,它们相互撞击形成月球星子群与地球旋转方向相同。一旦月球星子群形成,就会捕获围绕太阳运行的星子,使质量迅速增大。之后,由于重力不稳定性,月球星子群在很短时间内就会结合成一个或多个原始月球胚胎,同时星子与月球胚胎的猛烈撞击必将导致部分原始月球胚胎的破碎。当地球质量为现今质量的一半时,原始月球胚胎有两个或三个。它们通过吸积月球星子群物质而生长,当半径达到 1 000 km 时,就能经受围绕太阳运行的高速太阳星子的撞击,所以此时原始月球胚胎生长的主要物质源于太阳星子,而不是月球星子群。这些原始月球胚胎最终结合成月球。

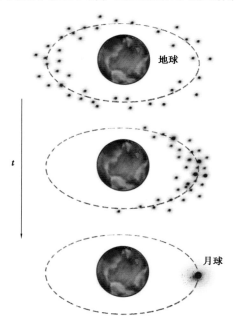

图 2.4 共增生理论示意图

共增生理论的不足之处在于不能解释地月系统的角动量。Giul 通过模拟计算发现,如果地球增生的撞击使地球的角动量增加,就要求这些增生星子带的轨道参数范围非常窄。实际上,通过增生过程地球角动量很难达到现在的程度。同理,原始月球星子群通过绕太阳星子撞击增生不能达到现在的角动量,因此,共增生理论在解释月球起源上存在漏洞。

（2）捕获理论

捕获理论(图2.5)的支持者认为,月球最初围绕太阳旋转,并不是地球的卫星。后来月球在轨道运动的过程中接近地球时,在地球引力和其他小行星撞击等作用下,月球相对地球速度减小,最后无法脱离地球引力而围绕地球旋转,成为地球的卫星。捕获理论存在很多缺陷:其一,月球被地球捕获需要恰当的距离,这是很难满足的;其二,现有月球探测结果表明,月球和太阳系中其他星体的成分差异明显;其三,地球和月球氧同位素比值近似,与捕获理论不相符合。由于捕获理论存在诸多漏洞,因此这一理论逐渐被抛弃。

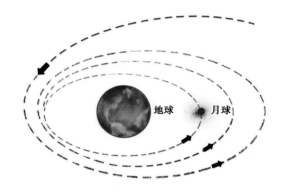

图 2.5　捕获理论示意图

（3）分裂理论

20 世纪 60 年代以来,分裂学说(图2.6)得到了发展。该学说的支持者认为,地球核幔分异使地球的转速加快,地球几何变形逐渐变大,部分星体发生断裂并脱离地球形成一个碎片盘。随后,地球慢慢恢复之前的形状,碎片盘演化形成月球,在地球—月球的潮汐作用下变成现在的地月系统。分裂理论的缺陷表现在两个方面:一是原始地球的角动量必须达到现今地月系统的 4 倍才能分裂出月球;二是月球大尺度的熔融需要大量的热量。

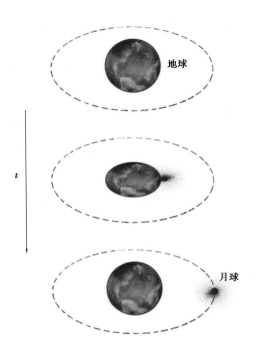

图 2.6　分裂理论示意图

(4)大碰撞假说

在太阳系起源星子假说的基础上,Hartmann 和 Davis 于 1975 年提出了大碰撞假说(图 2.7),该假说被不断完善,逐渐成为月球起源假说的主导学说。该假说的支持者认为,太阳系演化早期,在太阳系空间曾形成大量的星子,星子通过互相碰撞、吸积而形成一个原始地球和一个大约地球质量 1/10 的火星大小的原始行星 Theia。这两个天体在各自的演化过程中,分别形成了以铁为主的金属核和由硅酸盐构成的幔和壳。由于这两个天体相距不远,原始行星 Theia 撞击原始地球。一方面,碰撞使地球部分地幔和地壳物质受热蒸发,改变了地球的运动状态,使地球的自转轴倾斜;另一方面,原始行星 Theia 被撞击破裂,硅酸盐壳和幔受热蒸发。膨胀的气体以极快的速度携带大量尘埃飞离地球,原始行星 Theia 与幔分离的金属核由于膨胀飞离的气体所阻而被吸积到地球上。这些飞离地球的气体和尘埃最终在地球的洛希临界线(卫星自身重力与行星潮汐力相等,当卫星处于行星洛希临界线之内会被行星潮汐力撕碎)附近形成月球碎片盘,逐步吸积形成一个部分熔融的大月球。

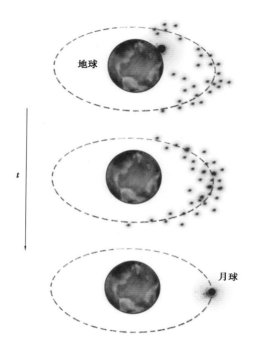

图 2.7　大碰撞理论示意图

2）月球的地质演化

月球的起源,目前主要存在 4 种假说,其中大碰撞分裂假说被广泛接受。该假说认为,月球初始阶段处于熔融或部分熔融的岩浆洋状态。在月球形成后,地月系统经过漫长的时间演化,逐渐达到现今的平衡状态。虽然现在的地月环境截然不同,但是在地球大气形成前的时期,原始地球与月球的演化存在共通之处。通过分析月球的演化过程,我们可以推演出原始地球的变化情况,完善地球历史甚至窥探生命形成的奥秘。

从初始阶段的岩浆洋状态到目前的面貌,月球经历了不同的演化阶段,主要包括内部的热演化、岩浆演化(内动力地质作用演化过程)和以陨石撞击为主的外动力地质作用演化过程。在大碰撞假说中,月球最初处于熔融或部分熔融状态,随着温度的降低,月球表层冷却硬化形成原始月壳。随后,原始月壳遭受陨石撞击形成撞击盆地。同时,由于月球内部的高温熔融状态,月球上时常发生火山活动。月球在大约 3.16 亿年前逐渐冷却,停止剧烈的火山活动,外部陨石撞击主导了月球演化,形成了现今明显的撞击坑。因此,根据驱动力的不同,月球的演化过程可以划分为 3 个阶段,如图 2.8 所示。

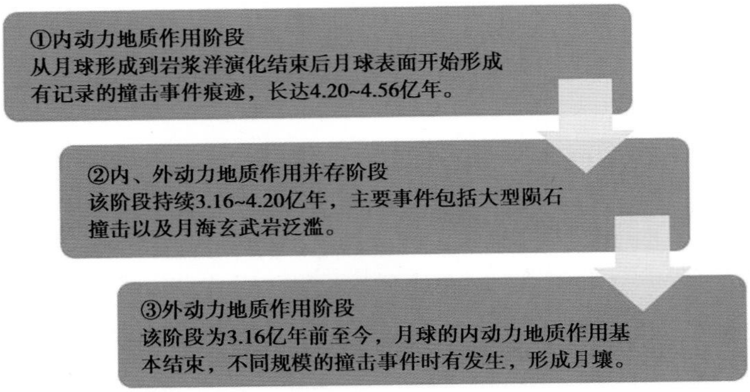

①内动力地质作用阶段
从月球形成到岩浆洋演化结束后月球表面开始形成有记录的撞击事件痕迹,长达4.20~4.56亿年。

②内、外动力地质作用并存阶段
该阶段持续3.16~4.20亿年,主要事件包括大型陨石撞击以及月海玄武岩泛滥。

③外动力地质作用阶段
该阶段为3.16亿年前至今,月球的内动力地质作用基本结束,不同规模的撞击事件时有发生,形成月壤。

图 2.8　月球演化三阶段

(1)内动力地质作用阶段

这一阶段,月球岩浆岩开始冷却,发生结晶分异,轻质斜长石上浮形成月壳,橄榄石和辉石等矿物析出并下沉形成月幔,不相容的矿物则最终形成克里普岩分布在月壳与月幔之间。由于结晶分异阶段的化学元素不均一、陨石撞击的搅拌混合作用以及岩浆喷发的填充,月球表面的化学特征分布具有明显的差异性。

(2)内、外动力地质作用并存阶段

在这一阶段月球的月壳已经完全形成,内部的月幔、月核逐渐成型。由于月幔、月核还处于半熔融状态,在大撞击事件中月壳受到陨石轰击形成陨石坑的同时,岩浆从破裂薄弱处喷发填充陨石坑形成月海,塑造了月球表面最主要的大尺度地形特征。相对于背面,月球正面撞击坑中岩浆喷流量更多,造成这种差异的因素包括正面与背面的月壳厚度、受地球的引力、后期热流和岩浆产出率的变化等。

(3)外动力地质作用阶段

这一阶段的月球已完全冷却,内部地质作用已停止,大量陨石撞击的阶段也已经度过,只有小规模陨石撞击和空间风化作用对月球表面造成影响。其中,空间风化作用对月球的最显著影响就是在月球表面造就了 1~18 m 厚的月壤。

2.3.2　月球的地形地貌、地质结构

月球演化过程中,在内、外动力地质作用的影响下,地形地貌和地质结构一直在发生变化,最终形成现在独特的月貌月构。月球表面的显著特点是其亮暗差异,

最早在 1609 年,伽利略通过望远镜观测月球,较为清晰地观测到月球正面的亮暗特征,但由于"同步自转"而无法探测到月球背面的情况。直到 1959 年,探测器"月球 3 号"首次获得月球背面影像,人类才了解到月球背面与正面的差异。在 1968 年,阿波罗 8 号环绕月球时,人类可以直接用眼睛看见月球背面。通过对比月球正面和背面的亮暗特征,可以发现它们有明显的差异。亮暗差异起因于地形地貌的不同:月球背面的地形地貌比较均匀,多为崎岖的月陆,少部分为平坦的月海;月球正面的地形地貌差异较大,布满大量月海。

1) 月球正面与背面

地球对月球长期潮汐作用出现了"同步自转",因此,我们只能看到 59% 的月面。正对地球的一面为月球正面,背对地球的一面为月球背面,如图 2.9 所示。对比月球的正面和背面,能够发现它们具有差异明显的地形地貌特征:月球正面月陆与月海的面积大致相等,月海覆盖的面积高达 31.2%;而背面则月海面积较少,撞击坑较多,月海覆盖的面积大约 2.5%,且月球半径起伏悬殊最大的位置都位于背面,有的位置比月球平均半径长 4 km,有的位置则短 5 km(如范德格拉夫洼地)。

月球正面和背面差异的起因并未得到统一,目前主要有两种说法:一是地球对月球的引力差异造成了内部岩浆管道不匀称,从而在月球演化过程中加强了正面的火山活动,减弱了背面的火山活动。根据月球探测的相关资料,月球背面的月壳厚度比正面厚 15 ~ 20 km,且月球质量中心与月球形态中心存在 2.1 km 的偏移,这些探测数据证明了地球对月球引力差异影响月球正面和背面的月壳厚度。二是在月球形成初期,一颗巨大的陨石撞击月球背面,将月球内部岩浆挤压到月球正面半球,正面岩浆喷出形成大量月海,背面的撞击盆地溢入岩浆形成月海。南极-艾特肯盆地(South Pole Aitken)是已确认的月球上最古老的撞击盆地,位于月球背面,直径为 2 000 ~ 2 600 km,深度约 8 km。此外,Byrne 通过建立模型来解释月球正面和背面产生差异的原因,认为一颗巨大陨石撞击月球正面形成大型盆地,月球正面月壳变薄,月球背面吸积溅射物而加厚月壳,从而造成了月球月壳厚度的不同。

2) 月球地形地貌

月球在后续演化过程中受到地球和陨石的影响,其表面地形地貌并不是一成不变的,而是存在各种独特的月貌特征。月貌特征包括月海、月陆、撞击坑、岩石的

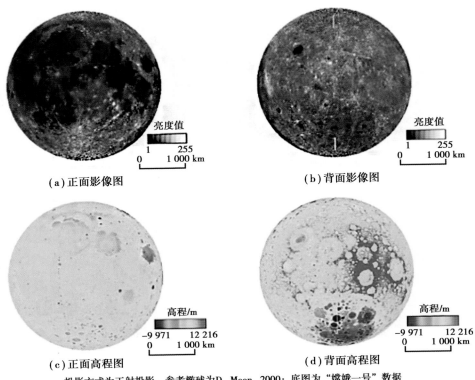

（a）正面影像图　　　　　　　　　（b）背面影像图

（c）正面高程图　　　　　　　　　（d）背面高程图

投影方式为正射投影：参考椭球为 D_ Moon_ 2000；底图为"嫦娥一号"数据

图 2.9　月球正、背面影像图和高程图

分布密度和大小情况等。分析月貌特征既有利于我们对月球表面区域进行划分，又能帮助我们了解陨石撞击的外动力地质作用过程和火山作用的内动力地质作用过程。根据形状特征，月貌主要划分为环形构造和线性构造两种形式。月球表面环形构造是遥感影像上形态、结构或色调呈现环状的环形体。月球表面环形构造的形成原因主要有火山作用和撞击作用两种。火山作用包括月海穹窿、火山口等，撞击作用包括撞击盆地、撞击坑等。月球表面线性构造是指月球表面以线状延伸的构造现象。根据线状形迹的形态特征和构造成因，月球表面的线性构造可以划分为多种类型。对线性构造类型的准确划分，目前国内外还没有统一标准。根据线性构造要素的成因及形态特征，将月球表面的线性构造划分为皱脊、月谷、月溪、地堑、坑链和坑底断裂等类型（表2.5）。月球表面的线性构造能够反映月球所受到的构造应力状态，对揭示月球内部地质活动具有重要意义。例如，皱脊代表了区域处于收缩挤压的应力状态，月谷与地堑可指示区域的拉张应力状态等。

表 2.5 月球表面线性构造

名称	影像特征	分布位置	成因分析
月岭	正线状地形,形状呈现绳状、辫状、重叠和断续特征	多分布在月海中	盆地充填形成的挤压力,全球热能收缩,受潮汐力影响
月溪	负地形,窄的负线状地形,形态曲折盘旋	大多数分布在月海玄武岩区域	火山作用,熔岩流特征,熔岩通道或者塌陷的熔岩管
地堑	负地形,弧状或直线状	大型撞击盆地边缘	构造作用形成,多在大型撞击盆地边缘,由盆地充填的张应力形成,也与月球热能膨胀有关
月谷	较宽的负线状地形	多分布在高地	可能由张应力形成
断裂	负地形,形状不规则	中等尺寸撞击坑底部	陨石撞击形成的裂隙,与地形隆起有关
坑链	线状洼地拥有圆齿状边缘	月海和高地	次级撞击坑或撞击形成的裂缝受后期岩浆侵蚀
山脉	连续分布的山峰带	大型撞击盆地边缘	与撞击事件有关
陡坡	直立,高程急剧变化	较少	区域构造成因或熔岩流前沿
垮塌构造	呈阶梯状,具有明显陡立的滑坡面和块状滑坡体	位于大型撞击坑或盆地环形山的内壁部位	大多由重力垮塌作用形成
其他线形构造	狭长、不规则	无规律	

(1)月海与月陆

月球表面绝大部分是月海和月陆,它们是月貌的主体。根据观测到的亮暗特征(图 2.9),月表亮区崎岖且高于暗区,称为月陆(或称为高地);暗区平坦低洼,称为月海。两者亮暗差异是因为月陆一般比月海水准面高 1~3 km,月陆返照率高(0.09~0.12),月海反照率低(0.05~0.08),因此看起来比较明亮。

月陆占月球表面总面积的 84%,由斜长岩组成,从同位素测定发现月陆是月球上最古老的地形特征。由于长时间的陨石撞击,月陆地形凹凸不平,山脉纵横,到处都是星罗棋布的环形山,表面覆盖着因陨石撞击而抛出的细小岩石颗粒——月壤。

月海是地势较低的平原,月海的最低处甚至比周围低 6 km,它们是月表陨击盆地底部被岩浆填充冷却后形成的。月海数量超过 100 个,其中,公认的大型月海有 22 个,绝大多数分布在朝向地球的半个月球,背面只有几个在边缘地区。正面的月海中最大的风暴洋面积约 5×10^6 km^2,第二大的雨海面积约 8.87×10^5 km^2。月海大多呈圆形或椭圆形,有的月海四周被山脉包围,也有的月海是多个连成一片。小的月海称为湖,如梦湖、死湖、夏湖、秋湖、春湖等。深入月海的部分称为湾和沼。

(2)撞击坑

撞击坑是月表的显著特征,密布于整个月表(图 2.10),成因有陨石撞击与火山喷发两种,根据撞击坑采集到的陨石成分判断出大多数撞击坑是陨击坑。其直径有大有小,最大的撞击坑是月球南极附近的贝利环形山,直径为 295 km,面积比海南岛还大;较大的有艾特肯环形山(图 2.11),直径约 135 km;小的撞击坑直径仅几十厘米,甚至可能是岩屑上的微米坑。直径不小于 1 km 的撞击坑约 33 000 个,占月面表面积的 7%~10%。根据其直径大小,撞击坑分为简单坑(<18 km)和复杂坑(≥18 km)两大类。撞击坑和撞击盆地的数量及分布特征可以说明月球正面和背面所受撞击作用的程度及差异。

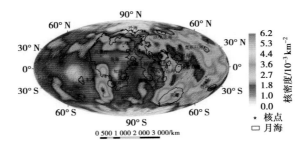

图 2.10　全月球撞击坑核密度图

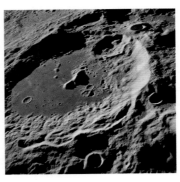

图 2.11　阿波罗 17 号拍摄的艾特肯环形山

（3）山脉

陨石撞击月表，撞击处形成盆地，溅射物铺洒在月海外围，最终形成的隆起部位称为山脉（图2.12）。月球上的山脉特征有：两边的坡度很不对称，面向月海的一边坡度大，背向月海的一边则相当平缓。根据月球探测数据得出，月面上6 km以上的山峰有6个（最高峰高达9 840 m），5～6 km的山峰有20个，3～5 km的山峰有60个，1～3 km的山峰有114个。

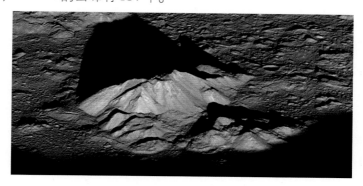

图2.12 月球勘测轨道飞行器拍摄的一座2 000 m高的山峰，位于第谷环形山中央

（4）辐射纹

部分撞击坑上面有以坑为辐射点向周围延伸的近乎笔直的亮带，这类亮带称为辐射纹。据统计，具有辐射纹的环形山有50个，例如，哥白尼和开普勒环形山。辐射纹长度和亮度不一，第谷环形山的最长辐射纹长达1 800 km。辐射纹可能是陨石撞击产生的高温碎片形成，也可能是火山喷发的岩浆形成。

（5）火山特征

月球正面约30%的区域被玄武岩（火山熔岩）所覆盖，主要为陨击盆地的填充物。除了玄武岩特征，月球的阴暗区，还存在其他火山特征：月溪（蜿蜒的月面沟纹）、火山碎屑沉积、火山圆顶和火山锥等。月海穹窿、火山口的数量及分布特征则可以说明月球正面和背面内部地质活动的剧烈程度。月球表面的撞击盆地、月海穹窿和火山口多分布在月球正面，而撞击坑则多分布在月球背面。月球表面环形构造分布差异说明与月球背面相比，正面的内动力地质作用活动强烈，遭受的撞击较少，而背面地质构造活动较弱，多形成中小尺度的撞击坑（南极-艾特肯盆地除外）。

（6）皱脊

皱脊只在月海中存在，并且主要集中分布在风暴洋及其附近的月海中，其他位置只在东海、洪堡海、史密斯海和莫斯科海中有少量分布。皱脊的分布特征说明皱脊的形成与月海玄武岩充填沉降产生的压缩构造地形有关，暗示着其形成发生在月海玄武岩侵位以后,并且演化跨越了较长的历史时期。

(7)月溪

月溪与皱脊的分布特征相近,月溪也主要存在于有月海玄武岩分布的地方,在风暴洋及其周围集中分布。但月溪还同时分布在月海盆地边缘和高地周围,整体上与月海盆地呈同心圆状分布或在盆地边缘分布,其分布区域对应了月海玄武岩沉降区的外边界,暗示着月溪的构造起源,此外,在东海盆地和南极-艾特肯盆地周围也有一些分布。

(8)地堑

由于地堑的形成与月海盆地沉降产生的局部张应力或热应力有关,一般分布在盆地边缘,所以在风暴洋四周的盆地附近分布最多,而在月球背面高地地堑分布的数量较少,同时地堑的走向暗示着月球的应力方向。

(9)坑底断裂

坑底断裂主要分布在中等规模的撞击坑中,并呈同心圆状分布,尤其是靠近风暴洋的撞击坑。

3)月球内部地质结构

根据现有探测资料推测,月球内部为壳、幔、核的层状结构(图2.13)。月壳,月球的外层,平均厚度为40~45 km,高地斜长岩月壳较厚,月海玄武岩月壳较薄。月幔位于月壳与月核之间,月幔厚度约1 200 km,可分为上幔、中幔和下幔,主要由橄榄石和斜方辉石构成。月核,月球的中心区,半径约360 km,可能是半熔融状态。

2.3.3　月球空间物理环境

1)月球的大小和质量及相关特性

月球半径约1/4 R_e(R_e表示地球半径),赤道半径为1 738.14 km,赤道周长为10 921 km,极半径为1 735.97 km。月球表面积为3.793×10^7 km^2,比亚洲小,比非洲大,体积为2.195 8×10^{10} km^3。月球形状近似于扁率为0.001 25的椭球,实际上其表面高低不平,高差可达19.87 km。月球与地球对比,如图2.14所示。

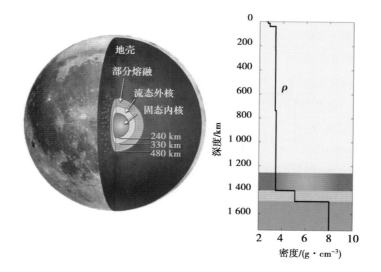

图 2.13　月球内部地质结构示意图和密度情况

图 2.14　月球与地球对比图

月球重量为 7.247 7×10^{22} kg,大约是地球的 1/81。月球的平均密度为 3.34 g/cm³,只有地球平均密度的 60%。月球是重力分异的天体,物质密度分布不均匀,形状中心与重量中心分离,重量中心靠向地球约 2 km。月球与地球基本参数对比见表 2.6。

表 2.6　月球与地球基本参数对比

基本参数	月球	地球
平均半径/km	1 737.4	6 371.393
赤道半径/km	1 738.14	6 378.136

续表

基本参数	月球	地球
极半径/km	1 735.97	6 356.755
体积/km³	$2.195\ 8\times10^{10}$	$1.083\ 2\times10^{12}$
扁率	0.001 25	0.003 352 819
重量/kg	$7.247\ 7\times10^{22}$	$5.974\ 2\times10^{24}$
平均密度/(g·cm⁻³)	3.34	5.515
重力加速度/(m·s⁻²)	1.62	9.81
表面逃逸速度/(km·s⁻¹)	2.38	11.19

2)月球的轨道运动和自转

(1)月球的轨道运动及变化

月球以一定的速度围绕地月系统的质心进行轨道运动,平均速度为 1.023 km/s,运动周期为 27.32 天(恒星月),在恒星的背景之间大约每小时移动 0.5°。地球和月球的质心在距离地心 4 641 km 的地球内部,两者各自围绕质心运转。轨道为轴长 384 399 km、偏心率 0.054 9 的椭圆,轨道面接近黄道平面,相对于黄道平面的倾斜只有 5.145°,与地球赤道面的交角在 18.29° ~ 28.58°范围内变化。

地球受到月球潮汐作用的影响会在向、背月球两侧产生隆起,同理,隆起会对月球施加少量的引力。由于地球的自转角速度约为月球的轨道运动角速度的 27 倍,地球带动隆起向前运动时面向月球的隆起会沿着月球轨道轻微地拉扯月球向前;背向月球的隆起则产生相反的效应。但是较靠近月球的隆起因为距离较近,对月球的影响也较大,因此,其结果是地球的转动惯量逐渐转移到月球轨道的转动惯量。这使月球逐渐远离地球,每年的移动量约为 3.8 cm。

(2)月球的同步自转

月球公转时在离心力的作用下重心外偏,但在地球的引力作用下重心又向内偏。月球就在这两种力的作用下绕地球公转的同时进行自转。月球公转和自转的方向相同,自转轴与黄道面的法线的夹角极小,周期正好是一个恒星月,这称为同步自转。这类卫星世界的普遍规律,起因最可能是行星对卫星的长期潮汐作用,其现象是卫星总以一侧对着行星。月球的同步自转使我们从地球上只能看到月球的正面,实际由于天平动现象,我们得以看到 59% 的月面。引起天平动现象的主要原因包括自转角速度与公转角速度不匹配,自转轴与黄道面的法线存在夹角。

（3）月球的周期

按照不同基准来计量,月球完成一个轨道周期的表述有恒星月、近点月、交点月和朔望月。恒星月是以恒星为基准,约27.321 661 4天;近点月是月球从近地点至近地点的时间,为27.554 55天;交点月是月球从升交点再回到升交点的时间,为27.212 22天;朔望月是月球回到原来月相的时间,为29.530 588 2天。朔望月比恒星月长,是因为地月系统在有限的距离内绕太阳运转,在经历了一个恒星月的时间后,还要更多的时间才能回到原来的几何对应位置。

3）月球的磁场

月球几乎没有偶极磁场,只有起因于月壳的1~100 nT的外部磁场。高地磁场较强,一般超过300 nT。月海磁场很弱,一般小于50 nT。比如,月球雨海和澄海地区的磁场的磁感应强度绝大多数为1~5 nT。撞击坑处磁场最小。具体磁场强度分布情况如图2.15所示。

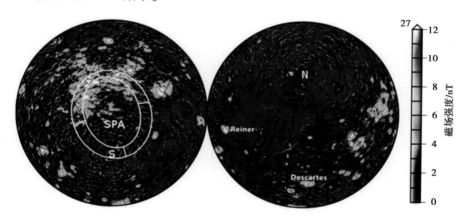

图2.15　月球表面磁场分布图,左侧的两个白色椭圆形表示南极-艾特肯盆地(SPA)的内部盆地底部和外部结构边缘,外部椭圆的长轴为2 400 km

2.3.4　月球资源环境

月球储存着丰富的资源,在月球上进行人类活动时首先应利用原位资源,避免远距离输送的经济损耗。除了月表资源外,独特的真空、低重力和高光能环境也是月球的关键资源,见表2.7,月球上可获得的资源来源主要是月壤、月岩和水冰,对这三种原料进行提炼就能够获得生产生活原料,从而满足人类在月球上活动所需的物质、能源需求。

表 2.7　月球的资源环境

资源		来源	潜在应用
月球环境	太阳辐射	太阳	能源
	真空	天然存在	材料加工
	低重力	天然存在	材料加工
月表资源	水冰	月球撞击坑底部和南极地区永久阴影区的冰;钛铁矿与氢反应产物	推进剂、生命保障
	氧	月壤或岩石提炼产物	推进剂、生命保障
	氢	受太阳风影响的月壤加热产物	推进剂、反应物、制水
	氦-3	月壤提取产物	热核发电
	月壤	月表天然分布	防辐射
	金属	钛铁矿、斜长石等矿物提炼产物	工厂和设备构建
	非金属	月壤或岩石提炼产物	太阳能电池和其他设备
	熔岩管	月表天然分布	热防护、辐射防护

1）月壤

（1）外观

月壤即月球外壳最上面的一层松散的、多孔的、由撞击产生的细小岩石碎片,即所谓的风化层或月尘。月球表面昼夜温差变化较大,月尘表层所经受的温差变化范围为 $-173 \sim 117$ ℃,特别是其高温环境对月尘的影响较大,致使月尘具有结构松散、有机质含量低的特点。通过对阿波罗号宇航员的插旗过程以及嫦娥四号发回的月球表面照片（图 2.16）分析,认为月尘类似于灰尘堆积而成。

（2）化学成分

形成月尘的基本粒子分为以下几种类型:橄榄石、斜长石、单斜的辉石和钛铁矿;玄武岩、斜长石、橄榄岩和苏长岩的原始结晶岩碎片;伊利石、橄榄石、辉石、锥形石和合成石的陨石碎片。除此之外,月壤中还存在来自太阳风的多种挥发物,例如,氦-3、氦-4、氩-36、氢、碳、氮等。在 700 ℃ 的加热条件下,收获的挥发物见表 2.8。阿波罗样品及嫦娥五号样品的化学成分见表 2.9。

（a）阿波罗号月球表面

（b）嫦娥四号发回的月球表面

图 2.16 月球表面情况

表 2.8 700 ℃时月壤挥发情况

挥发物	月球中含量/(g · t⁻¹)
氮	4.0
二氧化碳	12.0
水	23.0
甲烷	11.0
氢	43.0
氦	22.0

表 2.9 阿波罗及嫦娥五号样品化学成分（重量百分比）

样品	SiO_2	TiO_2	Al_2O_3	Cr_2O_3	FeO	MnO	MgO	CaO	Na_2O	K_2O	P_2O_5	S	合计
A11	42.2	7.8	13.6	0.3	15.3	0.2	7.8	11.9	0.47	0.16	0.05	0.12	99.9
A12	46.3	3	12.9	0.34	15.1	0.22	9.3	10.7	0.54	0.31	0.4	—	99.6
A14	48.1	1.7	17.4	0.23	10.4	0.14	9.4	10.7	0.7	0.55	0.51	—	99.8
A15	46.8	1.4	14.6	0.36	14.3	0.19	11.5	10.8	0.39	0.21	0.18	0.06	100.8
A16	45	0.54	27.3	0.33	5.1	0.3	5.7	15.7	0.46	0.17	0.11	0.07	100.8

续表

样品	SiO_2	TiO_2	Al_2O_3	Cr_2O_3	FeO	MnO	MgO	CaO	Na_2O	K_2O	P_2O_5	S	合计
A17	43.2	4.2	17.1	0.33	12.2	0.17	10.4	11.8	0.4	0.13	0.12	0.09	100.5
CE-5	42.2	5	10.8	—	22.5	0.28	6.48	11	0.26	0.19	0.23	—	98.94

（3）物理性质

TY-Ⅱ月尘模拟物的基本物理性质见表 2.10。

表 2.10　TY-Ⅱ月尘模拟物的基本物理性质

物理性质	颗粒粒径 /mm	容重 /($g \cdot cm^{-3}$)	相对密度 /($g \cdot cm^{-3}$)	内摩擦角 /(°)	黏结力 /kPa
数值	<1	1.393～2.315	2.713	33.6～38.9	0.14～1.59

2）月岩

（1）主要矿物特征

月岩即月球表面的岩石，由于月球缺水、真空、低重力的环境，月岩成分比地球岩石简单，而两者的原生矿物在数量、种类上差别不大。月岩主要由斜长石、辉石、橄榄石、钛铁矿以及它们的熔融物组成，占总量的98%；其余矿物为钾长石、金属氧化物、金属硫化物等。目前，月岩中共发现55种矿物，其中，6种是地球上未发现的矿物，如三斜铁辉石、静海石。新发现的矿物大多是在无水和低氧化还原电位的条件下结晶形成的。相比地球岩石，月岩明显的特征是缺乏含水矿物。

基于美国"月球勘探者号"（Lunar Prospector，LP）伽马射线谱仪探测数据的反演得到月球表面岩石类型的分布特征，如图 2.17 所示。月表被斜长岩、玄武岩、克里普岩（KREEP）和富镁岩包裹。斜长岩富含斜长石和钙素。月球玄武岩由月球岩浆喷发后在月表结晶而成，细粒、多孔，主要由辉石、斜长石和钛铁矿组成，但月球玄武岩的化学成分变化较大，月海和月陆的玄武岩有明显差异。克里普岩含较多的 SiO_2 和 Al_2O_3，且富含 K（钾）、REE（稀土元素）和 P（磷）。

（2）月陆岩性

月陆岩石覆盖了大部分月球高地，其主要由富铝贫铁镁的斜长岩、橄长岩、苏长岩构成。岩石的矿物组成见表 2.11。根据构造和成分可将月岩分为原始高地岩石、原始玄武岩火山岩石、角砾岩这三类。原始高地岩石分为低铁斜长石岩套、碱

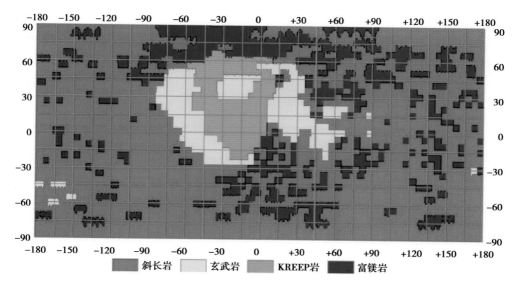

斜长岩　　玄武岩　　KREEP岩　　富镁岩

图2.17　月球岩石类型分布图

岩套和氧化镁岩套。原始玄武岩火山岩石主要由辉石、橄榄石、富钙的斜长石及钛铁矿组成,富含放射性元素和难熔微量元素。角砾岩是月球上分布很广的岩石,常见类型有玻基斑岩、月壤角砾岩和碎屑角砾岩等。

表2.11　月陆岩石的矿物组成

种类	斜长石/%	辉石/%	橄榄石/%	钛铁矿/%
斜长岩	90	5	5	0
橄长岩	60	5	35	0
苏长岩	60	35	5	0

（3）月海岩性

月海充填有贫铝富铁镁的火山玄武岩,主要由辉石、橄榄石、铁钛矿组成。按其化学成分可分为高钾、低钾、高钛、低钛和极低钛玄武岩以及高铝玄武岩。月海岩石的矿物组成见表2.12。月海玄武岩年龄跨度大,形成于32～42亿年间,表明月海玄武岩是以熔岩流的形式多期喷发形成的。和背面相比,月球正面月海玄武岩分布广(图2.18),产生这种分布差异的原因:一是在内动力地质作用阶段,月球的重力场分布不均,正面喷发的岩浆更多;二是月球正面放射性元素更多,温度高,受陨石撞击时阻力小,更易形成较大的陨击坑。

表 2.12　月海岩石的矿物组成

种类	斜长石/%	辉石/%	橄榄石/%	钛铁矿/%
高钛	30	54	3	18
低钛	30	60	5	5
极低钛	35	55	8	2

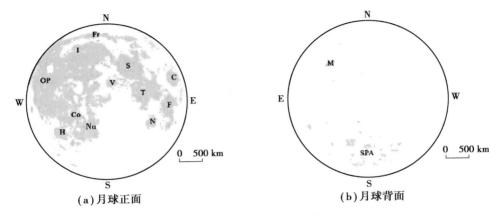

（a）月球正面　　　　　　　　　　　（b）月球背面

图 2.18　月海玄武岩分布

C—危海；Co—知海；F—丰富海；Fr—冷海；H—湿海；I—雨海；M—莫斯科海；N—酒海；
Nu—云海；OP—风暴洋；S—澄海；SPA—南极-艾特肯盆地；T—静海；V—汽海

3）月球水冰

1971 年，阿波罗 14 号登月点附近的仪器检测到水蒸气，这是月球存在水的首次证据。月球南北两极有许多阳光难以照射到的陨石撞击坑，这些区域被称为永久阴影区（Permanent Shadow Region，PSR）。2008 年，印度用月船一号的月球撞击探测器撞击月球南极 PSR，发现此处有水冰的间接证据。2009 年，美国为探测月球上的水冰，连续用运载火箭和卫星撞击月球南极的凯布斯坑。2010 年，月船一号的雷达发现月球北极暗坑中存在巨量的水冰。因此，月球上的水是存在的，由富集水冰的彗星、小行星和流星体带来或者太阳风的氢离子（质子）撞击含氧矿物而生成，以固态形式存储在矿物内或破裂的月表深处。

（1）水冰的分布情况

根据现有的探测数据推测，月球水冰分布在两极 PSR、局部光照区、太阳辐射区和火山碎屑物分布区。据估算，月球南极 PSR 超过 6 000 km²，北极 PSR 超过

$500\ km^2$，由于低太阳辐射和低温条件，PSR（图 2.19）有月球最丰富的水冰资源，且分布在浅表层区域。其他位置虽然分布有水资源，但是储量和含量不高，甚至在太阳辐射区水以结晶水的形式存在于矿物中。

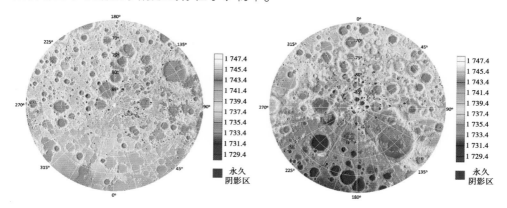

图 2.19　月球北半球与南半球 PSR 分布图

（2）水冰资源的存在形式

月球水冰资源有岩浆水、表层水、埋藏水 3 种存在形式。岩浆水来自火山岩浆冷却结晶形成的玻璃珠束缚的 H 和 OH。表层水由太阳风的氢离子（质子）撞击含氧矿物而成。两极 PSR 存储大部分埋藏水，由富含水冰的彗星、小行星和流星体带来，据估算，北极 40 多个陨石坑含有超过 6 亿 t 水冰。

4）月球能源

（1）太阳能

月球轨道运动和自转状况表明月球表面绝大部分区域的日照时间是其自转周期的一半，为 14.77 天。只有极少部分区域受地形影响存在极夜或极昼现象，这些区域有熔岩管、部分山峰和陨石坑等。由于月表的真空环境，在白天能够获取的太阳能资源十分丰富，可以收集太阳能转化为电能，用于白天设备运行等能源消耗或者储存在电池中用以维持夜间设备的运转。

（2）氦-3

氦-3 是由太阳风带来的，广泛分布于月球表层，其含量受月壤粒径的影响极大，越小的月壤颗粒比表面积越大，氦-3 的含量更高。同时陨石撞击会对月壤起搅拌作用，致使月壤较深处也存在氦-3。因此，氦-3 资源在月球表面分布极不均匀（图 2.20）。

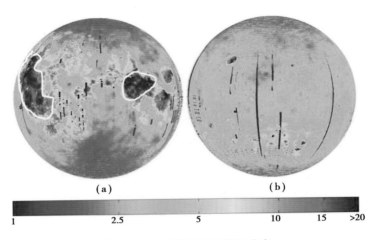

图 2.20　月球表面氦-3 资源分布

（3）温差

由于月表为真空状态，没有大气层阻挡太阳辐射，因此月球表面昼夜温差很大，温度变化为-183 ~ 127 ℃。同时，用射电观测可以测定月面土壤温度。测量表明，月面土壤较深处的温度很少变化，这正是由月面物质导热率低[0.000 9 ~ 0.010 0 W/(m·K)]造成的。超过 1 m 深的月壤月岩温度基本恒定以及该恒温层与月球表面的温差巨大，基于月球上这两种天然条件，可采用月球温差热电材料热伏发电技术和月球温差磁悬浮发电技术（图 2.21）将恒温层和月球表面之间的温差转化为电能。

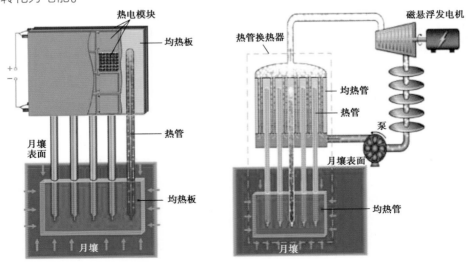

（a）月基温差热电材料热伏发电技术示意图　　（b）月球温差磁悬浮发电技术构想

图 2.21　月球表面温差发电技术示意图和构想

2.3.5　月球生物生存分析

相较地球环境,月球环境不仅缺少生物生存的基本条件,而且存在对生物构成威胁的因素。首先,月球上几乎没有大气,植物、动物、微生物都无法生存;其次,太阳等天体的直接照射带来的高辐射和昼夜极端温差,这些都会给生物带来毁灭性打击;最后,水资源的稀缺和极不均匀分布使生物生存具有很大的挑战性。总之,月球上生物生存要关注的问题有温度、辐射、空气、水、食物、废物、能源、低重力等。按照问题的性质可分为极端恶劣环境威胁问题、能源问题、物质资源问题、安全问题四大类。

1)极端恶劣环境威胁问题

(1)温度和辐射问题

生物要在月球上长期生存,其首要问题是环境中的外部威胁。月球表面逃逸速度小,气体很难被束缚而分散到太空中,因此,月球几乎没有大气。由于月表的真空环境,再加上月面物质的热容量和导热率又很低,因而月球表面昼夜温差跨度很大,温度变化为 $-183 \sim 127 \, ℃$,生物极难生存;另外,月表空间辐射环境也是影响生物生存的最大威胁之一。在月表建立生存基地(图2.22),可以采用双级压缩的热泵蓄热技术来提供适宜稳定的温度环境,再外装电磁防护盾来消除辐射影响;在月球地下建立基地,月面土壤较深处的温度很少变化,这正是由月面物质导热率低造成的,在月球地下建立基地可以有效减弱外部温度变化和辐射的影响,从而减少能源消耗。

图2.22　月表基地示意图

（2）低重力问题

当生物长期生存在月球的 $\frac{1}{6}$ g 低重力环境时,若不进行适量的训练,生物的机体功能将会大幅减弱,最终危害生物的身体健康,如空间运动疾病、骨密度流失、肌肉萎缩等。因此,月球上的航天员每天都要合理地进行科学锻炼以保证健康的体魄。

2）能源问题

能源问题是生物生存的关键问题之一,无论是消除外部环境威胁还是获取生存所需的资源,都需要充足的能源支持。月球上基本不存在化石能源,但是有着丰富的太阳能和氦-3。因此,能源问题的解决途径主要有两条:一是建立大型太阳能电池阵;二是从月壤中提取氦-3用于核电产能。

3）物质资源问题

（1）空气和水的问题

当外部环境威胁得到控制后,由于生物长期生存离不开适宜的大气环境和充足的水资源,接下来的问题是如何在月球上持续获取足够的氧气和饮用水。针对水的问题,月球两极 PSR 储存的大量水冰可以作为获取来源,采用原位或异位工程方法（图 2.23）采集并净化水冰。空气的问题有两条解决途径:一是建立密闭生态系统,实现空气自循环;二是利用月球原位资源生产氧气,建立稳定的供氧系统。

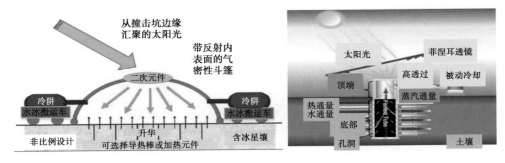

图 2.23 月球水资源提取示意图

（2）食物和废物问题

月球上生物需要的食物不能过多地依靠地球的补给,同时产生的废物作为不可多得的资源,需妥善运用。关于食物和废物处理的问题,最好的解决方法是在密闭环境中建立低能耗、物质循环的生态农业基地。

4)安全问题

在月球上建立基地或者进行科研活动都需要注意安全问题。由于月球基本完全冷却,其地质活动已经完全停止,所以要注意的安全问题主要来自陨石撞击的威胁。为了避免此类天灾,我们需要根据现有的陨石撞击频率统计,选择安全区域建立月球基地或者进行科研活动。

2.3.6 月球资源环境及可利用资源分析

月球是地球唯一的天然卫星,是距离地球最近的地外星体,也是人类太空探索的第一站。从古代神话传说到如今的科学探测,人类都对这个神秘星球充满期待和向往。

1959 年 1 月,苏联发射的"月球 1 号"(Lunar 1)飞掠月球,成为首颗月球探测器;1959 年 9 月,苏联发射的"月球 2 号"(Lunar 2)在月球表面硬着陆,成为首次抵达月球表面的探测器,开启了人类近距离探测月球的序章。迄今为止,人类已成功地实现了对月球的飞掠、环绕、着陆、巡视和采样返回探测,从中获取了丰富的探测数据及成果,对我们了解月球的星球特征、表面环境及物质资源等具有重要意义。综合现有的月球探测数据及研究成果可知,月球蕴藏着丰富的矿物、土壤和能源等资源,具有极大的科学研究、探测开发价值。月球资源是地球资源的重要补充,对人类社会的可持续发展具有深远影响。

月球资源主要包括矿产资源、能源资源、土壤资源和水冰资源(图 2.24)。矿产资源包括钛、铁、铬、镍等金属矿产资源,月壤、玄武岩和低浓度挥发物(H,He,C,N)等非金属矿产资源,以及氧资源和陨石资源等。由于月球上没有大气层,没有风能,其能源资源主要是太阳能资源;水冰资源主要是指分布在月球表面和土壤内的水冰。

图 2.24 开发利用月球资源

1）土壤资源

月球土壤简称月壤（图2.25），是指月球表面风化层中粒径小于10 mm的风化物，厚度一般为4～5 m，在较为古老的地质区域可达10～15 m。其颗粒细密，平均粒径约100 μm。月壤成分与其所在区域的月岩成分密切相关，一般包括矿物碎屑（辉石、橄榄石、斜长石、钛铁矿等）、原始结晶岩碎屑（玄武岩、斜长岩等）、角砾岩碎屑、玻璃、黏合集块岩、陨石碎屑（陨硫铁、橄榄石、辉石、锥纹石等）。化学成分主要是二氧化硅、氧化钛、氧化铝、氧化铁、氧化钙等。

在月面资源中，月壤是最容易获得的原位资源，利用月壤进行建造既是充分利用原位资源的可行之举，也是防治月面扬尘问题的必要措施。未经处理的月壤可用于建筑表面覆土，用来维持温度、屏蔽辐射和抵抗陨石冲击，固化的月壤可以作为结构材料。月壤最主要的用途是建造月球基地以及经过改良后用于构建月球生态系统。

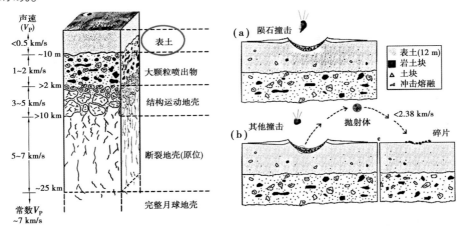

图2.25　（左）月球浅表的垂直分布，最上面的表层就是月壤（风化层）；
（右）长期的撞击累积形成了月壤

2）矿产资源

根据目前的探测结果，月球上的矿产资源极为丰富，其中对月海玄武岩中的钛铁矿和克里普岩中的稀土元素、钾、磷、铀、钍等探测与研究程度较高（图2.26）。

20世纪六七十年代，美国的阿波罗登月飞船和苏联的月球号自动采样月球探测器分别从月球上取回了月岩和月壤样品；2020年12月，中国嫦娥五号返回器带回月球样品。科学家们对从月球上带回来的样品进行了非常详细而系统的研究。他们发现，组成月球岩石的绝大多数矿物与地球矿物没有什么区别，只有 5 种矿物目前在地球上尚未发现，而这 5 种矿物在月岩中也是比较少见的。月面元素质量丰度最高的前 7 种元素依次为氧、硅、铝、钙、铁、镁、钛。在月面所有元素中，铁、铝、硅、镁、钛、镍，以及微量元素铬、锰、锆、钒等可以作为原位制造合金的原材料，但其他常用于合金的元素如碳等储量不高。

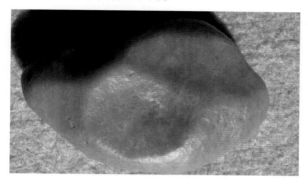

图 2.26　月球克里普矿物

（1）金属资源

月球上的矿产资源极为丰富，稀有金属储藏量也比地球上的多。地球上最常见的 17 种元素，在月球上比比皆是。以铁为例，仅月面表层 5 cm 厚的砂土中就含有上亿吨铁，而整个月球表面平均有 10 m 厚的砂土。月球表层的铁不仅异常丰富，而且便于开采和冶炼。据悉，月球上的铁主要是氧化铁，冶炼难度不高；此外，科学家已研究出利用月球土壤和岩石制造水泥和玻璃的办法。在月球表层，铝的含量也十分丰富。月球表面分布着 22 个主要的月海，除东海、莫斯科海和智海位于月球的背面（背向地球的一面）外，其余 19 个月海都分布在月球的正面（面向地球的一面）。在这些月海中存在着大量的月海玄武岩，22 个月海中所填充的玄武岩体积约 1 010 km³，而月海玄武岩中蕴藏着丰富的钛、铁等资源。这些丰富的钛铁矿是未来月球可供开发利用的最重要的矿产资源之一。

克里普岩是月球的主要岩石类型之一，因其富含钾（K）、稀土元素（REE）和磷（P）而得名。此外，克里普岩还富含铀、钍等放射性元素。根据最近"克莱门汀"号和"月球勘探者"号的探测资料分析，在月球正面风暴洋区域可能就是克里普岩的分布区域，并估算出其厚度为 10～20 km。据一些专家模拟计算，克里普岩中稀土元素、钍、铀的资源量分别约为 6.7 亿 t、8.4 亿 t 和 3.6 亿 t。

对克里普岩的分布区域目前还有争论,但克里普岩所蕴藏的丰富的稀土元素以及钍、铀是未来人类开发利用月球资源的重要矿产资源。月球上其他岩石还蕴藏着丰富的、极具开发潜力的铝、钙、硅等资源。可见,月球是未来人类矿产资源可持续开发与利用的宝库之一。此外,月球还蕴藏着丰富的铬、镍、钠、镁、硅、铜等金属矿产资源。作为距离地球最近天体的月球,自然成为解决地球资源危机的理想之地。如今航天事业正日益蓬勃发展,估计在不久的将来,人类开发、利用月球矿物资源的梦想将会实现。

(2)能源资源

月球土壤中的氦-3可作为核能原料。自然界中的氦有氦-4和氦-3两种同位素,氦-4的原子核中有2个质子和2个中子,但氦-3的原子核中只有2个质子和1个中子。地球上的氦-3十分稀缺。在整个地球大气中,氦只占0.000 5%;而氦-3仅占这些氦中的0.000 14%,其余的99.999 86%都是氦-4。即使把地球大气中的氦-3全部分离出来,也只有4 000 t。而月球上的情况却大不相同。整个月面都覆盖着一层由岩石碎屑、粉末、角砾、撞击熔融玻璃等构成的成分复杂、结构松散的混合物月壤。由于月球上没有全球性的"偶极磁场"的保护,含有氦、氖、氩、氪等稀有气体离子的太阳风可以长驱直入,源源不断地直接照射到月面上,使月壤中含有丰富的氦-3。据悉,月壤中氦-3的含量估计为71.5万t。从月壤中每提取1 t氦-3,可得到6 300 t氢、70 t氮和1 600 t碳。

科学家普遍认为,利用氘和氦-3进行的氦聚变可作为核电站的能源,这种聚变不产生中子,安全无污染,是容易控制的核聚变,不仅可用于地面核电站,而且特别适合宇宙航行。从目前的分析来看,由于月球的氦-3蕴藏量大,对于未来能源比较紧缺的地球来说,无疑是雪中送炭。许多航天大国已将获取氦-3作为开发月球的重要目标之一。

3)水冰资源

目前没有直接观测或获取到月面水冰资源,但通过光谱探测等手段证明月球很可能具有水冰资源,为月面建筑用水提供了可能性。水资源探索方面,美国NASA的月球轨道飞行器探测结果表明月球永久阴影区内有水冰资源,月壤样本分析也表明月球内部含有水。需要指出的是,现阶段水资源探索只是为未来月面的生产生活提供取水的可能性,但与之对应的经济性及可靠性仍有待后续论证。

月球存在水冰的设想最早由美国科学家 Watson 等在 1961 年提出。他们推测月球两极撞击坑中可能存在大量水冰,形态为冰-尘混合物,即"脏冰"(dirty ice)。在月球"脏冰"设想提出后的 50 余年间,围绕月球水资源的探测活动持续开展。1976 年,苏联"月球 24 号"(Lunar 24)探测任务取回的 170 g 月壤样品中发现了 0.1%(岩石样品,$1\,000\times10^{-6}$)的水含量,成为人类首次在月壤中发现水的证据。此后,美国相继发射了"克莱门汀号"(Clementine)、"月球勘探者号"(Lunar Prospector,LP)、"月球勘探轨道号"(Lunar Reconnaissance Orbiter,LRO)探测器,2008 年 10 月 22 日,印度发射了"月船 1 号"(Chandrayaan-1)探测器。通过探测器上携带的雷达、中子仪、光谱仪等仪器获取了月球极区的大量数据,分析后获得了在 PSR 存在水冰资源的间接证据。2009 年,美国月面环形山观测与遥感卫星(Lunar Crater Observing and Sensing Satellite,LCROSS)任务通过单次撞击 PSR 获取表面溅射物,利用近红外吸收光谱探测到了汽化云柱中含有水蒸气和冰的吸收峰。经估算,该 PSR 的水冰含量可达(5.6±2.9)%。综上所述,"干"的月球其实可能存在大量水冰资源,特别是在高纬度极地区域,由于 PSR 的存在,水冰资源储量更加可观,且水冰资源可能位于月壤浅表层区域,极大地降低了探测开采难度和成本,使月球水资源开发具有技术可行性和商业可操作性。

2018 年 8 月,NASA 首次发布月球水冰分布图,如图 2.27 所示。这张图显示了月球南极(左)和北极(右)表面冰的分布情况,这是由 NASA 的月球矿物制图仪器探测到的。蓝色代表冰的位置,灰色代表表面温度,深灰色代表较冷的区域,浅色代表较暖的区域。

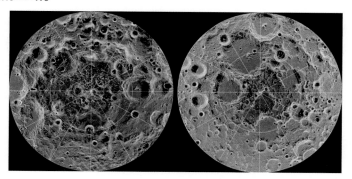

图 2.27　NASA 发布的月球水冰分布图

4)月球水冰资源分布特征

①月球两极 PSB 内长期缺乏太阳照射,温度基本维持在−233.5 ℃左右,因此,

在此区域沉积了大量不同形态的水资源,也被认为是目前月球水资源最为丰富的区域。根据 LRO 紫外反照率和温度测试探测得到月球阴影区,如果水冰是以混合的形式在月壤中存在的,则水冰的含量为 0.1% ~2%,如果以纯水冰的形式存在,则最高含量可达 10%,且分布在浅表层区域;根据 LCROSS 探测点探测得到的阴影区水含量为 3% ~10%,且分布在表面干层以下 10 ~20 cm 区域;根据 Mini SAR/RF 仪器探测位置探测到的阴影区可能含有大量的水冰资源且分布在 2 m 深度以内区域。

②月球局部光照区大量研究结果表明,月球不仅在 PSR 区域,且在局部光照区也存在水资源。2010 年,"月球勘探轨道器"利用携带的月球探索中子探测器(Lunar Exploration Neutron Detector,LEND)分别对 A,B,C 3 个位置的氢含量进行探测分析,从而得到了不同位置的氢含量分布图谱;同时,通过太阳能势分析表明,上述富氢区域存在一定的光照时间,表明该区域为局部光照区。

③早期通过对月球取样带回的月壤进行成分分析,认为在月壤和月球岩石内存在少量的氢或水。Pieters 等对印度"月船 1 号"上携带的月球矿物制图仪的近红外光谱数据进行分析,结果发现,除了月球极地区域外,几乎所有的纬度都存在羟基或水的光谱信号。然而,光谱探测只能感应月球表面几毫米的深度,推测探测到的水可能以结晶水的形式存在于月球矿物中。月表温度在白天可达到 120 ℃ 左右,而结晶水通常需要加热到 200 ℃ 以上才能释放,所以在中低纬度检测到水的信号绝非偶然。

④在第 47 届月球与行星科学大会(2016 年)上,有学者利用轨道观测数据估计了月球火山碎屑沉积物和富硅质穹丘的含水量,结果表明南北纬30°之间的含水量与阿波罗飞船带回的样品(月壤和岩石)所测是一致的,并且在该纬度区域的所有大型火山碎屑沉积物中观察到的水特征与内源性来源一致。在阿波罗样品中探测到了 $(50 ~ 100) \times 10^{-6}$ 含量的氢组分,这些氢元素分布在月壤的内部;对阿波罗样品中的磷灰石进行分析,结果表明水的质量百分比含量为 0.1% ~0.3%;在火山玻璃中分析得到的水含量为 $(0 ~ 50) \times 10^{-6}$。

5)月球水冰资源的存在形式

月球水冰资源可能以 3 种形式存在:

①岩浆水(magmatic water 或 juvenile water),主要是以 OH 形式存在矿物晶格中的水。

②表层水（surface water），月球表面大部分区域浅表层以 H_2O 或 OH 形式存在的水资源。

③埋藏水（buried water），月球极地区域深埋于月壤内部的水资源。

岩浆水的主要形成机理可能为月球内部火山喷发，脱离月表时岩浆扩散去气后结晶形成玻璃珠，玻璃珠矿物四周形成强束缚的 H 或 OH，也就是岩浆水。

通过对阿波罗样品中的 15427 和 74220 进行二次离子质谱技术分析，发现了一定挥发浓度的 H_2O。目前，科学家们分别在火山碎屑中的火山玻璃、月海玄武岩熔岩流、各种类型的深成岩中都检测到了不同丰度的水。表层水的形成机理主要是太阳风离子注入矿物后与氧结合形成 OH。首先 H 热激发及从结晶体扩散形成中性氢环境排放或氢气排放；晶格缺陷捕获氢；氢快速局部离化；表面反射质子回归太阳风环境。此外，由太阳风中的氢原子与月壤和月岩中的 FeO 发生还原反应：$FeO + H_2 \Longrightarrow Fe + H_2O$。埋藏水主要分布在月球的两极 PSR，且主要由彗星或小天体带入。当彗星撞击月球并剧烈破碎时，碎块溅落到撞击坑 PSR 与月壤混合。这些水分子是以弹道的形式（ballistic migration）从低纬度迁移到高纬度，并在 PSR 保存下来。

6）能源资源

月球表面没有大气层，因此月球的自然能源主要是太阳能。射向地球的太阳辐射，约 1/3 被地球大气反射到太空中，剩下不到 2/3 还要遭受地球大气的散射和吸收等，能够到达地球表面的只有一小部分；月球则不同，表面没有大气，太阳辐射可以长驱直入，每年到达月球范围内的太阳光辐射能量，功率大约为 12 万亿 kW。

每年到达月球范围内的太阳光辐射能量，相当于目前地球上一年消耗的各种能源所产生的总能量的 2.5 万倍，假设在月球上使用光电转化率为 20% 的太阳能发电装置，如图 2.28 所示，则每平方米太阳能电池每小时可发电 2.7 kW，采用 1 000 m^2 的电池板，则每小时可产生 2 700 kW 的电能，从理论上讲，可以在月球表面无限制地铺设太阳能电池板，获得丰富而稳定的太阳能，这是因为月球自转周期恰好与地球公转周期时间相等，所以月球的白天是 14 天半，晚上也是 14 天半，月球上的一天相当于地球一个月的长度，这样月球才能获得更多的太阳能。

图 2.28　月球表面铺设太阳能电池板

2.3.7　月球原位资源利用方法

1）土壤资源原位利用

月球土壤是未来人类建造月球基地和月球生态系统的基础,月壤原位资源改良利用十分必要。月球上没有空气,不会将月球表面的岩石风化成像地球上富含氮、磷、钾的土壤,更不含任何微生物,同时太阳风带来的氘氚等离子流被月球土壤吸收,因此月球上的土是不适宜直接种植的。月壤化学成分分析一直是月球探测的研究重点,美国对系列"阿波罗号"携回的月壤进行了化学成分分析,中国科学家对"玉兔号"月球车探测数据和嫦娥五号月壤样品进行研究,获知月壤中含有镁、铝、硅、钙、钛、钾、铬、铁、锶、钇、锆和铌 12 种元素,后 4 种为微量元素。

按照国际植物营养学会的规定,植物必需元素在生理上应具备 3 个特征:一是对植物生长或生理代谢有直接作用;二是必需元素缺乏时植物不能正常生长发育;三是不可用其他元素代替。据此,植物必需元素有 16 种:碳（C）、氢（H）、氧（O）、氮（N）、磷（P）、钾（K）、钙（Ca）、镁（Mg）、硫（S）、铁（Fe）、锰（Mn）、锌（Zn）、铜（Cu）、钼（Mo）、硼（B）和氯（Cl）。根据现有数据的综合分析,在月球风化层中发现有地球中的全部化学元素,见表 2.9。

根据探测数据分析,月球土壤主要由 O,Si,Al,Fe,Mg,Ca,Ti 等元素组成,含有地球植物生长所需的必要元素。但月壤也会含有对植物生长有害的重金属元素,且含水量极低;月壤的植物生长必需元素含量不均,因此,月壤十分贫瘠,不能直接进行种植生产,必须对月壤进行改良处理。

传统月壤改良方案采用物理和生物相结合的方法对月壤进行改良,主要步骤在于采用淋洗法去除月壤中的重金属元素,添加调配月壤的植物营养元素,具体流程如图 2.29 所示。图 2.30 所示为 2019 年 10 月 NASA 模拟月球/火星土壤改良种植。此外,有学者用生物质、黏结剂、生物炭、固氮蓝藻、有机固废等材料对月壤进行改良,并取得一定进展。

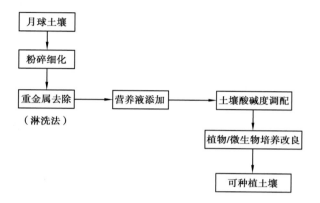

图 2.29 月球土壤改良方案

图 2.30 2019 年 10 月美国 NASA 模拟月球/火星土壤增加营养液改良,成功种植植物

2)矿物资源原位利用

月球上矿物种类繁多且储量丰富,这些丰富的矿产资源含有大量的金属和非金属元素,其中稀有金属元素和氦-3 元素十分珍贵。月球矿物资源作为原料可通过原位资源利用技术为未来载人月球探测和月球基地建设以及月球资源开发利用等任务提供所需物资。

（1）重要金属元素还原提取

月面矿物含有的金属元素如铁、铝、硅、镁、钛、镍，以及微量元素铬、锰、锆、钒等可作为原位制造合金的原材料，通过碳热还原反应制取重要金属单质，用来生产钢材、铝合金材料及其他重要金属材料，为月球基地建设提供重要的金属材料，如图2.31所示。

图2.31　重要金属材料制备技术

（2）氦-3元素开发利用

氦-3作为一种热核反应材料是非常安全的，利用氦-3与氘（氢的同位素）进行聚变的产物是没有放射性的质子，没有中子的产生。氦-3来源于太阳，太阳风带着氦-3向四周扩散。月球因为没有大气，所以成了最佳的氦-3"收集器"。在月球诞生的45亿多年间不停地收集氦-3。月球表面弥漫着大量的氦-3，估计储量有100万t。

按目前的世界能源需求，100 t氦-3就能满足全球的能源所需。根据这种算法，足够人类使用1万年。据科学家估算，1 t氦-3进行热核聚变释放的能量相当于1 500万t石油燃烧释放的能量。地球上的氦-3储量极少，不具开发价值，月球上的氦-3储量则可满足地球1万年的能源需求，这也是科学家对月球兴趣增加的原因之一。

开发利用氦-3的成本较高，首先需要在月球上建立开采提取基地，可以进行原位资源利用，作为月球基地的能量来源之一，还可以通过火箭运输把开采的氦-3输送到地球，为地球供应能源，推动地球的可持续发展。

3）能源资源原位利用

月球上的太阳能具有供应充足、易于转化等优势，将是未来月球资源开发利用、月球基地建设等任务最主要的能量来源之一（图2.32）。月球基地建设及运行时，所需能源较大且光伏发电系统需要维护。月球上的硅、铝、铁等元素储量丰富，原位生产硅、铝、铁等原料来制造太阳能电池板，在月球上建立光伏发电系统将成为可能。

图 2.32 月球太阳能阵列发电概念图

4）水冰资源原位利用

水是生命之源,宇航员长期驻留月球生活,必须保证液态水的持续稳定供应。除此之外,水还是重要的化学原料,可以电解产生氢气和氧气。其中,氧气和水一样,是宇航员生存和生命维持的必需品,产生的氢气可进一步压缩处理,制备氢气燃料电池和火箭燃料。由于月球上的水几乎完全以固态形式存在,所以需要对月球上的水冰进行固体采集。月球水冰采集方式:Rodwell 技术,通过钻孔,将热水或者蒸汽注入深层水冰层,形成液态水池,根据使用需求从液态水池中汲取水。月球深层水冰钻井式采集方式,如图 2.33 所示。

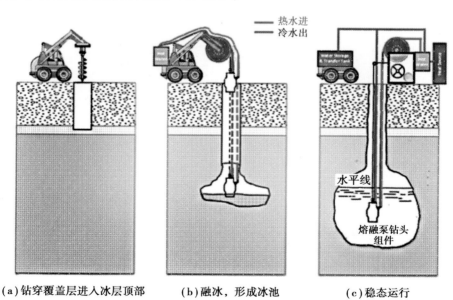

（a）钻穿覆盖层进入冰层顶部　　（b）融冰,形成冰池　　（c）稳态运行

图 2.33 月球深层水冰钻井式采集方式

2.4　火星

2.4.1　火星的起源与演化

　　火星作为太阳系的八大行星之一,是太阳系由内向外数的第四颗行星,属于类地行星。自 1960 年苏联开启火星探测以来,各国相继开展了火星探测任务,人类对火星的了解越来越深入。我国于 2021 年 2 月 5 日 20 时,首次开展火星探测任务,发射天问一号探测器对火星进行观测。天问一号在距离火星约 220 万 km 处,获取首幅火星图像,如图 2.34 所示。

图 2.34　天问一号获取火星图像

1)火星的起源

　　火星作为地球的"姊妹星",其起源是我们一直在探索的科学问题。从现有的探测资料看,火星的起源和整个太阳系的起源密不可分。迄今为止,太阳系起源与演化的假说有 40 多种,大体分为灾变说、俘获说和星云说三大类。随着深空探测的持续发展,灾变说和俘获说逐渐遭到摒弃,现在最主流的太阳系形成假说是星云说。最初的星云说可追溯到 1644 年,笛卡儿在《哲学原理》中提出旋涡学说:太空中的微粒在神赋予的旋转中碰撞形成了太阳、行星、卫星等天体。1755 年,康德在《宇宙发展史概论》中分析了太阳系的形成并指出其动力来源是万有引力。拉普拉斯则对星云说进行了补充,认为太阳星云处于缓慢自转的状态,在收缩中形成了太阳系。康德和拉普拉斯的星云说在很大程度上符合太阳系的起源,但未能说明太阳系特殊的角动量问题。到了 20 世纪,各国科学家对星云说又进行了一定的修改和补充。

在各类星云说中,关于行星形成的方式有不同的观点,大体可分为三大类,即先形成原行星、星子集聚和先形成环体。持第一种观点的人认为,原始星云收缩形成星云盘后,星云盘不稳定而形成星云环,星云环逐渐演变为一些气团,气团碰撞结合为气体结构的原行星,原行星再演化成行星。持第二种观点的人认为,原始星云收缩形成星云盘,星云盘中已凝固的颗粒向盘的"中面"沉降形成"尘层","尘层"瓦解为很多颗粒团,各颗粒团聚成星子,"星子集聚形成行星"。第三类观点最早由拉普拉斯提出,后经逐渐完善更易被人接受。

根据各种太阳系与行星起源假说,火星起源总结如下:太阳系形成前是一片存在角动量的星云,在收缩过程中转动加快,星云中心部分形成太阳,赤道面余留一个星云盘。星云盘是一些围绕太阳旋转的微小固体尘粒,火星轨道附近的星云尘粒相互吸引,聚集形成星子(直径 1～1 000 km)。由于太阳强辐射的影响,高熔点的星子聚合成多个较小质量和体积的火星胚胎,随后胚胎碰撞合并成火星,并为火星提供了自转。

2)火星的演化

和月球一样,火星也经历了大量陨石的撞击。陨石撞击的原因是太阳系外围行星的迁移将大量小行星送往内太阳系,对各大行星进行长达几亿年的轰炸。此外,火山作用在火星的壳的形成和演化中起着重要作用,其始于诺亚纪(>3.8 亿年),以裂隙式和小规模中心式火山的形势在全球广为分布,后期只有部分地区依然还有火山活动,一直持续到晚亚马逊纪(<0.1 亿年)。因此,陨石撞击和火山活动在火星的演化过程中起着主要作用。

根据陨石坑计数的相对年龄(或陨石坑密度),火星演化历经的 3 个阶段:诺亚纪(>3.8 亿年)、赫斯伯利亚纪(3.0～3.7 亿年)和亚马逊纪(<0.1 亿年),如图 2.35 所示。

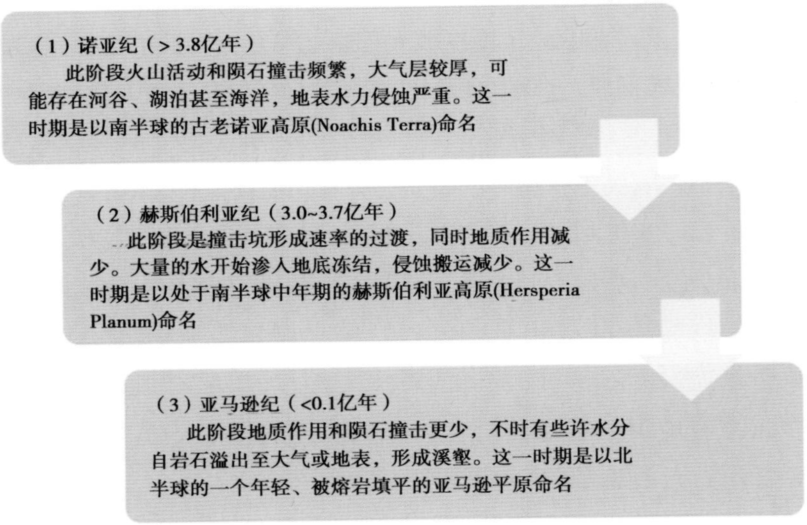

（1）诺亚纪（＞3.8亿年）

此阶段火山活动和陨石撞击频繁，大气层较厚，可能存在河谷、湖泊甚至海洋，地表水力侵蚀严重。这一时期是以南半球的古老诺亚高原(Noachis Terra)命名

（2）赫斯伯利亚纪（3.0~3.7亿年）

此阶段是撞击坑形成速率的过渡，同时地质作用减少。大量的水开始渗入地底冻结，侵蚀搬运减少。这一时期是以处于南半球中年期的赫斯伯利亚高原(Hersperia Planum)命名

（3）亚马逊纪（＜0.1亿年）

此阶段地质作用和陨石撞击更少，不时有些许水分自岩石溢出至大气或地表，形成溪壑。这一时期是以北半球的一个年轻、被熔岩填平的亚马逊平原命名

图2.35　火星演化历经的3个阶段

根据火星现有的探测数据，可以发现很多有趣且独特的地方，例如，火星内部结构、南北半球差异和异常磁场等。下面仅对火星演化过程中内部结构的形成进行简要介绍。

火星形成初期是一片岩浆海洋，在热量的逐渐散失过程中，岩浆海洋结晶和硅酸盐分化，因为水的存在和较高的岩石静压力梯度会抑制轻斜长石的结晶和漂浮壳的形成，所以含有较高 Mg 的致密堆积物会形成不稳定的地壳，在自然倾覆过程中，地壳与地幔发生交换并达到稳定，最后形成稳定的金属岩心和地壳。地壳和星核分离后，中间部分在放射性元素衰变等过程中持续发生热量对流，地幔温度升高并达到膨胀、分化和部分熔融，使岩石圈变厚，逐渐扩大火星体积直至稳定。由于火星的质量大约只有地球的 1/10，因此整体的地质活动在中后期就基本停滞了，行星正在缓慢冷却，部分熔融带收缩，地幔对流在火星上的动力远不如在地球上的动力，行星的进化缓慢而持续。

2.4.2　火星的地形地貌、地质结构

火星从总体上来说属于没有水体的沙漠行星（图2.36），地形多样，有高山、平原、峡谷、沙丘等。由于重力只有地球的 2/5，因此地形高低变化更明显。火星独

特的地形特征是对比明显的南北半球,南半球是遍布陨石坑的高地,北半球是形成时间更晚的熔岩平原,两者以一条高度变化为几千米的斜坡分割。火星南北两极覆盖着随季节变化的极冠,其成分是固态的二氧化碳和水。

图 2.36　维京 1 号拍摄的火星彩色全景图

1)火星地形地貌

虽然火星作为太阳系中唯一的类地行星,和地球一样,火星上也存在四季变换和天气变化,而且极有可能被改造成人类生存的第二行星,但是两者在漫长的行星演化过程中,地形地貌出现了巨大的差异。相较地球表面充满生机,火星表面寒冷、干燥,总体上是一片荒芜沙漠(图 2.37),其上分布着高原、火山、陨坑、峡谷、沟壑、极地冰盖和沙丘等地形地貌。

图 2.37　祝融号拍摄的火星全景

（1）高原火山

由于火星地质活动缓慢，地壳没有明显的板块运动，火星上不存在火环，火山间分隔较远。火星火山分布位置主要有两个，即塔尔西斯高原和埃律西姆地区。地处西半球的塔尔西斯高原上火山覆盖了火星表面约15%的区域，海拔高出周围约8 km，主导了火星西半球的构造演化。其中心位置有5座大型火山（图2.38），分别是奥林帕斯山（高约27 km）、艾斯克雷尔斯山（高超过18 km）、帕弗尼斯山（高超过14 km）、阿尔西亚山（高约17.7 km）和亚拔山（高约6 km）。在埃律西姆地区，分布的火山有埃律西姆山（高约14 km）、赫克提斯山和欧伯山。火山上分布着数量众多的火山坑，火山坑大小不一，直径可达数十千米，深度可达几千米。例如，Siloe Patera地区的嵌套式火山坑，外坑长40 km，宽30 km，深度可达1 750 m。

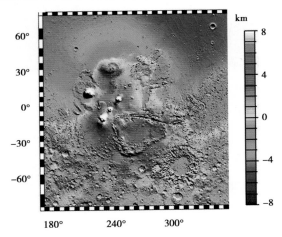

图2.38　塔尔西斯高原火山高程图

（2）撞击坑

火星上陨石撞击坑极多，是陨石撞击火星表面形成的凹坑，较大的撞击坑被称为环形山。南半球高原撞击坑较少，北半球低地平原上撞击坑分布较多。撞击坑形状大小差别很明显，小的撞击坑直径只有几米，大的撞击坑直径超过100 km。位于火星东半球的奥尔库斯陨坑（Orcus Patera）长约380 km，宽约140 km，深约2 400 m，是一条位于赤道附近的狭长形陨坑。

（3）峡谷与沟壑

火星表面分布着多条大峡谷，形成原因可能是流水冲刷侵蚀、冰川侵蚀、地壳移动或火山喷发的熔岩流造成。峡谷长度可达几百千米，宽度可达几十千米，深度可达几千米,最引人注目的是火星赤道上巨大的水手峡谷(图2.39),峡谷的东边是一片凌乱不规则的地形。除此之外,火星南北半球的中低纬度(30°~50°)地区分布着许多沟壑,在南半球高纬度(70° S~75° S)地区还存在极地冰川侵蚀形成的蚀坑。

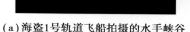

(a)海盗1号轨道飞船拍摄的水手峡谷　　　(b)维京1号太空探测器拍摄的水手峡谷

图2.39　水手峡谷

(4)极地冰盖

火星上由于大气稀薄的原因,地表水分极少,根据其气候季节性变化,南北极会出现由二氧化碳形成的季节性冰盖。秋冬寒冷季节二氧化碳会凝结为固体,同时冰层下积聚的气体溢出表面,喷涌的气体会将尘埃带入大气,最终落回冰面,成扇形散落,不断积聚。每年春天,二氧化碳冰盖会升华成二氧化碳气体。图2.40中展示的火星二氧化碳冰盖,系火星侦察轨道探测器上搭载的高分辨率科学成像仪于2012年秋季在火星北部拍摄。

图2.40　火星二氧化碳冰盖

(5)沙丘

火星气候干燥寒冷,其表面广泛分布着大量的沙丘。沙丘上的火星砂粒在风的作用下会堆积成各种奇特的形状,如波纹状(图2.41)和新月形(图2.42)。

图 2.41　好奇号火星探测器首次近距离勘测火星沙丘时拍下的沙丘

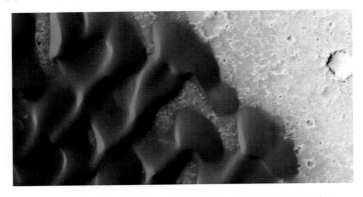

图 2.42　火星勘测轨道飞行器于 2016 年拍摄的新月形沙丘

2)火星地质结构

根据现有的探测数据推测,火星和地球的化学成分很相似,因此,火星从内到外的结构也类似地球的核、幔、壳结构,但是由于演化进程差异,两者地质结构差别明显。相对地球,火星密度小很多,火星核的硫含量更高,半径约 1 700 km;火星幔是分化形成的异质地幔,是一层岩浆,密度比地球幔更高;火星壳是一层较薄的玄武质岩石层,由于较少的板块运动,火星壳上的褶皱山脉少。

2.4.3　火星空间物理环境

1)火星的大小和质量及相关特性

火星半径大约是 $1/2\ R_e$(R_e 表示地球半径),赤道半径为 3 396.2 km,赤道周长为 22 412.5 km,极半径为 3 376.2 km。火星表面积为 1.448×10^8 km²,是地球的 28%,相当于地球的陆地面积;体积为 1.638×10^{11} km³,是地球的 15%。火星与地球对比如图 2.43 所示。

图 2.43　火星与地球对比图

火星重量为 6.4185×10^{23} kg,大约是地球的 11% ,火星的平均密度为 3.934 g/cm^3,只有地球平均密度的 70% 。火星表面重力加速度为 3.693 m/s^2,是地球的 2/5。火星表面的逃逸速度为 5.02 km/s。火星与地球基本参数对比见表 2.13。

表 2.13　火星与地球基本参数对比

基本参数	火星	地球
赤道半径/km	3 396.2	6 378.136
极半径/km	3 376.2	6 356.755
体积/km^3	1.638×10^{11}	1.0832×10^{12}
质量/kg	6.4185×10^{23}	5.9742×10^{24}
平均密度/$(g\cdot cm^{-3})$	3.934	5.515
重力加速度/$(m\cdot s^{-2})$	3.693	9.81
表面逃逸速度/$(km\cdot s^{-1})$	5.02	11.19

2)火星的轨道运动和自转

(1)火星的轨道运动

火星以一定速度围绕太阳进行轨道运动,与太阳平均距离为 1.52 AU(天文单位),其平均速度是 24.077 km/s,运动周期为 686.960 1 天(1.88 地球年)。轨道为半长径 2.2794×10^8 km、偏心率 0.093 4 的椭圆,轨道面相对太阳赤道的倾斜只有 5.65°。受太阳系其他行星的影响,火星的轨道离心率一直在 0.002 ~ 0.12 范围内变化,变化周期为9.6万年或210万年。

火星和地球的间距也是一直变化的,每隔约15年接近一次,最近可达$5.5×10^7$ km,最远超过$4×10^8$ km。2003年8月27日,火星与地球之间达到6万年来最近的距离,相距仅$5.576×10^7$ km。

火星拥有两颗疑似被引力捕获的卫星,分别是火卫一和火卫二。火卫一形状不规则,轮廓尺寸为26.6 km×22.2 km×18.6 km,运转轨道距火星中心约9 400 km,运转周期为0.319天;火卫二轮廓尺寸为9 km×7 km×6 km,运转轨道距火星中心约23 460 km,运转周期为30.3 h,轨道速度为1.35 km/s。

（2）火星的自转

火星公转和自转方向相同,自转轴倾角为25.19°,自转周期为24.622 9 h,与地球相近。由于卫星过小,火星的自转倾角一直在变化。

3）火星的磁场

火星没有全球范围内的磁场,只有起因于地壳的外部磁场。地壳磁场不对称,南半球磁场较强,北半球磁场很弱。火星形成初期存在磁场,在多次特大小行星碰撞后火星磁场消失。南北半球磁场差异的原因可能是火星磁场最初不对称或者巨大陨石的撞击,但是火星地核磁场的消失和南北半球地壳磁场的差异问题并未得到有效解决。

2.4.4　火星资源环境

对火星上进行开发时首先应该利用原位资源,表层资源有火星土壤、大气、干冰和水冰等。除了表层资源外,低重力和太阳能也是火星的关键资源。

1）火星土壤

火星表层最容易获取的资源是表层土壤,是一层岩石风化产物,主要由Si,Fe,Al,Mg和Ca组成。此外,火星土壤相较于地球土壤富含S和Cl。SiO_2含量高达45%,其具体组成情况见表2.14。虽然土壤中氧含量较高,但处理难度较大,不是获取氧的最佳原料。火星土壤的用途主要是作混凝土骨料,用以建造火星基地或其他基础设施。

表2.14　火星土壤组成情况(质量百分比)

物质组成	海盗1号	海盗2号	火星探路者	勇气号	机遇号	好奇号	火星土壤平均值	地球玄武岩
SiO_2	44	43	42.3	45.8	43.8	42.88	45.41	49.67
TiO_2	0.62	0.54	1.01	0.81	1.08	1.19	0.9	1.82
Al_2O_3	7.3	7	7.98	10	8.55	9.43	9.71	16.3
Cr_2O_3	—	—	0.3	0.35	0.46	0.49	0.36	—
FeO	17.5	17.3	22.3	15.8	22.33	19.19	16.73	10.32
MnO	—	—	0.52	0.31	0.36	0.41	0.33	—
MgO	6	6	8.69	9.3	7.05	8.69	8.35	6.01
CaO	5.7	5.7	6.53	6.1	6.67	7.28	6.37	10.18
Na_2O	—	—	1.09	3.3	1.6	2.72	2.73	2.91
K_2O	<0.5	<0.5	0.61	0.41	0.44	0.49	0.44	0.93
P_2O_5	—	—	0.98	0.84	0.83	0.94	0.83	—
SO_3	6.7	7.9	6.79	5.82	5.57	5.45	6.16	—
Cl	0.8	0.4	0.55	0.53	0.44	0.69	0.68	—
总计	89	88	99.65	99.37	99.18	99.85	99	

2)火星大气

(1)火星大气的基本情况

火星大约在40亿年前就失去了磁场的保护,太阳风冲击火星电离层,带走了大量的气体,致使火星表面大气密度极低,约为地球的1%,而且大气压极低,探测表明火星表面的平均气压仅有700 Pa。此外,火星大气(图2.44)极度干燥、寒冷,其主要成分包括二氧化碳、氮气、氩气、氧化铁微粒和微量的氧气、水汽。其中,二氧化碳占比超过95%,火星大气的具体组成情况见表2.15。火星南北极覆盖有固体二氧化碳的层叠式干冰盖,随着季节变化干冰盖也会释放或累积二氧化碳,会小幅度改变大气压。

图 2.44　维京 1 号轨道飞行器拍摄的火星大气层

表 2.15　火星大气组成情况

成分/%	CO_2	N_2	Ar	O_2	CO	H_2O	NO_x
含量/%	95.32	2.7	1.6	0.13	0.07	0.03	0.013

（2）大气可利用资源

除了火星土壤外，易于获取的资源为火星大气。火星大气包覆地表，其中 CO_2 含量超过95%，可以从中获取大量的碳和氧。大气资源的利用短板在于其大气平均压力仅有 700 Pa，需要压缩 100 倍后再进行利用。后续使用的难点在于还原剂的获取以及存储，还原剂的最佳选择是 H_2，与 CO_2 在高温条件下进行反应。另一种获得 CO_2 的资源是两极的干冰，不过作业环境相对恶劣。

3）火星水冰

多年来，各种研究及探测结果表明火星上存在水。火星上存在水的迹象被分为以下主要部分：岩石矿物、特殊的地形、火星大气的演变和探测器的发现。根据火星勘测轨道器的图像发现，火星北半球的低地平原疑似干涸的古老海床，海岸边存在一个冲击三角洲。除了海床，探测图像（图 2.45）上还可能存在干涸的河流和湖泊的遗迹，都证明了火星以前存在过大量的液态水体。现今火星上极可能存在水的地方有地底深处、两极干冰层下的冰水层。

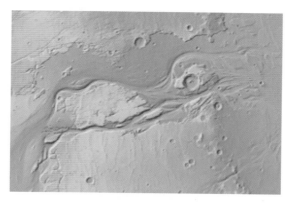

图 2.45 水手 9 号太空船发现的疑似河谷图像

火星表层各处都可能分布有水资源,在低纬度区由于年平均温度较高,水资源很可能以岩石矿物水化物的形式存在,或以水体的形式存在于地下深处;在高纬度地区,全年温度较低,水可能以固体冰的形式存在于干冰层以下。水资源的获取至关重要,除了维持生物生命活动外,还可作为工业原料,电解生产 H_2 和 O_2。

4)黏土矿物

火星上的黏土矿物广泛分布在古老的诺亚纪地形(图 2.46)中,大体分为三大类:壳质黏土、沉积黏土和地层中的黏土。黏土矿物根据其组成成分和结构不同,可以作为陶瓷原料、钻井泥浆、铁矿球团的黏结剂、铸形砂黏合剂、抗盐泥浆的优质原料和油脂的吸收剂等。

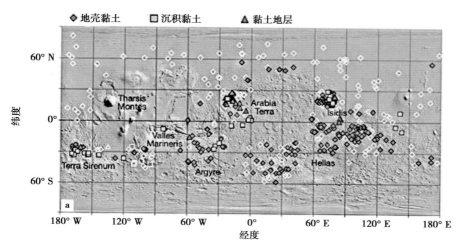

图 2.46 火星上的黏土矿物分布和多样性

5)火星能源

由于火星距离太阳更远,火星的太阳能资源相对地球来说较少,但是火星上几乎不可能存在化石能源和其他能源,因此,太阳能是火星唯一的可利用能源。火星表面的太阳能资源分布不均匀,受到太阳方位角、火星大气和沙尘暴的影响,太阳方位角越高和火星大气光深度 r 越低,太阳能资源越丰富(图2.47)。此外,已有学者在研究火星上风能的开发。

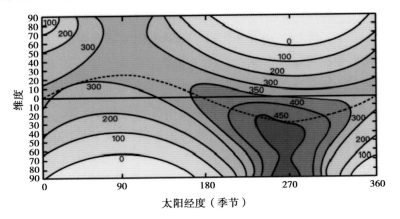

图2.47　入射到火星表面的太阳辐射($r=0.10$)(单位:cal・cm^2/行星日)

2.4.5　火星生物生存分析

相比地球环境,火星环境较恶劣,难以满足生物生存需求。首先,火星上大气稀薄,动植物难以生存;其次,火星地表温度很低,对生物生存影响极大;最后,水资源的稀缺和极不均匀分布使生物生存具有很大的挑战性。总之,火星上生物生存要关注的问题有温度、空气、水、食物、废物、能源、低重力等。按问题性质可分为极端恶劣环境威胁问题、能源问题、物质资源问题和安全问题四大类。

1)极端恶劣环境威胁问题

(1)温度

生物在火星上长期生存的首要条件是解决环境中的外部威胁。由于稀薄的大气层,火星大气层不能像地球大气层那样起到阻隔太阳辐射、维持地表温度的作

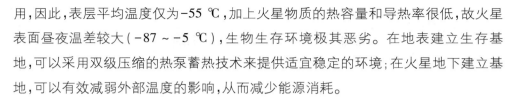

用,因此,表层平均温度仅为-55 ℃,加上火星物质的热容量和导热率很低,故火星表面昼夜温差较大(-87~-5 ℃),生物生存环境极其恶劣。在地表建立生存基地,可以采用双级压缩的热泵蓄热技术来提供适宜稳定的环境;在火星地下建立基地,可以有效减弱外部温度的影响,从而减少能源消耗。

(2)低重力问题

生物长期生存在火星的低重力环境时,若不进行适量的训练,生物的机体功能会大幅减弱,最终危害生物的身体健康,如空间运动疾病、骨量流失、肌肉萎缩等。因此,在火星上航天员每天都要进行合理的科学锻炼来保证健康的体魄。

2)能源问题

能源问题是生物生存关键问题之一,不管是消除外部环境威胁还是获取生存所需的资源,都需要充足的能源支持。火星上已知的能源有丰富的太阳能,可建立大型太阳能电池阵。此外,还可建设风力发电设施来获取能源。

3)物质资源问题

(1)空气和水的问题

当外部环境威胁得到控制后,由于生物长期生存离不开适宜的大气环境和充足的水资源,接下来的问题是如何在火星上持续获取足够的氧气和饮用水。关于水的问题,火星低纬度地区浅表层的水冰可以作为获取来源,采集并净化水冰就是可以解决的工程问题。空气的问题有两条解决途径:一是建立密闭生态系统,实现空气自循环;二是利用火星原位资源生产氧气,建立稳定的供氧系统。

(2)食物和废物问题

火星上生物需要的食物不能过多地依靠地球的补给,同时产生的废物作为不可多得的资源,需妥善运用。对食物和废物的处理问题,最好的解决方法是在密闭环境中建立低能耗、物质循环的生态农业基地。

4)安全问题

虽然火星地质活动不活跃,但是火星表面还是可能发生地震、滑坡等自然灾害。在建立火星基地前,应该对拟建地点的地质情况进行勘探,选择稳定、安全的基地位置。

2.4.6　火星原位资源的利用方法

1)火星土壤的利用方法

火星土壤的利用方法分为两大类:一类是提取其中的金属和氧气;另一类是用于建筑和基础设施开发。中国东北大学研制的 NEUMars-1 火星土壤仿真样的粒径、组分、物相组成和稳定性等特征与火星土壤相似,可用碳还原来提取金属和加入甲烷高温制备氧气。新西兰坎特伯雷大学研制的 UCMars1 型模拟火壤力学性质和火星土壤相近,可加入石灰和水以一定的比例混合制备混凝土。

2)火星大气的利用方法

(1)大气压缩

火星大气利用的第一步就是对其进行压缩,达到后续化学反应需要的浓度。压缩容器的要求有体积小、重量轻、效率高、耐极端温度、寿命长、耐风沙、能过滤部分非 CO_2 气体等。常见的压缩仪器有吸附压气机、低温压气机。

(2)CO_2 的利用方法

常见的利用方法有逆水-气转化反应、固态电解和萨巴蒂尔/电解反应。其中,逆水-气转化反应和萨巴蒂尔/电解反应都需要水作为辅料,用于电解产生还原剂 H_2,而固态电解是直接将 CO_2 转化为 CO 和 O_2。

逆水-气转化反应化学方程式:

$$CO_2 + H_2 \xrightarrow{\text{催化剂}} CO + H_2O$$

$$2H_2O \xrightarrow{\text{水解}} 2H_2 + O_2$$

萨巴蒂尔/电解反应化学方程式:

$$CO_2 + 4H_2 \xrightarrow{\text{催化剂}} CH_4 + 2H_2O$$

$$2H_2O \xrightarrow{\text{水解}} 2H_2 + O_2$$

固态电解化学方程式:

$$2CO_2 \xrightarrow{\text{催化剂}} 2CO + O_2$$

3）火星水冰的利用方法

水资源极为重要，开发火星的前提条件是持续稳定地获取干净、充足的水。水冰最佳的获取位置是低纬度地区，采用钻取方式收集地下浅表层的水合土壤或固体冰，集中引导太阳光进行加热，收集水蒸气后采用冷凝处理将其储存起来。水的最佳利用方式是电解产生 H_2 和 O_2。

2.5　其他类地行星

类地行星包括水星、地球、火星、金星等太阳系内行星和大量与地球相似的系外行星。它们距离恒星较近，体积和质量都比较小，但平均密度较大，表面温度较高，大小与地球接近，外层主要成分是硅酸盐石，内部有含铁的金属中心。太阳系内，水星和金星距离太阳较近，表面温度不适合生命生存。本书主要介绍系外类地行星。

2.5.1　类地行星的定义

目前已发现 4 000 多颗系外行星，却无一个完善的分类体系描述行星形成理论。根据太阳系八大行星的成分或大小特征，将行星划分为类地行星和类木行星两大类。类地行星是以硅酸盐作为地幔主要成分的具有铁的金属核心的行星，半径通常为 $0.8R_e \sim 1.25R_e$（R_e 表示地球半径），表面一般分布有峡谷、陨石坑和山脉等地貌。根据宜居性分类，类地行星可分为亚地球尺寸、地球尺寸、超级地球尺寸类型。类木行星为气体行星，主要由 H，He 和 H_2O 等组成，不一定有固体表面。

2.5.2　目前的探测方法

从 1992 年首次发现系外行星至今，行星的探测方法已经趋于成熟，主要分为直接探测法和间接探测法（表 2.16）。由于类地行星的质量、体积较小，直接观测难度极大,故间接探测法是目前最高效、易行的系外行星探测手段。现主要通过视向速度法和掩星法探测系外行星,即通过视向速度法和掩星法估算行星的质量和半径,从而推测类地行星的内部结构信息。

表 2.16　类地行星探测方法

行星探测方法		基本原理	特点
直接探测法		通过大望远镜直接对系外行星进行搜寻与观测	系外行星直接成像观测对分辨率有很高的要求,通过自适应光学、星冕仪等高分辨率成像技术才能实现
间接探测法	天体测量法	分析主星在围绕整个系统的质心公转过程中相对背景恒星的周期性位置变化,得出行星质量、轨道等基本参数	通过天体测量法监测主星由行星引力造成的微小位置变化,效率远低于光谱视向速度监测
	视向速度法	探测系外行星引起的多普勒效应的方法:由于系外行星的引力作用,主星会围绕系统质心进行小幅度的公转,当主星在视线方向朝地球运动时,主星光谱中的谱线会发生蓝移;而主星向远离地球的方向运动时,谱线会发生红移	这种方法与其他方法相比,视向速度法也更适合探测长周期系外行星和多行星系统
	凌星法	当系外行星从地球与其主星之间的连线附近经过时,地球上可以探测到主星因为行星掩星造成光度下降	这种方法简单易行,对仪器的测光精度要求相对较低,非常适合机动性较强的米级望远镜进行测光观测
	计时法	通过探测行星绕转对主星的影响来发现系外行星的踪迹	这种方法分为脉冲星计时法、食双星计时法、凌星计时法、脉动周期计时法
	微引力透镜法	在遥远星体透过双星系统或行星系统发生微引力成像时,会观测到前景双星系统或恒星的光度发生小幅度上升	这种方法很适合探测一些质量小、直径小的双星或系外行星,以及一些没有固定轨道的"流浪行星"

续表

行星探测方法		基本原理	特点
间接探测法	轨道亮度调制法	距离主星极近轨道的系外行星接收的主星辐射更多,系外行星围绕主星公转时,由于视向速度的影响,有可能导致非掩星时刻主星亮度增加(或下降)的现象	相位变化引起的亮度变化通常很微弱,一般只有距离主星极近的行星才可能出现,需要灵敏度与测光精度很高的仪器才可能观测到,因此,这种方法更适合天基系外行星搜寻
	行星盘运动法	通过亚毫米波阵列探测或自适应光学观测,可以探测到行星盘的亚结构,如行星盘中的环、空隙,螺旋结构,不共面的内行星盘的阴影等	

2.5.3　人类生存的可行性分析

根据人类生存必需条件,科学家们提出了宜居带的概念,即在恒星周围适宜生命居住的范围。水是生命之源,液态水对宜居性尤为重要,它可以作为生化反应的介质和组分,引导生命的诞生,生成类地气体。当要寻找系外生命或宜居环境时,人类可以远程观测类地气体等生命特征。因此,宜居带是通过水能以液态存在的范围来确定,基本思想是恒星通过黑体辐射向外辐射能量,位于轨道处的行星接受到辐射能流,而行星被加热后也会自发地向外辐射能流,当两辐射数值相等时,行星达到平衡温度,平衡温度等于 0 ℃和 100 ℃时所对应的轨道位置 d_0 和 d_{100} 即对应宜居带的外边界和内边界。1993 年,Kasting 等人用一维气候模型来估计主序星宜居带的范围,他们定义宜居带内边界为水将被阳光分解为 H_2 和 O_2 的临界位置,外边界为即使在温室气体浓度达到最高时,也不能保持足够高的温度维持水以液态形式存在的临界点,得到太阳系的宜居带范围为 0.95 ~ 1.67 AU。2003 年,Kasting 等人改进了用于估计宜居带范围的一维气候模型,对水蒸气、CO_2 对能量的吸收量以及水蒸气对光的散射等因素进行了更精确的计算,将宜居带范围调整到 0.99 ~ 1.70 AU。上述对宜居带范围的计算都采用一维气候模型,Kasting 等人使用更可靠的三维模型重新估计宜居带后,将太阳系宜居带的内边界重新调整到 0.95 AU。宜居带意味着此处的恒星辐射强度适中,行星表面温度可以存在液态 水,这是生命存在的必要条件,人们对宜居带的认识也从单一考虑主星的距离变成 考虑更多角度,如大气成分等,寻找这个区域内的行星也是寻找人类第二家园与地 外文明的第一步。搜寻类地行星对望远镜的探测精度提出了极高的要求,空间探 测技术的成熟为类地行星研究带来了新的机遇。

波多黎各大学行星宜居性实验室(PHL)提供的潜在宜居行星列表(HEC)包 含了 60 颗行星(图 2.48),行星质量集中在 $0.5 \sim 10$ MC(MC,地球质量),轨道周 期通常短于 100 天,尚未覆盖太阳系中类地行星的位置。HEC 选择的宜居行星需 要满足以下条件:

①宿主恒星的光谱型为 F,G,K,M 型。

②行星轨道处于 Kopparapu 等人定义的宜居带内,且经过 Méndez 和 Rivera-Valentín 的轨道偏心率矫正。

③行星半径处于 $0.5 \sim 2.5$ R_e(R_e,地球半径)或最小质量处于 $0.1 \sim 10$ M_c。 PHL 提供了潜在的宜居行星清单,这些潜在的宜居行星分为保守型和乐观型两种 样本。保守型样本要求行星半径小于 1.5 R_e 或最小质量小于 5 M_c;乐观型样本对 行星半径的约束扩展到了 $1.5 \sim 2.5$ R_e,或质量处于 $5 \sim 10$ M_c,与保守型样本相比, 乐观型样本中的行星具有宜居性的可能性较低。

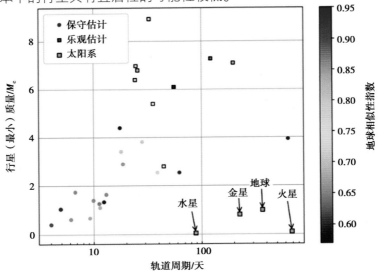

图 2.48　潜在的宜居行星轨道周期与质量关系

2.5.4　探索项目与进展

随着深空探测仪器与方法的不断发展,观测宇宙精度的不断提高,越来越多的系外类地行星呈现在我们的眼前。2005 年,人类发现了第一颗系外类地行星 GJ 876d。2011 年,第一颗位于宜居带内的系外行星 Gliese 581d 被发现,其质量为 $5.6M_e \sim 7.1M_e$,围绕一颗 M 型矮星公转,接收到来自主星的辐射低于火星 35%。在开普勒太空望远镜升空后,系外行星发现数量迅速增长,其中存在大量宜居带类地行星,如 Kepler-22b 和 Kepler-186f。2020 年,TESS 望远镜发现了系外类地行星 TOI-700d,距地球仅 101.5 光年,且位于宜居带内,大小与地球相近。截至 2020 年 11 月 10 日,天文学家共发现并确认了 4 301 颗系外行星,其中有 2 550 颗系外行星候选体。随着系外行星探测的开展与后续高效的观测研究,我们将发现更多宜居带内的类地行星,从而深入了解地球的起源。

系外行星的探测项目主要分为地基与天基两大部分,见表 2.17。地基观测历史最久,但观测精度有限,在天基项目出现前发现的大多是类木星;在天基观测项目出现后,有机会发现质量更小的行星,以开普勒望远镜为代表的一系列天基系外行星探测项目极大地扩充了系外行星的研究样本,使我们对系外行星的数量分布、性质有了颠覆性的认知。在天基观测提供了大量观测样本的前提下联合地基观测,可对候选体进行辨别并确定行星的质量、半径、周期等基本参数。

表 2.17　系外行星探测项目情况

	名称	组织者	用途	成果
地基探测项目	HARPS 高分辨率光纤光谱仪	欧洲南方天文台 ESO	探测系外行星并获得其基本物理参数	截至 2020 年 11 月 10 日,HARPS 已经发现了 314 颗系外行星,其中类地行星和超级地球的数量约 70 颗
	HARPS-N 光谱仪	欧洲南方天文台 ESO	用来搜寻岩质类地行星	截至 2020 年 11 月 10 日,HARPS-N 已发现了 35 颗系外行星,其中约 8 颗为超级地球
	WASP 系外行星搜寻项目	英国	通过测光观测搜寻存在凌星现象的系外行星候选体	截至 2013 年,11 年内共发现约 158 颗系外行星

续表

	名称	组织者	用途	成果
地基探测项目	HAT 望远镜		通过测光观测发现凌星的系外行星,主要对南、北天区进行系外行星搜寻	从 2009 年初至今,共发现了 73 颗系外行星
	CHESPA 中国南极系外行星搜寻项目	中国	在各种光谱型的恒星周围发现超级地球或海王星大小的凌星系外行星	经过 2016 — 2017 年对 TESS 南天 CVZ 天区(southern continuous viewing zone)的搜索,CHESPA 发现了约 222 颗系外行星候选体,其中,116 颗是 TESS、Gaia 星表中确认的候选体
	EAPSNet 东亚系外行星搜寻合作	中日韩澳	在晚型 G 巨星周围搜寻太阳系外行星	预计在 1 000 颗晚型 G,K 巨星周围可搜寻到 50 ~ 100 颗行星
空间探测项目	CoRoT 卫星	法国国家太空研究中心、欧洲航天局	进行星震学研究与系外行星搜寻	CoRoT 卫星在系外行星的探测研究方面开创了天基探测的先河,在服役的 6 年中发现并确认系外行星共 33 颗
	开普勒空间望远镜	美国 NASA	用来搜寻系外行星,并对宇宙中系外行星的存在数量进行探测	截至 2018 年巡天结束时,开普勒一期巡天与 K2 巡天共发现了 6 064 颗系外行星候选体,其中确认了 2 746 颗系外行星
	TESS 卫星	美国 NASA	凌星法系外行星搜寻	截至 2020 年 11 月 10 日,TESS 已完成观测全天 26 个天区,发现系外行星候选体 2 174 颗,其中,67 颗已确认为系外行星、半径小于 $4R_e$ 的候选体 704 颗

到目前为止,科学家通过各类探测仪器和方法多次在小行星上发现水和有机物的存在。2010 年,科学家利用红外线射电望远设备分析西弥斯 24 号 (24 Themis) ,首次在小行星上发现水冰和有机物的存在;2021 年,英国伦敦皇家霍洛威大学行星科学家分析了 2010 年日本"隼鸟号"飞行任务采集的 Itokawa 尘埃样本,发现有机物质和水的存在。这一重大发现可能揭秘地球生命进化途径,因为这颗小行星与地球生命早期进化所需条件十分相似。此外,小行星上水和有机物的发现也为我们确定宜居带类地行星提供依据,为地外密闭环境生态系统的构建提供支撑。

3 地外空间受控生态系统的构建方法

3.1 地外空间受控生态系统构建发展历程

3.1.1 地外空间受控生态系统构建发展历程

从 20 世纪 50 年代开始,美国、俄罗斯等国家相继开展了针对人类在地外空间生存的受控生态生保系统技术研究,主要包括受控生态系统的概念构造设计、理论分析计算、地面模拟试验验证和空间飞行验证等研究工作。直到 20 世纪末,各国对受控生态系统的技术研究重点,才逐渐从藻类栽培转向重点培育高等可食用植物,从大尺度、非完全闭合度的地球生态圈模拟(生物圈二号,如图 3.1 所示)转向小尺度、高闭合度、高可靠性的小型受控生态圈模拟,并逐渐强调系统中废弃物处理和物质能量的高效循环利用。

早在 1971—1986 年,苏联先后研发了 7 座礼炮号空间实验室。在礼炮 6 号、7 号空间实验室,建立了太空温室,种植了豌豆、拟南芥、生菜、西红柿、芫荽、洋葱等多种植物,实现了从种子到种子的生命循环。1975 年,美国的阿波罗 18 号与苏联的联盟 19 号对接后,航天员们共同开展了细胞和分子生物学、发育生物学和植物培养等一系列生命科学研究。

1994 年,美国和俄罗斯开展的合作协议——Shuttle-Mir 计划,为国际空间站的

图 3.1 美国建于亚利桑那州图森市的生物圈二号（Biosphere Ⅱ）

建立奠定了基础。航天飞机是美国可重复使用的载人航天飞机。第一次轨道试飞在 1981 年进行，直至 2011 年，在亚特兰蒂斯号、奋进号、哥伦比亚号、挑战者号和探索号 5 个轨道飞行器之间划分了 135 个任务，直到航天飞机退役为止。多年来，航天飞机计划是美国人类太空飞行计划的支柱。航天飞机在国际空间站的组装和许多其他科学太空任务（例如哈勃太空望远镜和太空实验室）中发挥了关键作用。国际空间站是迄今为止在地球轨道上建造的最大的人造实验室。国际空间站由美国、俄罗斯、欧洲、日本、加拿大等 16 个国家共同建造、运行和使用，由多舱组成，重达 400 t，于 2010 年完成建造。国际空间站的组装始于 1998 年俄罗斯 Zarya 模块的发射。在接下来的几年中，大量来自所有国际空间站合作伙伴（美国、俄罗斯、欧洲、日本和加拿大）的组装航班将该站建成了当前的配置。

国际空间站具有开展广泛空间实验的独特能力，在生命科学和材料物理学等研究中取得了重要进展。例如，哥伦布舱/欧洲生理舱于 2008 年 2 月建成，由欧洲 10 个国家共同参与建造，是欧洲航天局最大的国际空间站项目，开展细胞生物学、外空生物学等多方面的实验。日本"希望舱（Kibo）"由 JAXA 在 2009 年建成，是国际空间站上最大的舱组，其中，生命科学实验柜主要用于微重力下肌肉萎缩及其与神经系统的关系等生理学和基础生物学研究、辐射生物学研究以及植物生理和细胞生物学研究。俄罗斯有"探索号（Posik）"和"黎明号（Rassvet）"两个实验舱在国际空间站运行，广泛开展生命科学、物理学、材料科学等实验项目。

国际空间站中最新的植物生长系统是先进生物研究系统（ABRS），于 2009 年在 STS-129 上推出。ABRS 的主要部分包含两个实验研究室（ERCs），为植物、微生物和其他小样本的实验提供可控环境。每个 ERC 的生长面积为 268 cm²，根区高度为 5 cm,配备一组 LED 灯模块,由 303 个 LED 组成,主要为红色和蓝色,还有少量的白色和绿色,光谱峰值在 470 nm 和 660 nm 处。环境控制可以控制温度,相对湿度和二氧化碳水平。过滤系统用于清洁进入的空气。此外,过滤模块可以去除挥发性有机化合物(Volatile Organic Compound,VOC)。其中一个 ERC 配备了新型绿色荧光蛋白(Green Fluorescent Protein,GFP)成像系统(Imaging System,IS),研究具有修饰 GFP 报告基因的生物。ISS 的建立和投入使用标志着空间科学实验研究的一次重大突破,为人类探索诸多学科的基本问题提供了一个环境特殊的实验室。经过多年的实验研究,国际空间站的宇航员于 2015 年 8 月 10 日首次品尝了第一份在太空种植的沙拉(红生菜),如图 3.2 所示。

图 3.2　国际空间站上 2015 年在太空种植的红生菜

21 世纪 90 年代开始,欧洲航天局组织了梅利莎 MELiSSA 项目(图 3.3),该生态系统框架包括 5 个隔间:一个多物种厌氧堆肥机,分解植物材料和人类粪便;用于吸收挥发性有机酸的光异养菌室;好氧硝化室,用于氧化铵;光合作用的环节(微藻和高等植物),以生产食物、净化水和恢复空气;最后是载人舱。与生物圈二号相比,MELiSSA 尽可能地将生物多样性降至最低,强调微生物对人类废物的循环利用。2009 年,欧洲航天局在此基础上开发了 MELiSSA 试验工厂(MMP),其研究重点包括改进元素流的机械过程建模和更高的植物生长,过程接口的开发,研究重力效应的初步飞行实验和动物地面实验演示等。同时期美国 NASA 在约翰逊航天中心启动了先进生命支持系统试验台,也称为 BIO-Plex,是美国第一个有人类参与的设施。2003 年,BIO-Plex 设施变成了 ALSSIT(高级生命支持系统集成试验台),其目的是在封闭、受控的条件下,支持大规模、长时间的综合生物和物理化学再生生命支持系统的人体试验。2006 年,意大利航天局开始启动 CAB 生物再生生命支持计划,目标是定义和准备建立受控技术、科学和示范要素生物系统,允许资源再生和生产食物,长期维持生命任务,包括用于食品生产、大气再生和水净化的高等植物,以及用于环境控制与支持的物理化学系统(如电源和数据)。

图 3.3　欧洲航天局 MELiSSA 项目示意图

中国航天员科研训练中心于 2011 年首次在我国建成了受控生态生保系统集成实验平台。受控生态生保系统又称为生物再生式生保系统,主要通过高等植物和微藻为乘员生产食物、氧气和水,并去除乘员产生的二氧化碳等气体;通过饲养动物为乘员提供动物蛋白;通过微生物的分解作用,将系统内的废物转化为可再利用的物质,从而实现系统内物质的完全闭合循环。与其他生保系统相比,该系统的最大特点是物质闭合程度高,能实现系统内食物、氧气和水等基本生保物质的全部再生,可大大减少地面的后勤补给。受控生态生保系统集成实验平台具备氧气应急补充、二氧化碳应急去除、大气微量有害气体净化、睡眠保障、卫生保障、医学保障、安全保障等功能,舱内大气环境、光照和营养条件等参数均实现自动控制,确保了参试乘员的安全、健康与舒适。其试验重点研究密闭系统中人与植物之间的氧气、二氧化碳、水等物质的动态平衡调控机制,并掌握就地供应乘员新鲜食物的方法,是我国首次开展受控生态生保系统整合研究。该平台植物培养总面积为 36 m²,包括生菜、油麦菜、紫背天葵、苦菊 4 种可食用蔬菜,主要为 2 名参试乘员提供呼吸用氧,并吸收乘员呼出的二氧化碳,在试验过程中,每名乘员每餐还可亲手采摘并食用新鲜蔬菜 30 ~ 50 g。

1992 年 9 月 21 日,中国政府决定实施载人航天工程,并确定了三步走的发展战略。2022 年,中国空间站(China Space Station,又称天宫号空间站) 在轨建成。

空间站轨道高度为 400 ~450 km,倾角为 42°~43°,设计寿命为 10 年,长期驻留 3 人,总重可达 180 t,可进行较大规模的空间应用。中国空间站由核心舱、实验舱梦天、实验舱问天、载人飞船(即已经命名的"神舟"号飞船)和货运飞船(天舟一号飞船)5 个模块组成。各飞行器既是独立的飞行器,具备独立的飞行能力,又可以与核心舱组合成多种形态的空间组合体,在核心舱统一调度下协同工作,完成空间站承担的各项任务。天宫号空间站的核心舱和两个实验舱内都配备了通用机柜,包括 16 个专用科学实验柜以及 7 个实验机柜的空置空间,每个科学实验柜都相当于一个综合性的领域实验室,均采用了十分先进的技术,可以支持开展单学科或多学科交叉的空间科学实验。此外,空间站舱外还配备了暴露实验平台,以及多个标准载荷接口或大型载荷挂点,用于开展天文观测、地球观测、空间材料科学、空间生物学等多种类型的暴露实验或应用技术试验。2022 年 7 月 28 日,载有实验样品拟南芥种子和水稻种子的实验单元,由航天员安装至问天实验舱的生命生态通用实验模块中,完成拟南芥和水稻在空间站从种子到种子全生命周期的实验,并在实验过程中由航天员采集样品、冷冻保存,最终随航天员返回地面进行分析。

2018 年 12 月 8 日,由重庆大学牵头承担研制的嫦娥四号任务生物科普试验载荷项目随嫦娥四号升空,该载荷是人类首次在月球上开展生物试验,如图 3.4 所示。2019 年 1 月 3 日 23:48,给试验载荷放水,开始月面生物实验。同月 12 日 20 点,随着嫦娥四号登陆月球背面的生物科普试验载荷传回月面第一个月昼的最后一张试验照片,显示载荷内生长的植物嫩芽长势良好。这是在经历月球高真空、宽温差、强辐射、1/6 g 低重力和长强光照等严峻环境考验后,人类在月球上种植出的第一株植物嫩芽,从而实现了人类首次月面的生物生长培育实验。受控生态系统研究历程,见表 3.1。

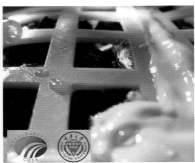

图 3.4 重庆大学牵头承担研制的嫦娥四号任务生物
科普试验载荷项目在月面生长出第一株植物

表 3.1 受控生态系统研究历程

序号	时间	受控生态系统名称	研究机构	基本设计原理	运行状态与结果	物种选择
1	1961—1965	微藻培养生态系统	西伯利亚克拉斯诺亚尔斯克物理研究所（The Institute of Physics of Krasnoyarsk）	连续微藻培养技术支持的人造生态系统	开发了微藻可持续培养技术	微藻
2	1964—1966	人工闭合生态系统 BIOS-1	莫斯科生物医学研究所（The Institute of Bio-medical Problems in Moscow）	BIOS-1 是一个具有封闭水、气交换的人——微藻双链生态系统	设施包括两个主要隔间：一个藻类培育器和一个载人舱，由外部提供人类食物，固体人类废物从系统中清除。藻类营养基也由外部供应，干燥微藻生物量被移除。通过回收尿液和其他冷凝物供应饮用水。操作员在去除微藻悬浮液后，回收处理用干藻类悬液。1964 年进行了 12 h 和 24 h 的人体气体交换试验。1965—1966 年，直接气体交换的实验时间增加到 14 天、30 天、45 天和 90 天	人和微藻

续表

序号	时间	受控生态系统名称	研究机构	基本设计原理	运行状态与结果	物种选择
3	1969	人工闭合三链生态系统 BIOS-2（3-link）	莫斯科生物医学研究所（The Institute of Biomedical Problems in Moscow）	由人、微藻和高等植物构成的三链生态系统	自养生物提供了 100% 的氧气并消耗了所有的人类二氧化碳。通过选择合适的作物品种，使小球藻和高等植物供应了 26% 的人类饮食。确定 2.5 m² 的种植面积可以满足人类对新鲜蔬菜的需求，但系统无法处理固体废物	人、微藻和高等植物
4	1969	人工闭合四链生态系统 BIOS-2（4-link）	莫斯科生物医学研究所（The Institute of Biomedical Problems in Moscow）	由人、微藻、高等植物和微生物培养器构成的四链生态系统	利用传送带栽培技术培育了两个小麦品种，微生物栽培机氧化固体类便，藻类栽培者处理废液，藻类栽培者凝析样品被移去分解样品，高等植物蒸馏水代替外，水完全闭合，气体交换 100% 闭合	人、微藻、高等植物和微生物
5	1954—1968	小鼠/藻类共生系统	美国国家航空航天局（NASA）	小鼠/藻类共生系统，利用藻类产生氧气，微生物来分解哺乳动物的废物营养，利用氢细菌进行藻类光合作用	从 1954—1968 年，用小球藻-小鼠封闭系统对气体交换的研究表明，每人需要 2.3 kg 小球藻来供氧和消耗 CO₂。1964 年，进行小鼠/藻类共生系统试验，利用藻类产生氧气，微生物来分解哺乳动物的废物并提供植物营养，浓缩水蒸气用于饮用水，干藻作为小鼠食物。1962 年，研究人员用浮萍进行小鼠食用，发现系统具有自我调节特性。1962 年，研究人员用浮萍进行小鼠食用，发现浮萍不适合人类食用。氢细菌和藻类的研究探索了微类对人类食物的价值，研究认为，氢细菌不能作为食物来源	小鼠、小球藻、浮萍和氢细菌

序号	时间	名称	研究机构	简介	研究对象
6	1972—1977	人工闭合生态系统 BIOS-3	西伯利亚克拉斯诺亚斯克物理研究所（The Institute of Physics of Krasnoyarsk）	高等植物和人类之间的气体和水的交换，是人工密闭的人-植物生态系统	BIOS-3 系统能够再生人员所需的全部大气、水和约 80% 的食物，物质的总闭合率达 95%，它是一个长期载人空间探测生命保障系统的地面模拟器，水循环闭合率达到 100%，由种植小麦、莴苣、莴苣蔬菜的两个植物区和一个生活隔间组成。新的焚化技术减少了氮氧化物的释放。操作员将固体废物烘干并从系统中除去。人类在 BIOS-3 中花费的总时间为 2 年，最长停留 6 个月，一次有 1～3 个试用者	人，11 种作物，主要研究小麦、莴苣、小球藻、莴苣菜和蔬菜等
7	1978—1989	受控生态生命支持系统（CELSS Program）	美国国家航空航天局（NASA）	CELSS（受控生态生命支持系统）是一种利用光合生物和光能将废料再生为氧气和食物的设备，供太空人员使用。再生生命支持系统是一个类似于严格格控制的农场生态系统，其目标是维持人类的生命	研究人员在 CELSS 计划内进行的理论和实践研究结果表明，生物再生生命支持系统可以是一种有用和有效的方法，利用高等植物作为农作物进行封闭种植，研究开发了单位面积收获指数较高的矮秆小麦品种。通过连续种植和收获，以及可食用生物质的氧化，13 m² 的植物生长面积可以为一个成人提供生物质和热量，吸收一个人的氧气需求的二氧化碳排出量，并供给一个成人的氧气需求量。项目还探索了生物废物处理和资源回收，通过处理不可食用生物质来回收物质元素，并研究替代粮食生产选择，如真菌等	人，微生物，高产矮秆小麦品种

续表

序号	时间	受控生态系统名称	研究机构	基本设计原理	运行状态与结果	物种选择
8	1990	先进生命支持系统试验平台（BIO-Plex）	美国国家航空航天局（NASA）	BIO-Plex（先进生命支持系统），在优化产量、质量，能源和劳动力的同时，系统利用了更高的植物，以达到系统封闭的目标	该设施是美国宇航局最大的生命支持测试系统，也是美国第一个有人类参与的设施。该平台包括月球—火星生命支持试验项目，试验结果表明，11.2 m² 的小麦种植区可提供 1 人 15 天的全部二氧化碳去除和氧气供给。第三阶段是一项为期 90 天的测试，4 名受试者展示一个集成的生物和物理化学生命支持系统，获得了进行系统质量和能量平衡所需的数据	人，15 种粮食、蔬菜和油料作物，重点对象是小麦、马铃薯、大豆和生菜
9	1987—1994	生物圈二号（Biosphere II）	美国空间生物圈风险投资公司	生物圈二号占地 128 000 m²。地上部分为涂有粉剂的立体钢架构型，配有双层玻璃窗板、地面部分为焊接不锈钢钢板，并用焊缝垫密封。总体积约为 180 000 m³。其内部主要由 7 种	生物圈二号包括 18 块地和一系列鱼/大米的农业区稻田、果园和种植区，为 8 名试验人员和动物提供了 100% 的食物。1991 年 9 月 26 日 4 男 4 女共 8 名科研人员首次进驻生物圈二号，1993 年 6 月 26 日走出，停留共计 21 个月，在各自的研究领域内均积累了丰富的科学数据和实践经验。1994 年 3 月 6 日，4 男 3 女共 7 位实验人员在对首批结果进行评估并改进技术后，二次进驻，于 1995 年 1 月走出，期间内对大气，水和废物循环	8 人，3 800 多种生物（植物、动物、微生物）布置成森林生态系统、草地生态系统、水沼泽生态系统、农田生态系统和海洋生态系统

序号	年份	名称	研制机构	组成	说明	生物组成
				生态群落区和两个大气扩张室组成。此外,还设有能量中心和冷却塔等设施	利用及食物生产进行了广泛而系统的科学研究。在1991—1993年的实验中,由于研究人员发现生物圈二号的氧气与二氧化碳组成比例,无法自行达到平衡;生物圈二号内的水泥建筑物影响了正常的碳循环;生物圈二号因物种多样性相对单一,缺少足够分解者作用,多数动植物无法正常生长或生殖,其灭绝的速度比预期的速度还要快。经广泛讨论,确认生物圈二号实验失败,未达到原先设计者的预定目标	
10	1990	微生态生命保障系统方案 MELiSSA	欧洲航天局(ESA)	通过多组合微生物对人类废物的循环利用,为宇航员提供新鲜的空气、水和食物	MELiSSA生态系统框架包括5个隔间:多物种厌氧堆肥机,分解植物材料和人类粪便;用于吸收挥发性有机酸的光异养菌室;好氧硝化室;光合作用的环节(微藻和高等植物),以生产食物,净化水和恢复空气;最后是载人舱。通过在太空船里建立一个"封闭"的生态系统,利用厌氧嗜热细菌来分解处理宇航员们产生的有机废料,从而实现无氧环境下有机废料的再循环	人、微生物和高等植物

续表

序号	时间	受控生态系统名称	研究机构	基本设计原理	运行状态与结果	物种选择
11	1990	封闭式生态实验设施（CEEF）	日本	模拟和预测碳在物质封闭系统中的转移，包括一个封闭的种植园设施，一个封闭的动物饲养和人类栖息地实验设施，以及地理水圈实验设施	CEEF旨在模拟和预测碳在物质封闭系统中的转移，包括一个封闭的种植园设施，一个封闭的动物饲养和人类栖息地实验设施，以及地理水圈实验设施。在2005—2007年进行了的材料循环试验中，植物和动物/人类设施之间互相连接并和外界隔离，有2个人类参与者，2只山羊和23个水培植物。2005年进行了3次为期一周的封闭实验，2006年进行了为期两周的封闭实验，2007年进行了为期四周的封闭实验	人、山羊和水培植物
12	2000	高级生命支持系统集成试验台（ALSSIT）	美国国家航空航天局（NASA）	在封闭、受控的条件下，支持大规模、长时间的综合生物和物理化学再生生命支持系统的人体试验	2003年开始，约翰逊航天中心的BIO-Plex设施变成了ALSSIT，研究包括营养输送系统、栽培方案、环境对营养质量和生长的影响，光照方法和控制，作物品种选择，生物-物理-化学系统集成，可靠性和安全性	人、微生物和高等植物

				高等植物
13	2006	生物再生生命支持系统（CAB）	意大利航天局（Italian Space Agency）	通过构建受控生态系统技术进行资源再生和食物生产，用于未来星际旅行中的长期生命维持任务	CAB 包括用于食品生产、大气再生和水净化的高等植物，利用于环境控制和支持的物理化学系统
14	2011	受控生态生保系统（生物再生式生保系统）	中国航天员训练研究中心	研究密闭系统中人与植物间的氧气、二氧化碳、水等物质的动态平衡调控机制，并掌握就地提供乘员新鲜食物的方法，是我国首次开展受控生态生保系统整合研究	主要通过高等植物和微藻为乘员生产食物、氧气和水，并去除乘员产生的二氧化碳等气体；通过微生物的分解作用，将系统内的废物转化为可再利用的物质，从而实现系统内物质的完全闭合循环。与其他生保系统相比，该系统的最大特点是物质闭合程度高，能实现系统内食物、氧气和水等基本生保物质的全部再生，可大大减少地面的后勤补给。为我国未来空间站受控生态生保飞行验证奠定了基础，通过在空间站培养植物，可为在机航天员提供新鲜蔬菜，改善生活环境，缓解心理压力	人，以及生菜、油麦菜、紫背天葵、苦菊 4 种可食用蔬菜

续表

序号	时间	受控生态系统名称	研究机构	基本设计原理	运行状态与结果	物种选择
15	2014	微型生态系统 BIOS-3 (MES)	西伯利亚克拉斯诺亚尔斯克物理研究所 (The Institute of Physics of Krasnoyarsk)	具有微生态系统设施的封闭生态系统	最近的实验研究了气体交换过程对土壤呼吸活动的响应动力学,研究了 MES 短期和长期的呼吸系统/光合反应对温度扰动的响应,论证了该设施对研究生态系统对环境参数变化的抵抗力。为了创造高度的群体封闭系统,增加了异养环节,钠积累植物和物理化学废物处理过程	植物、真菌、鳞虫和微生物
16	2014	月宫一号	北京航空航天大学	月宫一号基于生态系统原理将生物技术与工程控制技术有机结合,构建由植物、动物、微生物组成的人工闭合生态系统,人类生活所必需的物质,如氧气、水和食物,可以在系统内循环再生,为人类提供类似地球生态环境的生命保障	月宫一号由一个综合舱和两个植物舱组成,综合舱面积为 42 m²,高为 2.5 m,每个植物舱面积为 50～60 m²,高 3.5 m。综合舱中包括 4 间卧室、饮食交流工作间、洗漱间,废物处理和动物养殖间。2014 年 5 月成功完成了我国首次长期高闭合集成实验,密闭实验持续了 105 天	人,21 种作物,主要研究小麦、胡萝卜和绿叶蔬菜,黄粉虫

序号	年份	项目	单位			
17	2017	月宫365	北京航天航空大学	实现了闭合度和生物多样性更高的"人—植物—动物—微生物"四生物链生态系统，人工闭合生态系统的长期稳定运转，且保持了人员身心健康	月宫365实验于2017年5月10日开始，是世界上闭合度最高的生物再生生命保障系统实验。该实验在世界上首次建立了该实验长期稳定运行的生物调控技术，并通过实验过程中不同代谢水平的乘员组换班更替，停电及设备故障冲击等突发状况验证了该技术的有效性；分析了不同工况下生物再生生命保障系统的稳定性，明确了影响生物再生生命保障系统可靠性的关键因素；发现了在幽闭空间中自然光制度变换对人的生物节律和情绪的影响规律，发明了模拟自然光变换调节人体生物节律和情绪的技术和设备，并建立了植物长期连续高效栽培技术，营养液长期循环利用净化和调配技术	8人分批入舱，动物、植物和微生物
18	2018—2019	嫦娥四号生物科普载荷任务	重庆大学教育部深空探测联合研究中心	构建包含高等植物种子、昆虫及酵母等六种生物构成的微型生态系统，探索在月球表面低重力、强辐射和长强光照条件下动植物的生长发育状况和光合作用效率	由重庆大学牵头承担研制的嫦娥四号任务生物科普试验载荷项目于2018年12月8日随嫦娥四号升空。该载荷是人类首次在月球开展生物试验。载荷采用圆柱式结构，重2.608 kg，生物净空间为0.82 L，内含高等植物种子及昆虫、酵母，构成短食物链生态系统载荷顶板开有天窗，透光孔直径$\phi 10$，通过反射镜采集月面自然阳光，以验证月表环境下植物的光合作用。2019年1月11日，嫦娥四号着陆器、玉兔二号巡视器顺利完成互拍成像。1月12日20点，随嫦娥四号登陆月球背面的生物着陆器	高等植物种子，果蝇和酵母

续表

序号	时间	受控生态系统名称	研究机构	基本设计原理	运行状态与结果	物种选择
19	2022	中国空间站	中国国家太空实验室	2022年，中国空间站问天实验舱、梦天实验舱与核心舱相继完成交会对接，通过舱段转位操作，将两个实验舱分别停泊在核心舱节点舱对应的停泊口，在轨完成空间站"T"字构型组合体组装，以三舱组合组形成基本构型组合体转入运营阶段	科普试验载荷传回第一个月昼最后一张试验照片，显示载荷内生长出的植物嫩芽长势良好。这是在经历月球高真空、宽温差、强辐射等严峻环境考验后，人类在月球上种出的第一株植物嫩芽，实现了人类首次月面的生物生长培育实验。中国空间站轨道高度为400~450 km，倾角为42°~43°，设计寿命为10年，长期驻留3人，总重可达180 t。其中，问天实验舱的主要任务是具备空间站组合体统一管理和控制能力，具备与核心舱进行交会对接、转位和停泊的能力，支持航天员在轨长期驻留，提供专用气闸舱，具备出舱活动能力；支持开展密封舱内、舱外科学实验和技术试验。天和核心舱作为空间站组合体控制和管理主份舱段。梦天实验舱则具备载荷自动进出舱能力。2022年7月28日，载有实验样品拟南芥种子和水稻种子的实验单元，由航天员安装至问天实验舱的生命生态通用实验模块中，完成拟南芥和水稻在空间站从种子到种子全生命周期的实验，并在实验过程中由航天员采集样品，冷冻保存，最终随航天员返回地面进行分析	拟南芥和水稻

3.1.2　地外空间受控生态系统构建历程图

地外空间受控生态系统构建历程图,如图3.5所示。

3.2　地外空间受控生态系统构建的生物学设计原理与方案

3.2.1　地外空间受控生态系统设计的生物学基本原理

在人类探索和发展外星栖息地的过程中,营造类地球的生态系统将为人类的长期太空旅行和未来在地球以外的星球上的定居点提供生命支持和保障。在复杂的空间环境条件下,包括高真空,强辐射(太阳和宇宙辐射),宽温度变化,变化的光周期等,建立一个封闭的人工生态系统对地外生存是非常必要的。地外受控生态系统是一种人造的生态循环系统,人类可以在其中交换能量和物质,并保持其在可持续的中长周期内运行。其核心运行机制是理解和模拟类地球生物圈的维持机制,以维持生命,并在自己星球之外的独立环境中维持适合人类生存和生态系统健康运行的环境。受控生态系统必须能够在一定程度上满足定居点的生活需求,包括维持大气成分的循环和稳定,调节和维持温度的稳定,提供一些食物和饮用水以及消除有害的废弃物。此外,受控生态系统还可以为宇航员提供一个绿色,充满活力的全天候生态环境,即使他们处于一个小型、幽闭和孤独的环境中,也有利于他们的心理健康。由于资源稀缺和空间补充困难,在极其有限的资源下,受控生态系统必须至少满足以下4个基本要求:高水平的物质封闭和流通,高效率利用能量和体积,高效运行,并确保其安全可靠。

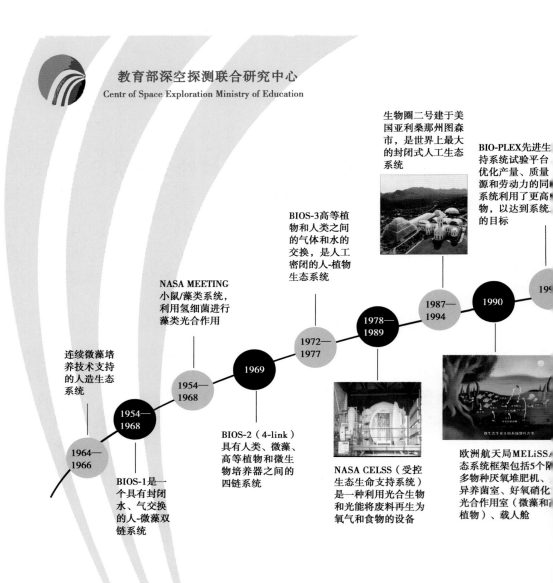

教育部深空探测联合研究中心
Centr of Space Exploration Ministry of Education

图3.5　深空探测大事记

NASA ALISSIT系统，在封闭、受控的条件下，支持大规模、长时间的综合生物和物理化学再生生命支持系统

中国航天员训练研究中心开展了我国首次受控生态生保系统整合研究，在密闭系统中实现了人与植物间的氧气、二氧化碳、水等物质的动态平衡调控机制，并掌握就地供应乘员新鲜食物的方法培育了生菜、油麦菜、紫背天葵、苦菊4种可食用蔬菜

由重庆大学牵头承担研制的嫦娥四号生物科普试验载荷，在经历了月面高真空、宽温差、强辐射等严峻环境考验后，实现了人类首次月面的生物生长培育实验，种植出人类在月球上的第一片绿叶

1990 2000 2006 2012 2014 2019 2022

CEEF模拟和预测碳在物质封闭系统中的转移，包括一个封闭的种植园设施，一个封闭的动物饲养和人类栖息地实验设施，以及地理水圈实验设施

CAB包括用于食品生产、大气再生和水净化的高等植物，和用于环境控制和支持的物理化学系统（如电源和数据）

具有微生态系统设施的封闭生态系统

中国空间站轨道高度为400～450 km，倾角42°～43°，设计寿命为10年，长期驻留3人，总重可达180 t。由核心舱、实验舱梦天、实验舱问天、神舟载人飞船和天舟货运飞船5个模块组成。2022年，完成拟南芥和水稻在空间站从种子到种子全生命周期的实验

1)物种多样性与生态平衡

生物多样性是指地球上所有生物——动物、植物、微生物以及它们所拥有的遗传基因和生存地共同构成的生态环境。它包括生态系统多样性、遗传多样性和物种多样性3个组成部分。正是由于这些形形色色、千姿百态的生物和它们的生命活动,才构成了自然界这个绚丽多彩、生机盎然的大千世界。生态系统多样性是指生态系统的类型极多。因为任何一个群落与它相互作用的环境结合起来就可以构成一个生态系统,它们保持各自的生态过程,即生命所必需的化学元素的循环和各组成部分之间能量的流动。

遗传多样性是指存在于生物个体、单个物种及物种之间的基因多样性。物种多样性是指动植物及微生物丰富的种类。据估计,地球上现存800万~1 000万个物种。我国是生物物种特别丰富的国家,位居世界第八位,在全球生物多样性保护行动中起着举足轻重的作用。如我国广东、海南、广西、福建、四川、云南等热带、亚热带省区,都蕴藏着丰富的生物资源,对生物多样性的开发和利用有着巨大的经济和科学价值。

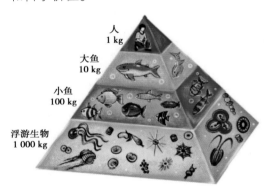

人
1 kg

大鱼
10 kg

小鱼
100 kg

浮游生物
1 000 kg

图3.6　能量金字塔示意图

1941年,美国耶鲁大学生态学家林德曼发表了《一个老年湖泊内的食物链动态》的研究报告。他对50万 m^2 的湖泊作了野外调查和研究后用确切的数据说明,生物量从绿色植物向食草动物、食肉动物等按食物链的顺序在不同营养级上转移时,有稳定的数量级比例关系,通常后一级生物量只等于或者小于前一级生物量的1/10。而其余9/10由于呼吸、排泄、消费者采食时的选择性等被消耗掉。林德曼把生态系统中能量的不同利用者之间存在的这种必然的定量关系的规律称为"十分之一定律"。如果按照这个规律,把营养级依序由低向高排列,逐渐成比例地变小,画成一幅图,仿佛一个埃及金字塔。因此,该定律又称为"能量金字塔定律",如图3.6所示。

在各种生态系统中,每一种群的数量必然要受到"十分之一定律"的约束,也就是说,各种生物的数量符合能量金字塔定律,生态系统才能保持稳定,这就是生态平衡状态。在一个正常的生态系统中,总是不断地进行着能量流动和物质循环,但在一定时期内,生产者、消费者和分解者之间都保持着一种动态平衡,这种平衡表现为生物种类和数量的相对稳定,这种平衡状态称为生态平衡。生态平衡状态既微妙又脆弱,如果打破这种平衡,比如由于自然的或人为的原因使某种生物物种的数量急剧膨胀或缩小,造成生态系统不能遵循"十分之一定律",常常会带来灾难性后果,甚至整个生态系统将被摧毁。

2)生物对复杂空间环境的适应性

生物对光周期节律变化的环境适应性。光周期是指昼夜周期中光照和黑暗相对长度的交替变化。地外空间和地球在光周期方面存在巨大差别,如 1 个月昼或者月夜相当于地球上的 14 天,这种长时间的光照或者黑暗对生物特别是植物的生存造成巨大挑战。筛选和创制能够耐受长期光照或者黑暗条件的植物物种具有重要意义。1920 年,美国农业部的 Garner 和 Allard 发现在普通烟草开花的夏季,一种名为"Maryland Mammoth"的烟草生长茂盛但并不开花,而在短日照的冬天,Maryland Mammoth 才会开花,并提出短日照植物和长日照植物的概念。不同植物对光照时间长短的反应也不同。持续光照敏感型植物在受到持续光照后表现出植株变黄,叶片早衰等症状,如茄子、花生、某些番茄品种等。而一些持续光照耐受型植物在受到持续光照后,不仅性状没有受到损害,反而生长加速,生物量增加,如拟南芥、蓝细菌、玫瑰等。对于光周期的变化,植物具有复杂的调节机制来感知和响应,如植物开花只在一定的诱导条件下才会发生。

生物对环境温度变化的适应性。低温胁迫极大地影响植物的新陈代谢和转录组表达。对植物新陈代谢的影响源于低温直接抑制代谢相关酶的基因表达。植物在经历寒冷的过程中,迅速诱发表达了许多转录因子,包括 AP2-结构域蛋白 CBF,然后激活表达许多下游的低温应答(COR)基因。有研究发现,低温应激反应也与生物钟调控密切相关。例如,低温应激诱导的 CBF 和 COR 基因是由生物钟控制的,其活性是通过质体反向信号化合物四吡咯的昼夜振荡来进行调节。SnRK2 信号传导通路在冷应激反应中具有重要作用。有研究发现 SnRK2/OST1 和 SnRK2 相互作用并磷酸化 ICE1 来激活 CBF-COR 基因关联表达与对冷冻的耐受性。被低温激活的 SnRK2 基因能破坏 ICE1 和 HOS1 之间的相互作用防止 ICE1 退化。报道的低温应激激活 SnRK2 并不受 ABA 的影响,SnRK2 受 BI1 和其他 PP2C 的负调控。因此,推测 SnRK2 的激活不涉及 PYLABA 受体。激酶 CRLK1 可能连接低温应激诱导的钙信号与 MAPK 级联反应,可以通过质膜蛋白如钙来感测通道或相关蛋白质,导致钙内流和激活钙反应蛋白激酶(CPKs,CIPKs 和 CRLK1)和 MAPK 级联,它们调节 COR 基因表达。

此外,高温应激诱导 HSPs 因子的表达,其中许多是高温应激作为分子伴侣来防止蛋白质变性并维持蛋白质体内平衡。和哺乳动物高温应激转录因子(HSF)一样,植物 HSFs 因子在高温应激反应下也激活 MAPKs,并调节 HSP 基因表达,并在膜流动性和钙信号传导中起着重要作用。低温和高温应激反应之间的共同特征在与信号传导不限于膜流动性变化,钙信号传导和 MAPK 激活,也同时包括参与的 ROS、NO、磷脂信号和蛋白酶体降解。未来仍需要大量的研究工作去阐明这些激酶的作用及互相之间的关系,以及它们与 SnRK2/MAPK 之间的对低温和高温胁迫信号的传递。

3)空间重力生物学研究——生物适应不同地外天体重力场环境的基本原理

自从有了生命以来,生物一直生活在地球表面重力环境中。所有目前地球上进行的生物学研究,都可以称为"1 g 生物学"。空间重力生物学是研究生物进入宇宙空间后,重力因素(失重或者超重)对生物影响的学科。作用于物体上的加速度,为重力加速度。一旦重力消失或者加重,处于微重力环境或者超重力下时,生物体包括动物、植物、微生物和人的正常生长发育过程,生理和心理状态,将会发生哪些变化,将如何生存和繁衍,如何利用变重力环境造福人类,就成了变重力生物学的主要研究内容。通过开展生物适应空间中可变重力环境的研究,通过研究植物生长变化、生物遗传变化、代谢变化,动物各系统如心血管、血液和淋巴、肌肉和骨骼、内分泌、前庭、行为等的生理和病理变化等,为未来宇航员的长期载人深空探测活动提供重要指导和参考。

NASA 自 20 世纪中期以来实施了空间基础生物学计划(Fundamental Space Biology Project,简称"FSB 计划"),如图 3.7 所示,其一直以来引领着世界关于重力对生命的作用与影响方面的认识。该计划在科学和技术上都取得了进步,它对人类探索作出了直接贡献。利用 21 世纪新的生物科技,FSB 计划可以率先将新的发现应用于地球上的发展和探索。该计划有 3 个主要目标:

①有效利用微重力和空间环境的其他特征增加人们对基本生物进程的理解;

②探索人类在太空生存更长时间的科技基础并为之做好准备;

③应用这些知识和技术来提高美国的国际竞争力、教育水平和生活质量。

FSB 计划将通过 3 个要素达到以上目标：

①细胞和分子生物学、微生物学：研究重力和空间环境对细胞、微生物和分子过程的作用；

②有机和比较生物学：研究和比较生物有机体及其系统的反应；

③发育生物学：研究空间飞行如何影响多细胞生物体的繁殖、成长、成熟和老化。

该计划于 1996 年从 NASA 总部转移到 NASA 埃姆斯研究中心（ARC）。在转移后的几年里，FSB 越来越注重用迅速发展的细胞和分子生物学回答空间环境对生命进程影响等基础问题。在最近的研究规划中，FSB 将研究太空飞行对微生物、植物和动物的影响，并侧重探究从超重到失重重力变化产生的影响。同时它也涵盖异变的辐射线、异变磁场的生物学效应，以及在不同寻常的太空、宇宙飞船环境中物种之间的相互作用。

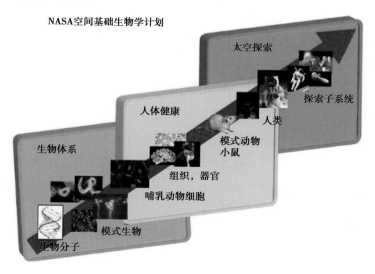

图 3.7　NASA 实施的空间基础生物学计划示意图

3.2.2　受控生态系统的生物学设计和构建方案

1）受控生态系统的生物学设计和构建方案实例探讨

一个相对完善的可受控生态系统至少由 3 个部分组成：物资生产与供应单元，宇航员活动与消费单元，废物再生与回收单元。物资生产与供应单元包括生物栽培和食物供应系统,大气含量调节和再生平衡系统以及环境控制和平衡系统。生物栽培和食物供应系统为整个受控生态系统生产和供应多样化的食物和氧气。通过种植诸如谷物和蔬菜的高等植物,并培养可食用的藻类、真菌、鱼类、昆虫和小型动物,以补充宇航员的营养多样性。它可以提供某些食品加工和存储功能,以及食品安全检查功能。大气含量调节和再生平衡系统通过调节系统中的氧和二氧化碳含量的平衡,使系统获得应急供应和安全的呼吸代谢。它主要依靠大量的植物和少量的微藻来提供氧气和净化二氧化碳。它可以净化痕量有害气体,如乙烯。另外,由于生物栽培对日光、温度和湿度等环境条件的敏感性,该装置对环境控制和平衡系统提出了更高的要求。

废物再生和回收单元主要包括废物无害化处理和再循环系统,以及废水再循环和平衡系统。废物无害化处理和回收系统主要使用微生物废物处理反应器降解收割后的植物残渣和生活垃圾,加工后的材料可用作肥料或人造土壤,为植物栽培区提供能量,以实现大量和微量的无机矿质营养元素回收。必要时,将需要协助高温氧化焚烧和其他物理或化学技术,可快速、有效和彻底地回收耐火废料。废水回收和平衡系统包括饮用水和卫生供水系统,生物栽培营养液供应和回收系统以及环境控制水回收系统。饮用水和卫生供水系统主要使用冷凝水净化处理装置为宇航员提供饮用水和卫生用水。在紧急情况下,协助在饮用水和卫生用水中使用多层过滤和高效清洁技术。生物栽培营养液供应和回收系统使用微生物废物处理反应器处理尿液和生活污水,并为植物和食用菌的栽培、藻类和鱼类的繁殖以及昆虫和小动物的繁殖提供水。处理后可将其循环利用。环境控制水回收系统主要提供和回收具有环境湿度和环境平衡调节作用的水,为整个生态系统提供更舒适的生活环境。宇航员活动和消耗单元是整个系统的中心和核心,将为其他两个单元的高效、安全、可靠运行提供保障。受控生态系统的生物学设计和构建方案示意图,如图 3.8 所示。

2)受控生态系统的生物学设计和构建急需解决的问题与对策

(1)组成人类受控生态系统的最优生物组成是什么

这个问题可能是受控生态系统发展以来,争论最多的问题之一。到底多少种生物成分组合可以维持一个可供人类生存的生态系统,或者说,如何保持这个生态系统内生物组成的最优化,这将是未来生态系统实验面临的主要难题之一。而且在多大程度上的生物多样性能给生态系统提供足够的稳定性和稳健性? 回答这几

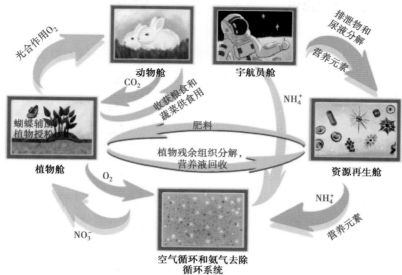

图 3.8 受控生态系统的生物学设计和构建方案示意图(小型生态圈)

个问题,需要利用多种工程技术、考虑多重生物多样性、生态平衡、生态循环和多种能源利用效率等。

(2)如何构建一个人类受控生态系统的最小单元并测试其最大承载能力

迄今为止数十年的研究,仍然对一个封闭的生态系统所需的人均最小面积和人均资源没有明确的界定或定义。构建一个人类受控生态系统的最小单元并测试其最大承载能力有着非常重要的意义,这将使未来复杂的空间环境中的资源利用得到最优化。目前封闭生态系统的科学和工程技术仍然在飞速发展中,这一问题有望得到进一步深入研究和解决。

(3)如何确保系统长期运行的安全性和可靠性

这包括对系统长期运行过程中人-机-环境之间的相互作用,影响关系系统中生物再生单元与物化再生单元等相互之间的协同匹配关系、封闭系统长期运行条件下动植物和微生物之间的相互作用关系及其遗传稳定性及变异情况等,这些问题都是受控生态系统长期安全可靠运行的关键问题,急需未来通过大量的试验进行测试和论证。

3.2.3　地外空间受控生态系统中的原位资源利用

对近地轨道以外的人类探索,受控生态系统长期稳定运行的主要挑战就是保持生物(人类、动物或植物)的健康与安全。而维持生命健康的参数包括温度、气压、空气循环、可呼吸气体组成、湿度、饮用水和排除废弃物的机制,以及防止辐射伤害等。鉴于这些系统的关键性质和地外极其有限的空间资源,受控生态系统必须在能源、消耗品、热量和废弃物的产生和消除方面更加高效地运转。因此,系统中的生命维持过程必须更有效地利用来自地球的不可再生资源,并使用更多太空中可用的可再生资源。目前,国际空间站已经尝试将制造业转移到太空,来补充基于地球的供应链。例如,利用生物资源和3D打印技术在国际空间站上生产和制造零部件。此外,国际空间站还展示了将太阳能转化为电能的可行性和为闭环生命维持系统培养生物。例如,生产食物(蔬菜生产系统),提供呼吸的空气(二氧化碳减少装置)和饮用水(饮用水可再生装置),并生产生物质能建筑材料。

建立地外受控生态系统时,建筑材料将是非常急需的。如何利用生物系统生产可回收利用的生物质建筑材料已经成为一项重要的研究课题。来自地球的光合生物体可以在太空飞行中持续地将太阳能转化为新一代的生物量。基因工程和合成生物学科技可以重新编程细胞,用于生产大量的目标生物材料,同时保持原有生物原料的灵活性。例如,纤维素是地球上最丰富和广泛存在的有机聚合物,能为植物和动物提供结构上的刚性和韧性。如果将纤维素合成细胞更加高效地富集和功能化,就可以制成3D打印原料。此外,甲壳素作为地球上第二丰富的有机聚合物,也具有类似优势,成为3D打印原料。

2020年8月,国际空间站上的一名俄罗斯宇航员,尝试在太空微重力环境下进行人体组织的3D打印,并取得了成功。他借助了俄罗斯研究人员制造的一套磁悬浮装置,能够从一些分离的细胞中制造出人类的软骨。研究人员首先在哈萨克斯坦拜科努尔航天发射场制造了基于人类软骨细胞的组织球体,然后将其嵌入可逆的水凝胶内,密封在试管中并发射到国际空间站。在国际空间站上提取出细胞之后,相机捕捉其自组装的过程。与数学和计算机模型相比,这一实验表现出了相当高的一致性。这项成功的实验,意味着在无支架和无毒钆离子水平的环境下制造3D打印人体组织研究方面的最新进步。这项工作有助于开发出在长期太空飞行中制造再生组织的新技术。

3.3 地外生态系统中的物质循环

3.3.1 物质循环在构建地外生态系统中的意义

现阶段太空飞行和国际空间站多采用开放式生命支持系统(OLSS)或者理化式生命保障系统(PLSS)主要依赖地球定期补充食物和水,严重限制了深空探测的周期、执行任务的乘员数,增加了深空探测成本。为了减少生命保障部分在飞行器中的质量、延长深空探测周期,现在提出了生物生命保障系统(BLSS)或者封闭生命保障系统(CLSS)。其原理为在封闭环境中建立人造生态系统(CAEs)来满足乘员和生态系统内其他生物的生命需求。封闭的人工生态系统主要由高等植物、动物(包括人)、微生物和由人类进行控制的环境因素(如光、温度、水、气体、矿物质等)构成。研究物质循环在地外受控生态系统中有两个重要意义:一是可以及时去除环境中的有害物质和废物,保障系统中人及生物的健康和节约封闭生态系统空间。二是为生态系统中的人与生物提供生命活动必需的物质,从而降低初始发射质量,降低发射成本。

3.3.2 地外空间受控生态系统物质循环的机理

地外空间受控生态系统中物质循环原理主要是基于地球生物圈内的物质循环,但是由于系统的封闭化、微型化、高效化(即在地球生态圈中几个月甚至几年的循环,在地外空间受控生态系统中只需极短的时间就能实现)以及在微重力、电离辐射等环境因素下,导致面临诸如传质不利、物种单一等挑战。

高等植物作为地外生态系统的生产者,是生态系统中最重要的一环,基本满足了人在地外生存中包括新鲜空气、清洁水、营养食品以及情绪调节等需要。动物(包括人)作为地外生态系统中的消费者起主要作用。微生物作为生态系统中的消费者,主要起促进和稳定生态系统中物质循环和能量流动的作用,地外生态系统能否成功建立,很重要的一点就是对废物的处理,因此,在地外生态系统中构建高度多样性的微生物群落可加快对系统中的废物降解和对有用物质进行回收,并将其返回到物质循环中。

3.3.3 物质循环在地外空间受控生态系统的研究现状

现阶段在国际空间站中采用的物质循环技术主要是基于物理化学方法,做到水和氧气的循环利用,但是对食物的生产却一直没能实现。在地球上,人类生产食物的主要是通过种植植物和养殖动物,植物通过光合作用将土壤中的无机物、水及空气中的二氧化碳作为原料合成有机物,人类将有机物用作食物或者饲养动物。近50年来,各国航天机构都在研究如何将封闭系统中的废物进行高效分解,同时将其转化为营养物质用来生产植物性食物。氮是生命必需元素之一,在合成有机物时具有重要作用,因此,研究氮在地外生态系统中的保存、回收和转化是非常必要的。

1)物质循环的重要环节:废物转化为肥料

在地外生态系统中,物质循环的重要步骤是将废物转化为肥料。国际空间站并未对含氮废物加以利用,粪便直接储存、运回地球,尿液经过三氧化铬和硫酸消毒处理,尿液中的水通过蒸汽压缩蒸馏方式进行回收,氮仍残留在浓缩液中。

在地外生态系统中,乘员的活动和动植物的生长都会产生大量有机废物。一名体重在 $65 \sim 85$ kg 的宇航员,每天通过尿液排出 $7 \sim 16$ g 的氮(以 N_{16} 计),通过粪便排出 $1 \sim 2$ g 的氮,生产食物会产生 $5 \sim 6$ g 不可食用的氮。此外,还会通过头发、指甲、唾液及脱落的上皮细胞等方式每天产生 1 g 氮。现在主要通过生物氨化、物理化学氨化和硝化 3 种技术方案对上述有机废物进行利用,使其转化成 CO_2、水和养分。

(1)生物氨化

虽然在地球生物圈中常常将产生的有机氮直接用于植物种植,但是为了对氮进行在线监测、用于水培种植及微生物处理,通常将有机氮氨化为无机氮,例如氨和硝酸盐等。其主要过程为蛋白质和多肽经过蛋白酶水解为氨基酸,氨基酸和其他酰胺分子在酰胺酶的作用下水解成氨。在尿液中 90% 以上的氮以尿素的形式存在,通过脲酶和脲酰胺酶进行氨化。地外空间受控生态系统中氮循环关键过程示意图,如图 3.9 所示。

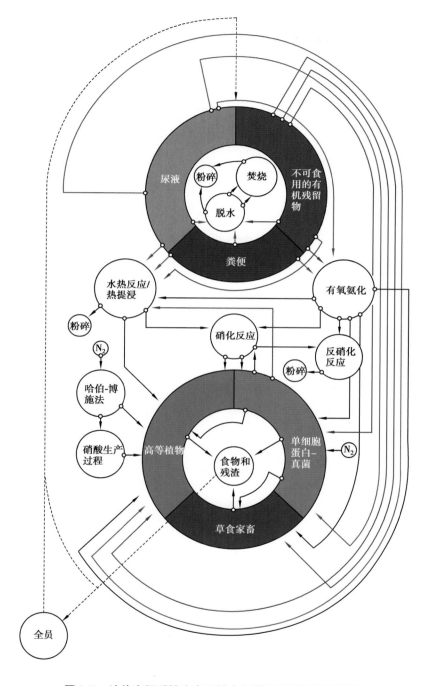

图 3.9　地外空间受控生态系统中氮循环关键过程示意图

在封闭生态系统中,有机废水主要通过好氧反应器或者厌氧反应器中微生物进行水解。此外,微生物还能通过建立生物氨化作用等方式将废水中的营养物质释放出来。在欧洲航天局的 MELiSSA 系统中,对有机废物在 pH 值为 5.3 的条件下的嗜热厌氧反应器中进行发酵,通常可以将有机废物(植物秸秆和粪便)中 18% ~ 71% 的有机氮以 $17 \sim 30$ mg NH_4^+-$NL^{-1}D^{-1}$ 的速率转化为铵。现阶段好氧氨化因在微重力条件下存在氧气驱动扩散能力不足及污泥产率过高等因素导致在封闭生态系统中应用较少,但厌氧反应器中除了会产生氨气外,还会产生一定量的甲烷和氢气,需要对其进行提纯分离。此外,如果在厌氧条件下氨化富含硝酸盐的有机废物,会导致反应器中产生反硝化,导致氨转化氮气,无法对氮进行有效利用。现在已经有将人尿中的尿素转化为氨和 CO_2 的固定化脲酶的生物反应器应用在深空探测中,此外,随着微生物燃料技术的发展,现在已经有将生物氨化与电化学结合为航空器提供电力。

(2)物理化学氨化

含氮有机废物在酸性或者碱性条件下通过微波辐射、高压、酶处理等方式进行氨化。热水解法是氨化含氮有机物常用的方法,通常在高温高压条件下进行,在 $140 \sim 160$ ℃ 的条件下蛋白质才能发生氨化,低于以上温度蛋白质只会发生变性和不溶解,高压的目的是使水能在 100 ℃ 的温度条件下保持液态,在 $200 \sim 290$ ℃ 的温度下热水解氨化的效率最高,这是因为在高温条件下水的离子积常数从 10^{-14} 升高到 10^{-11},水中 H^+ 和 OH^- 的活性和浓度的显著增强与含氮有机物发生更剧烈的反应。再进一步将温度升高到 $250 \sim 375$ ℃ 会增强作为中间体的氨基酸的脱氨反应,生成游离的 NH_4^+ 和羧酸,但是也会产生酰胺化反应和美拉德反应等竞争性聚合反应。

根据 Lissens 等人的研究,厌氧消化池中固体废物有 95% ~ 100% 的氮可以在 350 ℃ 240 bar 的条件下转化为水溶性氮。其中,有 60% 的含氮物质可以确定为 NH_4^+ 和 NO_3^-,其余假定为其他可以溶解的含氮。在水解过程中加入空气、氧气、过氧化氢等氧化剂来增强废物流中氧化效率的方法被称为湿式氧化法。在水临界条件下加入空气的"湿空气氧化法"可以将 90% 的有机氮转化为氨和 N_2。现在已有 Kudenko 工艺应用在 BLSS 中,即在 90 ℃ 和常压下利用过氧化氢作为氧化剂来处理不可使用的食物残渣、尿液、粪便和灰水等有机废物。在处理食物残渣和尿液的混合物时,约有 53% 的氮会以可溶性氮的方式进行回收,其中主要为铵,还有亚硝酸盐和硝酸盐等产物。

（3）硝化

氨和尿素在一定条件下可以直接被植物和微生物吸收利用,但因地外生态系统是建设在封闭空间内部的,氨会随着温度和 pH 值的升高而挥发性增强,此外,氨是一种刺激性气味和有毒气体,如果在大气中浓度过高会降低乘员的舒适度甚至造成中毒,因此在封闭生态系统中存在高浓度的氨流是一件不安全的事情。尽管控制环境中的 pH 值和温度可以降低氨的挥发,但植物对高浓度氨直接吸收利用会抑制它对其他矿物质的吸收利用。虽然硝酸盐作为一种氧化态氮合成食用蛋白的效率较低,但是具有不挥发、预期浓度内无毒性、可在叶片中储存等优点,所以对于氨和尿素最好是将其转化成硝酸盐加以利用。氨被氧化成亚硝酸盐或者硝酸盐的过程称为硝化。将氨完全硝化到硝酸盐的关键是提供充足的氧气,理论上硝化 1 mg 的 N 需要 4.57 mg 的 O_2,硝化微生物生长环境溶解氧含量不低于 1 mg/L,这样可以有效减少如亚硝酸盐、HNO_2、N_2O 等有害物质和 N_2 的产生。

传统的硝化过程主要分两步:第一步是氨在羟胺（NH_2OH）的形态下被自养氨氧化菌（AOB）或者古细菌（AOA）在 AMO 和羟胺氧化还原酶（HAO）的作用下氧化成亚硝酸盐（NO_2^-）。第二步为亚硝酸盐（NO_2^-）在亚硝酸盐氧化细菌（NOB）、亚硝酸盐氧化还原酶（NXR）的条件下氧化成硝酸盐（NO_3^-）。Kessel 等在 2015 年发现了短程硝化原理,一种细菌可直接将氨氧化为硝酸盐,但是还没有验证是否能将该细菌应用到地外生态系统中。

硝化过程中需要大量的缓冲物质来控制环境中的 pH 值,如果不加碱对 pH 值进行控制,则只能发生部分硝化。虽然目前有特定的 AOB 可以在 pH 值 2.6 的条件下将铵进行氧化,但是在大多数条件下 pH 值降低至 5.5~6.0 时,微生物将失去硝化活性。

在地外生态系统中,通常会使用多种微生物群落混合而非单一微生物组成的硝化系统,一方面是因为混合微生物的微生态系统具有生物稳定性可以抵御并适应环境条件的波动和外界微生物的入侵;另一方面由于各细菌群落之间的协同拮抗竞争等相互关系难以机械简单地描述,因此需要具有高度容错性的系统存在。另外,在地外生态系统中严禁使用作用不明及具有毒害作用的微生物,以防止危害乘员及生态系统中其他生物的健康。

以 MELiSSA 为例,通过将硝化作用的微生物布置在生物膜载体上以减少冲刷对

微生物群落的影响,虽然采用多种微生物群落的方式提高了反应器的构造和操作难度,但是可以获得和地面上生物膜硝化系统一样的比转化率[1.7 ~ 1.9 g N/(m²/d)或者 0.55 ~ 0.59 g N/(L·d)]。

地外空间受控生态系统中氮的来源有很大一部分为人的尿液,因此,需要对其进行回收。新鲜尿液中含有 5 ~ 8 g N/L 有机氮和 0.4 g N/L 无机氮,此外还含有 9 g/CODL 有机物和 21 mS/m 高浓度的盐含量。在高电导率(>70 mS/m)的条件下,尿液中的尿素可以水解成碳酸氢根离子和铵离子。由于有机物的存在,因此在硝化的同时也要引入特定的菌株对有机物进行去除。

此外,在低 pH 值条件下生物产生的亚硝酸铵会自发分解为 N_2 和 H_2O,亚硝酸(HNO_2)也会自发氧化成硝酸盐。理论计算中每位乘员氮平衡示意图,如图 3.10 所示。

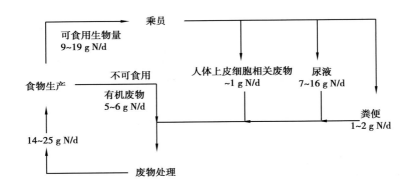

图 3.10 理论计算中每位乘员氮平衡示意图

2)物质循环关键环节:从肥料到蛋白质

研究物质循环除了用于地外生态系统中废物处理外,更重要的是变废为宝,即将废物中的养分转化为支持乘员和系统中其他生物的营养物质。以食物为例,除了要为乘员提供足够的碳水化合物以保证乘员热量需求,还要提供蛋白质和脂质等有机物和维生素、微量元素等无机物,尤其是 9 种不能由人类合成的必需氨基酸。因此,需要提供植物、微生物和真菌等组合食谱来满足乘员的营养需求。现阶段基本没有地外生态系统将传统畜禽养殖纳入生态系统中,主要存在以下困难:

①与素食相比,饲养牲畜的能量转化效率低,并提高地外生态系统对水、能量、氧气、空间等的需求。

②在微重力条件下,粪便处理、屠宰等动物养殖的重要步骤都存在困难。

除了以上技术因素外,还有相关的伦理问题。现在有研究将鱼类养殖引入地外生态系统中,同时辅以高等水生植物(主要是以漂浮植物和沉水植物为主)和微生物进行废水处理。此外,还有将黄粉虫和可食用性蠕虫作为动物蛋白来源的地外生态系统。

高等植物一直是人类研究的重点,因为高等植物在地外生态系统物质循环中扮演着重要角色。一方面,高等植物是生态系统中的生产者,通过光合作用将呼吸作用产生的 CO_2 和其他途径产生的废物如粪便和尿液变成有机物,为乘员提供食物。另一方面,光合作用又可以提供氧气,供乘员呼吸。可以说,高等植物是地外生态系统物质循环中不可缺少的一环。物质存在的形式会影响高等植物对其的吸收和利用。以氮为例,从生理角度看,虽然植物可以从环境中吸收硝酸盐、氨、尿素甚至也可以用有机氮的形式作为替代,作为植物体中氮的来源,但无论是哪种形式的氮最终都要转化成氨,因为在植物体内谷氨酸的合成主要依赖于氨,由此来合成植物体所需的氨基酸和蛋白质。不同的植物对氮的形式偏爱不同,但通常来说,在植物生长的早期阶段利用氨和尿素,在后期阶段主要利用硝酸盐。在使用土壤种植系统中,土壤中的微生物会将含氮有机物迅速矿化,释放出氨和尿素,但是在水培种植系统中,如果使用有机形态的氮会抑制植物的生长甚至起毒害作用。此外,如果使用有机形式的氮会难以控制剂量来适应植物在不同的生长阶段对氮的需求,例如,在植物生长的早期阶段需要提供高浓度的氮来满足植物的生长需求,但是在收获阶段需要降低氮的供应来提高产量。

因此,通常在水培系统中加入同时含有铵盐和硝酸盐的混合物作为氮的来源。这样不仅可以满足不同植物生长周期对氮的不同形态的需求,同时铵根和硝酸根构成缓冲离子对,稳定系统中的 pH 值。由于高浓度铵根会破坏细胞对植物产生毒害作用,需要严格控制铵根的含量,添加在营养液中的铵根不能超过植物吸收和储存的能力。在田间条件下尿素会被土壤中的脲酶分解成氨,而在水培环境下没有脲酶,使其难以被利用。此外,其他地外生态系统还提出可采用鱼腥藻来净化尿液,同时与 TiO_2 紫外光催化氧化进行耦合,以达到出水水质为饮用水的标准。在地外生态系统的微生物利用方面有利用小球藻作为氧气的来源,小球藻的细胞壁较厚不易消化,故不能作为生物来源。此外,还有利用人类尿液中的小球藻来控制地外生态系统中 CO_2 和 O_2 的平衡。

植物对环境中养分的吸收受多种环境因素的影响,其中最重要的两个因素是营养物质的浓度和剂量。以氮元素为例,田间种植植物的氮循环主要受氨蒸发和淋溶对氮素循环的影响较大,并在一定程度上受大气沉降和生物固氮的影响。而在水培系统中,铵的浓度主要受营养液回路和硝态氮浓度变化,此外,还需考虑不同植物对各矿物质的吸收效率不同,故地外生态系统中需要种植多种植物,使水培溶液中的矿物质达到最好的吸收利用效率,以防盐度过高。

虽然现阶段由各种理论和实验系统对地外生态系统选择植物的种类不同,导致所需的耕地面积难以计算。但是对某些基本数值还是可以有一个基本的估算,例如,对氮的需求量,根据作物每天每平方米 $10 \sim 200$ g 的鲜重产量,而每株植物鲜重部分大约由 0.5% 的 N 组成,则每天每平方米氮的消耗量为 $5 \sim 40$ g。如果根据 Do 等人的估算,将作物分多层堆放在植物生长室中,并采用人工 LED 系统进行照明(以 2 200 kW·h 每千克干重计),则蛋白质的产量为每年 $0 \sim 4$ kg/m³。

除了植物蛋白以外,微生物和真菌所能提供的蛋白质也是乘员重要的食物来源。微藻、细菌和单细胞真菌(如酵母)可以提供"单细胞蛋白"(SPC),而常见的食用多细胞真菌也能提供蛋白质,此外,还能利用真菌可以使用多种底物的特性,还可以将其用于回收地外生态系统中高等植物不可食用的木质素。

相对于高等植物,微生物可以高效利用资源进行生产,并且营养物质转化效率非常高,如果比例得当是将废物流中的 N,P 等物质完全进行回收的可行方案。因此,研究 SPC 一直是地外生态系统研究的热点。SPC 的一个重要特征就是极高的单位面积或者体积产率,在室内培养的微藻可达 1.5 kg 干重(m³·d),室外培养的非硫光合细菌(PNSB)可达 1.45 kg 干重(m³·d),因此,可以形成高度紧凑化的食品生产系统。微生物的代谢多种多样,相较于高等植物可以利用各种碳源、能源和电子,可以将其组成模块化装置,插入物质循环回收的回路上。微生物食品具有高蛋白质含量($50\% \sim 70\%$ DW)且富含维生素、类胡萝卜素和其他潜在的益生元化合物。

虽然真菌相对于细菌、微藻的蛋白质含量($15\% \sim 45\%$)较低,但是真菌可以在木质纤维素为底物的环境下良好生长。根据现有资料估计,在地外生态系统产生的约有 50% 的质量的废物均为以木质纤维素为主的食物不可食部分,因此,真菌在地外生态系统物质循环领域受到了高度重视。真菌处理有机废物通常与其他生物处理相耦合,例如,利用蠕虫和细菌消化有机废物得到"类土壤基质",作为真菌生长的有机基质。

3）元素固定、流失和原位利用

在地外生态系统中,物质循环利用的最大挑战就是防止物质流失,并需要将主要的损耗点找出来。以氮素为例,如果地外生态系统中脱水后的有机废物没有经过进一步的处理或者将其丢弃,那么氮素就无法被回收利用。如果将有机废物焚烧后可能能回收部分物质,但是 N 元素会转化 N_2 和 NO_x 进而在处理过程中散失,无法被回收利用。此外,如果没有将压力和温度控制好,则有机废物在热水解的过程中也会释放出 N_2 和 NO_x。如果在缺氧反应器中引入了有机废物硝酸盐的残体,那么反应器中会发生反硝化反应,N 会转化为 N_2 的形式,继而无法回收。如果对 N 回收没有强制性的要求,那么 N_2 可用于对机舱的加压。氮元素在地外生态系统中还存在的流失途径有在高 pH 值尿液中氨的挥发,在低 pH 值条件下亚硝酸的挥发或者凝结成鸟粪石。此外,如果氮循环没有在系统中很好地运行,那么也会在膜过滤的浓缩物或者生物反应器的固体废物中流失。

如果地外生态系统没有简单的办法可以避免或者减少这种流失情况的发生,地面无法对相应元素进行补给时,那么需要考虑对该元素的原位利用。例如,利用微生物或者化学的方式进行固氮。利用固氮细菌和植物的共生作用,通常在豆科植物的根瘤中发生生物氮的固定。由于生物固氮消耗的能量远大于矿物固氮,需要高能量的输入(每分子 N_2 需要 15~16 ATP)。因此,只是通过生物固氮是无法满足生长的需求。物化固氮的方式是经典的 Haber-Bosch 工艺,在高温高压催化剂的条件下 N_2 和 H_2 合成 NH_3。此外,还可以在地外空间如火星、月球等天体上直接利用原位资源进行元素的补充,火星的大气富含 CO_2,可以将其作为地外生态系统中碳的良好补充,但需考虑能量消耗及将需要的元素与其共存的高毒物质如高氯酸盐分离开。

3.3.4 地外生态系统物质循环的实例

在欧洲航天局的 MELiSSA 概念中,将螺旋藻和红螺菌 *Rhodospirillum rubrum* 作为蛋白质的替代来源。螺旋藻以干重计含有约 46% 的蛋白质,并且富含维生素、矿物质、β-胡萝卜素、必需脂肪酸,例如、γ-亚麻酸和抗氧化剂。螺旋藻真蛋白消化率高达 75.5%。螺旋藻还具有易分离、核酸浓度低等优点。在 MELiSSA 的光合室中螺旋藻起着非常重要的作用,除了降解硝化废水中的硝酸盐外,通过光合作用吸收乘员和其他舱室产生的 CO_2 转化为氧气,并为乘员提供蛋白质。而在 MELiSSA 系统的 II 室中(图 3.11),*R. rubrum* 发挥着重要的作用,*R. rubrum* 的代谢方式主要是利用可挥发性脂肪酸(VFA)进行光合异养,与其他异养菌相比 *R. rubrum* 的最大优点在于其代谢和生理特性。首先,*R. rubrum* 具有相同碳源的条件下有非常高的蛋白质输出率。其次,由于 *R. rubrum* 为异养菌,生长速率要比螺旋藻这种自养生物更快,因此可以做成更紧凑的生产系统来节约空间。最后,在特定红外波长下的生长潜力为非无菌栽培提供了选择性工具。*R. rubrum* 在营养价值方面同样有着许多优势,首先,*R. rubrum* 中蛋氨酸的含量明显高于其他 SPC 食物,蛋氨酸为人类的必需氨基酸之一。其次,*R. rubrum* 含有大量维生素 B_{12}、B_3、B_6、C、D、E 等。此外,*R. rubrum* 还含有可以改善身体状态的化合物,例如,类胡萝卜素、聚-β-羟基丁酸酯(PHB)和辅酶 Q 等。生物圈二号水循环系统,如图 3.12 所示。

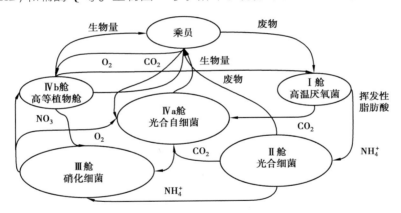

图 3.11 MELiSSA 循环方案概念图

除了螺旋藻和光合细菌外,Hendrickx and Mergeay 和 Verstraete 等提出利用化能自养细菌为乘员提供蛋白质。对于建设在火星上的地外生态系统可以原位利用火星上的橄榄石产氢供能。

He 等利用小麦和大米好氧发酵后的残渣作为有机基质培养平菇,剩余基质培养蚯蚓。Strayer 等利用酵母菌 *Candida ingens* 对马铃薯秸秆厌氧发酵产生的 VFA 进行降解,结果发现在 pH5 的环境下有利于酵母菌生长并抑制细菌的生长。

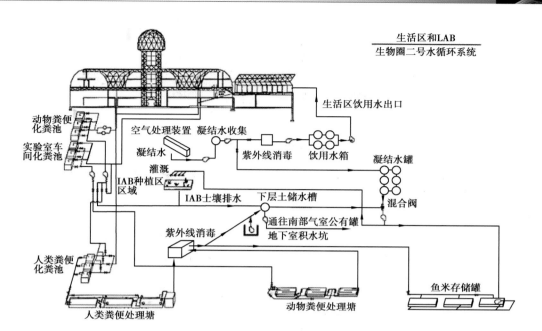

图 3.12　生物圈二号水循环系统

在生物固氮方面,除了挑选特定的菌种和植物共生关系进行生物固氮外,现在开发出利用固氮菌、梭状芽胞杆菌、特定的非硫光合细菌和蓝细菌进行生物固氮,目前已开发出专门用于地外生态系统固氮和产氧光合作用的蓝细菌生物反应器。

3.3.5　地外空间受控生态系统在物质循环领域还需要解决的问题

在地外生态系统中除了需要考虑乘员的安全外,对地外生态系统中其他生物的情况也需进行考虑,尤其微重力和电离辐射会对生物的生理、形态和功能产生深远影响。如果没有有效的保护可能会造成生物的 DNA 发生损伤和突变,对生物的生长发育造成损害。另外,地外生态系统中的生物需要经历从"超重力"的发射阶段($3.2g$)到月球表面($0.17g$)或火星表面($0.38g$)的重力变化,此外在太空飞行过程中重力只有 $\sim 10^{-6}g$,在重力变化过程中胞外流体性质会发生明显的变化从而影响细胞对营养物质的获取和对废物的排出。微重力减少了地外生态系统中流体的对流和内聚力,导致良好的气液相互作用不能很好地发生。以硝化为例,由于氧气在水中的扩散效率降低,使氧气在水中的传质效率降低,硝化细菌难以利用氧气对氨进行硝化。美国肯尼迪航天中心开发出充气旋转膜生物反应器（ARMS），通过旋转的中空纤维膜增强氧气在水中的传质效率，从而降低了微重力对硝化作用的影响。如果在外星居住成为可能，由于进入系统中与地球不同的电离辐射和引力水平，那么地外生态系统中的物种演化方向必然从地球物种随着时间推移变成新的外星物种。因此，需要微重力和电离辐射对生物代谢的影响进行长期而深入的研究。例如，在我国天宫一号中进行的有关试验发现，在低电离（LDIR）条件下，微生物在营养贫乏的环境中的群落演替没有遵循地球上竞争互斥的现象，而是呈现高物种多样性的特征。经过研究表明，在电离条件下可以诱导微生物群落产生特定的相互促进、相互制约的反向调节机制，引起了微生物种群的异步收敛波动，从而减缓种间竞争抑制优势物种的出现，导致了更高生物多样性的形成和维持。

在地外生态系统中物质循环能否进展顺利的条件在于在航天器发射时微生物的生长和保存。现阶段的研究表明硝化细菌纯菌种、人工合成菌种和混合菌种的细菌群落均能在低地球轨道飞行后被重新激活。微生物反硝化作用和厌氧氨氧化作用也同样能在低地球轨道飞行后被激活。此外，维持高的微生物多样性对封闭人造生态系统中促进物质循环和稳定能量流动有着重要意义。但是现阶段人为地形成和维持地外生态系统中微生物的高生物多样性是一件困难的事情。由于在地外生态系统中，只有不可食用的植物部分、厨余垃圾和粪便等内部废物为微生物的生长提供极为有限的生长底物，故对系统中的微生物来说是一个特定的营养不足环境（Nutrient-deficient Environment，NDE），因此难以形成和维持一个高生物多样性的微生物群落。

虽然有些现有的地外生态系统直接将尿液作为氮的来源加入水培系统中，但是会造成以下 3 个严重问题：高铵盐条件下对植物造成的毒性，会与系统中的某些有机物发生反应和尿液中高盐度对系统带来压力的升高。虽然研究人员提出（如稀释等）若干解决办法，但是从长远来看，如果植物对尿液中营养素的吸收速率不能快于对水培液中其他营养素的吸收速率，那么同样会造成水培系统中盐分的积累。现在又提出可以通过种植耐盐植物或者与叶片可富集盐分的植物复合使用，也可以通过改变乘员的食谱来降低尿液中盐的含量，还可以通过电渗析和水热处理等物理化学手段来去除尿液中的盐分。此外，直接利用尿液还需要考虑尿液中的病原体和诸如药物残留等微量污染物的安全性。

在地外生态系统中需要对硝化和反硝化的反应条件如氧气浓度、亚硝酸盐浓度和 COD/N 等进行严格控制,否则会产生大量 N_2O,对封闭空间的乘员和生物造成毒害。

通过平衡作物的种植栽培需求、产量需求和人类能量需求后,对最小化栽培面积、优化生物生产率、作物选择等方面进行复杂计算后得出需要种植 40 ~ 50 m^2 的高等植物才能满足乘员的需求。而 Do 等人的假设,需要 46 ~ 117 m^2 的作物种植面积才能满足一个日消耗为 3 040 kal/d 的人热量需求。根据 2013 年 Cassidy 等对地球上一个将 41 种植物性食物作为基础饮食日需求热量为 2 700 kal 的人来估算需要 1 000 m^2 的耕地来满足其需求,其中不包括动物饲料、生物燃料和非食用的农作物(如棉花等)。虽然工厂化的植物种植模式大幅度地提高了植物的产量,对地外生态系统的构建有着重大的促进作用,但第一批在地外建成的生态系统生产的食物可能短时间内只能提供少部分有限的物资,大部分还是需要地面提供补给。

虽然微生物 SPC 食物生产工艺有以上诸多优点,但是在地外生态系统的利用上还亟需克服以下挑战,以提高其在生产方式、营养价值和饮食摄入等方面的价值。首先,利用微生物生产的半固体食物需要消耗大量的能量进行加工。以最常见的光反应器为例,生物质质量为 1 g/L,其余99.9%的物质都为水,因此需要通过过滤、离心和干燥等能量密集型工艺将生物质浓缩出来。其次,是微生物含有比例很高的核酸(DNA+RNA),多以 RNA 的形式存在,占干重的 15% ~ 16%。每日摄入 2 g 以上的核酸会提高痛风和结石的患病风险。因此,需要通过物理或者化学方法降低 SPC 中核酸的含量。最后,容易被人类忽略的一点是,人类对微生物食物的接受能力。虽然人类食用诸如啤酒、奶酪和酸奶等经过微生物发酵过的食物,但是让人类接受将微生物作为主要成分的食物还是一件具有挑战的事情。由于将微生物作为主要成分的食物质地和口感都不佳,因此很容易让乘员产生反感。在长期深空探测活动中,食物的风味和种类会在一定程度上影响乘员的心理健康。

在 MELiSSA 系统中将 *R. rubrum* 作为食物还需要面临的问题是,在 Ⅱ 室之前的 Ⅰ 为粪便室,因此需要保证 Ⅱ 室处于时刻无菌的状态,否则会发生食品安全问题。

尽管真菌在地外生态系统的物质循环中扮演着重要角色,但是现阶段对其的研究更多是降解有机废物。由于真菌中的木质纤维素较多不利于人类的吸收消化,因此不推荐作为乘员的主要食物。真菌在地外生态系统中应用的另一个缺点是,在真菌生产的过程中可能产生污染性的霉菌,这些霉菌可能释放某些毒素致人患病或者腐蚀地外生态系统中的设备,从而带来安全隐患。因此,需要对地外生态系统中真菌做实时监测和霉菌入侵的早期预警。

由于微生物具有底物生态位构建的适应性行为,即微生物通过"代谢"积极修改非生物和生物特性,以增强生物体在不利环境下的适应能力,可以改变环境而不只是被动地接受恶劣环境。国际空间站已鉴定并分离出 133 种微生物,通过 SNC 以电缆表层、聚合涂层等大分子有机聚合物为生存底物,对乘员的安全和健康构成了潜在威胁。因此在构建地外生态系统时同样需要警惕该情况的发生。

为了地外生态系统的正常运行而设计了若干子系统,需要对所有的子系统进行集成并实现实时控制是地外生态系统正常运行需要克服的最后障碍。另外,地外生态系统的研发也需要遵循太空设计的一般原则,例如,有限的体积和质量、低能耗、高效率、高可靠性和高安全性。

3.3.6 对地外生态系统物质循环研究的展望

关于地外生态系统何时能用于深空探测中,根据 Olson 等人的估计可能需要 1～12.9 年,具体情况还需要根据执行的任务确定。而 Do 和 Owens 评估完"火星一号"的技术可行性及采用地外生态系统原位生产生存资源与从地面发射携带生存资源的方案后认为在执行前 7 个任务时,采用地面直接运输的花费更少,但如果实现在火星上的可持续居住,那么地外生态系统方案会更加合理。Czupalla 等人通过 ESM 分析对现有的几种地外生态系统(MELiSSA,BIOS,ALM 和一个经过 ESM 优化后的方案)执行 780 天火星方案进行分析评估。增加乘员食谱中微生物食品所占的比重会提高地外生态系统和原位生产食物的可行性。最有可能出现的结果是在长期的太空航行和地外基地中采取原位生产食物和地面生产食物互补的形式。

研究地外生态系统的意义不仅在于为人类探索外太空提供一种节约成本、有效运转的生命支持系统,一方面推动了对生物加工、循环技术、清洁技术和生命科学等领域的技术创新,研究微生物和高等植物在太空环境中的行为可以为微生物学和植物学提供更新的见解。另一方面分离尿液的处理和价值化、分散水处理、水培、垂直耕作以及 SCP 饲料或粮食生产技术的出现可为人类探索地球上恶劣生存条件的区域(如两极、深海、高山、高原及沙漠)提供新的生存思路。

4 地外天体熔岩管道的开发利用及地面验证实验

4.1 地外天体熔岩管道系统概述

4.1.1 地外天体熔岩管道的研究意义

在全球广布的洞穴系统中,岩溶洞穴是被人类最早开发利用的地下空间。人类最初是为了生存本能地选择洞穴作为庇护所,洞穴在人类进化的历史长河中占据了重要地位,也留下了大量文化遗迹。随着对世界认知的加深,人类逐渐走出洞穴,但洞穴依然作为储备粮食、饲养牲畜、提供水源的良好地下空间而得到利用。近代,战争时期依然将洞穴作为防御基地和躲避空间使用,成为良好的地下避难场所。现在,地下洞穴已然成为洞穴旅游发展的主体,如地下洞穴主题酒店、洞穴探险、洞穴旅游、洞穴研究等都得到前所未有的发展。

以此类推,地外天体的洞穴能否为我们提供一个相对温和的环境来抵御其表面恶劣的环境呢? 近年来,研究表明地外天体熔岩管洞穴是确实存在的一种地质结构。熔岩管洞主要是行星表面由于火山运动形成的一种中空管道式洞穴,由于具有一定的上覆深度同时具有坚硬的玄武岩顶板,管道内部的环境因素如温度变化、辐射剂量、受陨石撞击的概率都相对较小,在工程难度、能源消耗、建造成本上也有着巨大的优势,是一种理论上较为理想的人类地外星球栖息地。

4.1.2　地外天体熔岩管道的形成和结构

Greeley(1972)等人研究了夏威夷火山地区的熔岩管道并总结了两种成因过程:第一种形成过程是在早期已存在的构造渠道的基础上,火山喷出的熔岩流沿着较陡峭的地区的渠道边缘形成弧状防洪堤,最终覆盖这些渠道形成弧状层顶。第二种形成过程是喷出的高温岩浆在地表流动过程中,黏度低的玄武质岩浆边流动边冷却,在熔岩流表面固结成一定厚度的外壳,形成绝热保护层,此时在内部岩浆的降温速率极低,可以保持高温状态持续流动达数百甚至上千千米,直到最后岩浆源头停止供给岩浆,从而形成中空的管道即熔岩管道。熔岩管道在形成之初是一个近圆形的管道,随着熔岩的不断补充与固结,底部不断被填充,逐渐形成顶部圆形—半圆形、底部平坦的管状构造。

基于月球环境的特殊性以及月球表面月溪处坡度较小的现实状况,月球上熔岩管的成因方式多倾向于上述第二种模式。相比之下,火星上的洞穴种类可能更加丰富,可能存在一些(冷水冰的融化、液态二氧化碳的侵蚀,以及地面冰的沸腾)地球上不存在的洞穴形成机制。人们推测火星上存在冰川洞穴、冰火山洞穴、溶解洞穴和熔岩管等洞穴系统,但目前为止已有熔岩管道在火星上被观测到。

4.1.3　月球熔岩管道研究现状

提到月球熔岩管道,就不得不了解月球上的另一种(也许是同一种)地貌形态——月溪。月溪是月球表面上广泛存在的一种的线状负地形构造。基于前人对月溪的相关研究发现,可依据其形态将其分为三大类:蜿蜒型月溪、弓型月溪和直线型月溪。蜿蜒型月溪的形态与地球弯曲的河道相似,这类月溪通常发育在火山活动区域,它们通常被认为是熔岩流流过的痕迹或是地下熔岩通道坍塌后的遗迹。而弓型月溪大多呈光滑的弧形,通常发育在月海的边缘,它们可能是充填月海的熔岩的边缘冷却收缩形成。直线型月溪一般较为平直,它们大多被认为是构造运动形成的沉陷区域。

蜿蜒型月溪、直线型月溪和弓型月溪具有明显差别,其成因也引起了许多月球学者的重视。目前关于蜿蜒型月溪成因的分析,主要有水侵蚀成因、炽热的火山灰烬侵蚀成因、火山-构造成因、火山熔岩管道坍塌成因以及火山熔岩流动侵蚀成因等。

在早期的研究中,Oberbeck(1969)等人首次将月球上的蜿蜒型月溪与熔岩管联系起来,并与地球上的熔岩管进行对比研究。Head(1980)等人详细描述了月溪与陆地熔岩管道之间在环境和形态上存在的广泛相似性与区别:一是月球月溪比陆地熔岩管道大一个数量级;二是月球月溪比陆地岩熔管道弯曲得多;三是一些弯曲的月溪似乎起源并延伸到月海。和地球相比月球熔岩的黏度较低,且缺乏大气对流,从而导致熔岩流冷却速度较慢,而熔岩流对熔岩管道的形成具有重要作用,所以形成的蜿蜒型月溪与陆地熔岩管道具有差异。

Greeley(1972)等人也基于阿波罗 15 号获取的月球影像以及获取的月溪所在地的月球样品,对月球哈德利月溪的起源进行了系统分析。经过与地球火山管道的类比以及对月球环境和月球玄武岩导热性的定量化分析,得出月球上哈德利月溪有较大的可能是熔岩管道。通过月球环绕探测器和阿波罗计划探测数据显示,熔岩管洞穴主要分布在蜿蜒型月溪附近或与其相连,以至于现科学界普遍认为月球表面的月溪与熔岩管洞有很大的关系,甚至有人认为月溪就是月球熔岩管洞。

目前识别地外天体地下熔岩管的方法主要是依据其塌陷后形成的天窗,这些洞穴式天窗区别于普通撞击坑的显著特征是,普通小型撞击坑底部具有完整的蜿蜒形态,而熔岩管天窗是小天体撞击击穿上覆岩石而露出地下中空的熔岩管,或其他地质活动导致顶部塌陷形成的洞穴,由于下部同熔岩管相连,这些洞穴的底部是深陷的或不规则形态的,其深度与直径之比远大于普通撞击坑。另外,熔岩管的塌陷口一般具有向内倾斜的斜坡,斜坡外缘不会有隆起,而撞击坑的外缘会有明显的隆起和溅射物的堆积。

自从美国的阿波罗计划以来,人们一直试图在月球人造卫星拍摄的月球图像中寻找月球熔岩管道存在的证据。Coombs 和 Hawke(1992)曾利用阿波罗拍摄的月面图像在 20 条月溪中挑选出 67 处可能存在熔岩管道的地点,但 20 世纪缺乏有力的证据证明月球熔岩管道的存在。

直至 2009 年,Haruyama 等人对日本 KAGUYA(SELENE)探月卫星传回的数据进行分析,最终在 Marius Hills 地区发现了一个直径为 65 m 的天窗,如图 4.1 所示。

图 4.1　Kaguya 探月卫星在 Marius Hills 地区观测到的天窗

2014 年,Wagner 和 Robinson 通过对美国月球勘测轨道器(LRO)的图像数据进行分析,共核实确认了 10 个熔岩管洞天窗,如图 4.2 所示,其中包含 3 个已知的和 7 个新发现的天坑。

截至 2019 年,在月球上已经发现了 300 多个潜在的洞穴入口。然而,人造卫星携带相机只能观测到熔岩管道坍塌形成的天坑或者是月溪,而对于较深层的熔岩管道的尺寸和结构无法进行观测。图 4.3 展示了一种利用天窗的光学图像估算管道深度的方法及其局限性。

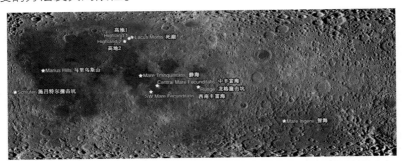

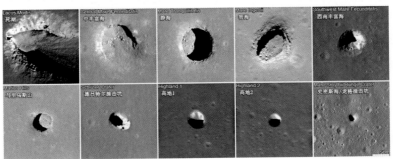

图 4.2　月球勘测轨道器(LRO)观测到的 10 个天窗图像和位置分布图

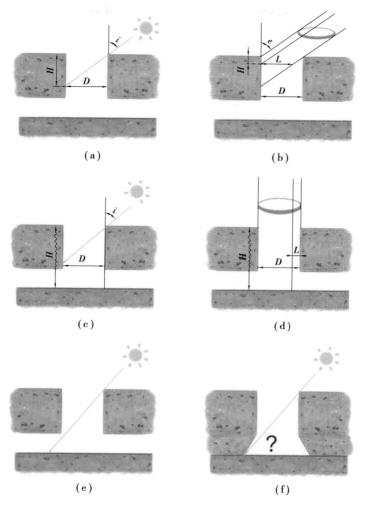

图 4.3　利用太阳光照条件和图像数据估算垂直孔的深度。当太阳光没有射到
天窗底部时（a—b）；可以利用两种方法（a 和 b）估算出熔岩管最小深度（a）$H_{光照} = D/\tan(i)$，
（b）$H_{观测} = (D-L)/\tan(e)$，其中，i 为太阳光入射角，D 为观测到的天窗直径，L 为阴影部分
的最大长度，e 为卫星发射角，且理论上两种方法测得的数值相同。当太阳光可以直射到天窗
底部时（c—d）：显而易见可以得到天坑底部深度 $H_{底} = L/\tan(i)$；（e）熔岩管道，（f）月面坑洞

除了传统的光学图像方法外，还可以利用雷达数据对熔岩管道进行探测。相比光学探测方法，雷达具有强穿透性、极化特性，以及不受光照限制等优势，是探测天体特性的有效手段之一。但仍有不足之处：因测量物体与雷达天线距离较远等原因导致测月雷达发回数据的信噪比较低无法直接进行解释，且无法测量出熔岩

管道的内部结构和尺寸。

印度的 Chandrayan-1（2008）号卫星利用搭载的微型合成孔径雷达对月球进行了勘探,其主要任务是探测月球极地地下是否存在水冰。此外,其搭载的具有三维视景能力的地形测绘相机在月球上的 Procellarum 大洋洲地区发现了一个埋藏的、未倒塌的、近水平的熔岩管,并生成了一个数字高程模型,用于从三维角度观察其特征。

美国国家航空航天局的 GRAIL 计划是由两个环绕月球基地轨道的航天器组成的,主要目的是研究月球的重力场。通过 Ka 波段多普勒雷达测量两个航天器之间极精确的距离变化速率,从而得到高分辨率和高精度的月球重力场。Chappa 和 Sood（2017）等人在分析了 GRAIL 探测器的数据后,通过梯度测量法和交叉相关法,将长、窄、弯曲的质量缺陷的目标信号与 GRAIL 数据中存在的许多其他特征分离开来,从而分析得出可能存在熔岩管道的一些地点,见表4.1。

Kaku（2017）等人通过对日本 SELENE 搭载的月球雷达探测仪（LRS,工作频率为 4～6 MHz）的数据进行了分析,推断出几处可能存在熔岩管道的地点,其中一处与 Haruyama 等人在 2009 年发现天窗的位置相吻合。此外,Kaku 等人也将 GRAIL 探测器分析出的地点与由 SELENE 的 LRS 数据分析出的候选地点进行对比,发现两者具有很高的重合性,这也从另一方面证明了两者的可行性和准确性。但想要确定上述区域是否真实存在熔岩管道,还需通过探地雷达、重力测量或地震研究等方法进一步收集其存在的证据。

表4.1　通过 GRAIL 探测卫星重力数据推算出可能存在管道的地点

区域	经度/(°)	纬度/(°)	长度/km
Schröter Extension	306	24	60
Rima Mairan	314	36	170
Rima Marius	306	17	50
Marius Hills Skylight	302	14	60
Rima Aristarchus	313	27	100
Mairan-Rumker N-S	309	41	90
Mairan-Rumker E-W	306	41	180

区域	经度/(°)	纬度/(°)	长度/km
Wollaston D	311	35	80
Hershel E	324.5	33.5	20
Rima Delisle	128	31	50
Cavalerius E	279.5	8.5	70

4.1.4 火星熔岩管道研究现状

人们研究火星洞穴的动机是多方面的,一是洞穴冰可能保存了过去气候条件的记录或微生物生命的证据,此外研究熔岩管道相关流动特征有助于了解火星上火山活动的历史和演变以及全球的热通量。洞穴还可以提供合适的庇护所,避免流星撞击、沙尘暴、极端温度变化以及紫外线、α 粒子等宇宙射线的危害。然而,因技术限制,如空间分辨率、区域覆盖和轨道仪器的观察角度等,阻碍了对火星熔岩管道的研究。横跨火星赤道的 Tharsis 地区有 3 个从西南到东北的大型火山,依次为 Arsia Mons,Pavonis Mons 和 Ascraeus Mons。Arsia Mons 火山中心坐标为9°S, 239°E,是存在潜在洞穴的区域。Arsia Mons 是一种几乎完全由液态熔岩流组成的盾状火山。该火山坡度相对较低,山顶有一个巨大的破火山口,火山口全长 110 km。基地宽435 km,峰顶海拔近20 km。除了 Olympus Mons,Arsia Mons 是火星上已知体积最大的火山,是地球上最大的夏威夷 Mauna Loa 火山的 30 倍。山顶的火山口是在岩浆库耗尽后,山体自行崩塌形成的。在其侧面还有许多其他的塌陷特征。

火星熔岩管道最初是通过海盗号轨道飞行器的图像识别的。之后,奥德赛火星探测器(MO)在哈德里亚卡山附近发现了以线性方向排列的圆形熔岩管道塌陷坑并在阿尔巴山口的北部发现了几个熔岩管。Cushing 等人(2007)和 Léveille 等人(2010)在 Arsia Mons 火山上发现了进入火星洞穴的 7 个可能的天窗入口,称为“七姐妹”(图4.4),分别命名为 Dena,Chloe,Wendy,Annie,Abby, Nikki 和 Jeanne。其中,“Jeanne”洞穴,美国 NASA 火星勘测轨道飞行器(NASA Mars Reconnaissance Orbiter)的 HiRISE 相机在其最高分辨率下揭示了这个洞穴的细微扇形边缘的详细形状,但再多的图像增强也无法显示出洞内的任何细节。这意味着洞穴非常深,且内壁是悬垂的(洞穴在地下比在地面上的入口大)。现有的轨道传感器分辨率还不足以揭示这个洞穴的内部细节。"七姐妹"候选天窗参数,见表4.2。

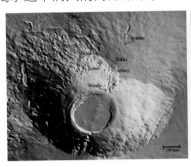
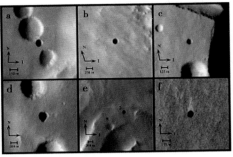

图4.4 "七姐妹"的影像图

(a—Dena;b—Chloe;c—Wendy;d—Annie;e—Abby(1),Nikki(2);f—Jeanne)

表4.2 "七姐妹"候选天窗参数

名称	经度/(°)E	纬度/(°)S	直径/m	最小深度/m	海拔/m
Annie	240.03	6.52	225	101	11 055
Dena	239.02	6.31	162	80	9 100
Jeanne	241.38	5.57	165	75	9 970
Wendy	240.32	7.84	125	68	15 500
Chloe	239.21	4.29	252	N/A	5 700
Abby	240.54	6.713	100	N/A	11 150
Nikki	240.55	6.708	180	N/A	11 150

火星全球勘测者(MGS)图像在奥林匹斯山上识别出多个熔岩管道和流动通道。欧洲航天局的火星快车轨道器(Mars Express)对 Arsia Mons 西南方向的裂缝(断层)进行了详细成像。2004 年绘制出了高分辨率的3D 地图,揭示了悬崖、滑坡和许多坍塌特征。Bleacher(2016)等人对火星快车(ME)的图像研究表明管流和隆起的山脊(未塌陷的熔岩管)覆盖了奥林匹斯山高达8%的侧翼。火星侦察轨道飞行器(MRO)也在塔尔塔罗斯火山拍摄到一个部分有顶的熔岩通道。

除了卫星图像以外,还可以通过火星表面的热异常来确定洞口通过对奥德赛热发射成像系统(THEMIS)的图像研究,"七姐妹"周围表面更小的温度日变化。目前火星全球洞穴候选目录(MGC3)一共列出了1 000多个潜在的熔岩管道天窗候选地点。

4.2　地外天体熔岩管道的开发利用

4.2.1　地外熔岩管道的可利用性分析

地外天体熔岩管道具有一定的上覆深度同时也具有坚硬的玄武岩顶板,其内部的环境因素如温度变化、辐射剂量、受陨石撞击的概率都相对较小,较为适宜人类生存,是一种理论上较为理想的人类地外天体栖息地。利用地外天体熔岩管道建设地外基地,主要具有以下5个优势:

1)稳定的温度

月球表面的温差可达300 ℃。阿波罗15号着陆点哈德利月溪处(26° N,3.6°E)的温度变化范围是-171 ~ 111 ℃,阿波罗17着陆点处(20° N,30° E)的温度变化范围是-181 ~ 101 ℃。这种极端温度和较大的变化幅度对人和建筑材料都会产生不利影响。月球熔岩管道中却可以维持较稳定的温度,以具有天窗结构的马利厄斯山洞穴阴影区为例,其内部温度变化范围预估是-20 ~ 30 ℃。

火星表面的平均温度约为-63 ℃,年平均热分布可以在纬度的基础上进行模拟。根据Wynne(2007)对地球上的地下洞穴的研究表明,岩壁温度可以粗略地用非常干燥的洞穴的年平均地表温度来近似。由于干扰因素少于地球,预计在火星上这个近似会更准确。此外,火星表面季节性和昼夜温度变动对火星玄武岩温度的影响受热趋肤深度的限制,估计约为几厘米。此外,由于火星的内部热源,垂直温度梯度可能较低,约为22 K/km。

2）天然的防护层

熔岩管道上层的岩顶板能够起到防护作用,从而降低辐射、太阳风、陨石等对地外基地的威胁。在地球上由于大气层的保护,地表辐射剂量为 $1 \sim 2$ mSv/a（$0.001 \sim 0.002$ Sv/a）。而在月球表面,由于缺乏大气层和磁场的保护,宇宙辐射产生的剂量相当于 0.3 Sv/a,会对动植物乃至航天设备产生不利影响。

月球熔岩管道内部极少月尘,月尘是月面细小碎屑在太阳风作用下形成的带电微尘,主要是月球表面碎屑中小于 20 μm 的部分,占总重的20%,由于月尘带电荷,因此它们可以吸附在任何设备上,加之有一定的磨蚀性,因此月尘对人和机器的危害都是非常大的,其中 2.5 μm 以下的月尘危害最大。熔岩管内部为永久阴影区,太阳风一般无法到达,因此几乎不会产生月尘,并且微陨石撞击形成的溅射物也很少落入熔岩管道内部。

陨石或微陨石撞击对人类和探测器在地外星球表面活动威胁很大。宇航服和 1 cm 厚的铝板暴露在月球表面一年,被粒子击穿的概率分别为 8% 和 30%。而熔岩管顶部的月壤与月岩提供了很好的保护作用,能够使熔岩管内部免遭微陨石撞击。

3）相对稳定的结构

通常情况下,熔岩管道具有坚固的顶板,根据研究资料,其形成过程可能是:辐射冷却可能导致表面结晶和熔岩结皮。随后由于下面的熔体继续流动,这种相对较薄的外壳破裂,结实的但相对较热的大块将在熔岩河上漂流,并可能聚结成越来越大的聚集体,直至形成坚固的屋顶。当辐射冷却发生在熔岩流的两侧,导致固结和聚集,最终导致明显的堤岸堆积,进而增加了熔岩管道的熔体流动。这些堤坝上的其他聚集物,在熔岩飞溅物的飞溅辅助下,可形成坚固的屋顶。

在地外天体表面建立月球基地,如月球上平滑的月海、大型撞击坑等方案,由于缺乏大气层的保护,会长期受到巨大温差、宇宙辐射、微陨星雨等威胁,需建造较厚的防护层和温度能源保护措施;同时,人类目前对地外天体的地质结构了解较少,基于大型撞击坑建设所需的技术难题仍需攻关。

4）巨大的可利用空间

在星球表面构建地外基地往往需要采用柔性、半柔性、刚性的保护壳。这些方案往往受制于成本、能源、技术等无法建造大型基地。由于重力和喷发速率不同，月球和火星熔岩管的形态特征和地球上有所不同，它们的体积可以达到地球的1～3倍。月球的火山喷发往往没有地球那么强烈，熔岩流或许仅仅是平静的涌出月表，甚或可延伸数百米至数十万千米。根据熔岩管塌陷形成的洞穴形貌、大小、重力异常等遥感数据分析表明，月面熔岩管的深度达几十米，宽度在几十到几百米，而延伸长度可达几百米至几十万千米。

5）便于利用的原位资源和科研意义

大部分熔岩管都是在火山口附近发现的，可能有大量的化学物质，如硫、铁和氧，以及可用作建筑材料的火山碎屑。与空间环境的隔绝也可能使它们成为水和其他冰沉积物的储存场所，成为研究月球地壳和尘埃环境地层学的有用场所，以及寻找地表附近地幔岩的相对原始样品的合适场所。

4.2.2 地外熔岩管道开发技术路线

地外基地建设具有建设周期长、资源耗费大、技术集成度高等特点，需要对建设方案进行详细规划（图4.5）。根据地外基地的发展过程，可以将其建设划分为地外农场、地外生态系统、大型地外基地3个阶段。地外基地不同阶段规模控制与主要功能，见表4.3。

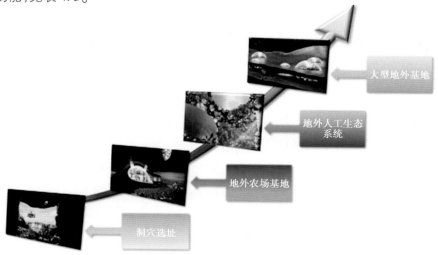

图4.5　地外天体熔岩管道开发技术路线

表 4.3　地外基地不同阶段规模控制与主要功能

分期	阶段	面积/m²	人口/个	主要功能
前期	地外农场阶段	50 ~ 100	2 ~ 5	农业生产
中期	地外生态系统	100 ~ 1 000	10 ~ 20	构建可以稳定运行的人工生态系统
后期	大型地外基地	1 000 ~ 50 000	20 ~ 500	功能完整的地外基地

1)地外农场阶段

该阶段的主要目标是为将来研究人员和宇航员在地外天体上的研究与居住提供物质保障。初期阶段入驻地外基地的人员主要是维持基地的运营,甚至可以完全采用自动化种植、收割,不需要组员入住。

2)地外生态系统阶段

该阶段的主要目标是构建一个能够稳定运行的生态系统,使未来地外基地能够稳定地长期运行且具有一定的自我调控能力。此阶段第一批成员开始入住,并不断地从只满足成员生存向满足科研、探测等要求发展。

3)大型地外基地阶段

地外生态系统经过不断的扩充发展形成具有完备功能的大型地外基地。具有多个功能分区(图 4.6),居住区域为地外基地主要生活空间;研究区域满足科学家研究、实验、生产需求;种植区域为绿色植物种植区,为整个月球基地提供氧气,通过太阳能或者其他能源为基地提供能源供给,支持基地运转。

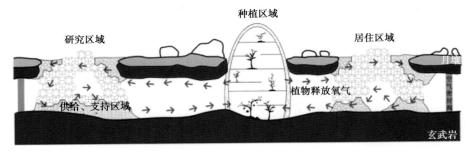

图 4.6　利用月球熔岩管道构建地外基地构想图

4.3 地外天体熔岩管道地面模拟验证实验

4.3.1 地球洞穴系统概述

地球的浅部地壳中有多种类型的洞穴。按其形成的围岩性质分为岩溶洞穴、石膏洞、砾岩洞、熔岩洞、砂岩洞、花岗岩洞和冰川洞等,其中,岩溶洞穴占绝大多数。按洞穴的成因形态,可分为横向洞穴、竖向洞穴、复合洞穴等。按洞穴规模可分为单一洞穴和洞穴系统。按成因,可大致分为三大类:一是地下水对早期形成的沉积岩(石灰岩)的溶蚀作用形成的各种溶洞和地下暗河等(图 4.7)。这类洞穴主要见于地球上喀斯特地貌区;二是构造活动引起的张裂或岩墙塌陷洞穴;三是火山喷发熔岩流动过程中形成的熔岩洞穴,即熔岩管(Lava Tube)。后两类洞穴在地球上相对较少,但在其他星球上可能是最主要的。

(a)熔岩管道   (b)溶洞

图 4.7 地球洞穴

岩溶洞穴是指可溶性岩石在一定条件下受流水溶蚀、侵蚀、崩塌而形成的地下空间。岩溶洞穴的形成主要分为以下 3 个阶段:

①初始阶段,即岩溶水沿着基岩原有的裂缝进行渗流,此时流速缓慢以化学溶蚀为主。

②管道化阶段,通过化学溶蚀作用,通道不断地进行扩展并在水流的作用下形成溶隙管道。当溶蚀的管道直径到达 10 cm 以上时,其内的水流会由层流转换成

潨流。在丰水期潨流水体携带泥沙对管道进行冲蚀,成为熔岩管道扩展的主要作用力,在枯水期化学溶蚀成为主要作用。

③高度管道化-通道阶段,溶隙管道进一步发育,当管道直径扩大到数米乃至数十米时,水流量加大。此阶段主管道和通道主要靠侵蚀、崩塌及坍塌等物理作用扩大,甚至形成高达数十米乃至上百米的峡谷状通道,有时也扩展到地表形成天窗等地质现象。

岩溶反应的实质是 $CaCO_3$ 电离产生的 CO_3^{2-} 离子和 CO_2、H_2O 相互作用产生的 H^+ 结合产生 HCO_3^-,破坏了 $CaCO_3$ 的电离平衡,使得 $CaCO_3$ 持续电离,也就是持续的被溶解。根据其原理,除了 CO_2、H_2O 相互作用产生 H^+ 导致碳酸盐溶解外,任何其他物质只要能在水中产生 H^+ 就可以导致酸盐的溶解。例如,硫化物、黄铁矿(FeS_2)、硫化氢(H_2S)等。此外,当水体中含有一定量的 $NaCl$ 时,会提高 $CaCO_3$ 的溶解度,造成熔岩现象特别发育。美国佛罗里达半岛就存在着地下水和海水混合作用而产生溶蚀现象的实例。

岩溶的发育是岩石、构造、生物、水文状况综合作用的结果,各种条件之间相互制约,共同影响。其中,地质条件主要包括岩石性质、地质构造等,它们影响岩石的可溶性和透水性;气候条件主要包括降水、温度、气压等;水文条件体现在水的溶解性和流动性;生物条件主要包括植被和微生物,因动植物的生长、繁殖与活动,促进石灰岩的溶解。

全球岩溶分布面积占地球总面积的 10% ,占陆地总面积的 32.2% 。中国是岩溶地貌分布面积最大的国家之一,从南至北纵贯热带、亚热带、暖温带、中温带和寒温带,从东至西横跨湿润区、半湿润区、半干旱区和干旱区,各种岩溶地貌类型齐全、包罗万象。

受气候和地质条件的影响,我国南北方岩溶在埋藏类型、岩溶发育形态、含水介质、含水系统、水文地质结构、补径排和水化学特征等方面均存在着明显的地域差异。

我国岩溶洞穴的围岩都是比较古老的碳酸盐岩。在北方,洞穴最发育的围岩是下古生代早中期灰岩、白云岩和白云质灰岩。而中奥陶统灰岩是大型洞穴发育最有利的层位。在南方洞穴发育最重要的层位是早古生代清虚洞组至红花园组,晚古生代中泥盆统至早二叠统和中生代早、中三叠统。从岩性来看,洞穴发育与岩石的 CaO:MgO 比值没有太严格的选择性。一般来说,灰岩、白云质灰岩中的洞穴比白云岩、泥质白云岩或硅质白云岩中的数量要多,规模也较大。

秦岭-淮河一线是半干旱暖温带与湿润亚热带分界的重要地理界限,岩溶洞穴在此界限以南最为发育,即在湿润的亚热带和热带范围内,尤其是最为集中地发育在西南的云南、贵州、四川、广西和湘西、鄂西和粤西北地区(表4.4)。在这片岩溶分布区内,有数以万计的洞穴,"准平原"岩溶地区,洞穴发育的密度非常高。

东南沿海地区碳酸盐岩呈岛状或条带状零星分布,洞穴也较常见,但其规模和发育密度远逊于西南地区(表4.5)。华北、东北、华中各省份也都有岩溶洞穴。它们大部分是地下水位型或浅饱水带型洞穴,而且大部分是中小型,洞内化学沉积物很少或几乎没有。在北方,长度超过千米,洞内有繁多的钟乳石的岩溶洞穴仍较少见,它们往往出现在岩溶汇水条件较好的部位。经初步统计,中国目前实测长度超过 5 km 的岩溶洞穴有 79 个,深度大于 250 m 的岩溶洞穴有 62 个,洞底投影面积超过 20 000 m^2 的岩溶洞穴大厅有 24 个。

表 4.4　中国大型溶洞分布

洞穴类型	行政区													合计
	云南	贵州	广西	重庆	四川	湖北	湖南	福建	江西	安徽	浙江	北京	辽宁	
长洞 >5 km		23	12	12	4	8	14	2	1	1		1	1	79
深洞 >250 m	3	16	8	23	3	8	1							62
大厅 >20 000 m^2		4	15	2	2						1			24
地下河 >50 km	2	6	15											23

表 4.5　中国溶洞分布特征

地区	溶洞规模
西南地区	洞穴数量多、规模大,多层性连续发育特征明显,形态复杂,沉积物丰富,尤以粗大的钟乳石为特征
东南地区	洞穴发育的外部条件与西南地区相似,但由于碳酸盐岩分布零星,故洞穴发育程度不如西南地区

续表

地区	溶洞规模
北方地区	洞穴数量少,规模以中小型为主,大型少见,还没有特大型的。洞内沉积物少或没有
西部地区	目前还没有发现相当规模的洞穴

4.3.2 地球溶洞改造可行性分析

和地外熔岩管道相似,地球溶洞也会发生坍塌现象。中国是世界上岩溶塌陷发育最广泛、受害最严重的国家之一。据不完全统计,除上海、宁夏和新疆等地区外,全国22个省(市、自治区)约有岩溶塌陷897处、塌陷32 000个、塌陷总面积约330 km^2。

岩溶塌陷是岩溶地区因岩溶作用发生的一种地面变形和破坏的灾害,是我国主要的地质灾害之一。岩溶塌陷一般发育在岩溶山区与平原的过渡地带、丘陵地区山间洼地或地表地下水活跃的沟谷地区。这些地带是岩溶地区的相对负地形,一般存在着开口岩溶形态,而上部松散盖层一般较薄,因此容易形成岩溶塌陷。根据塌陷岩性,岩溶塌陷可分为基岩塌陷和上覆土层塌陷两种。前者由于下部岩体中的洞穴扩大而导致顶板岩体的塌落;后者则由于上覆土层中的土洞顶板因自然或人为因素失去平衡而产生下陷或塌落。根据坍塌时间可分为现代岩溶塌陷和古岩溶塌陷两大类,见表4.6。现代岩溶塌陷又可分为自然塌陷和人为塌陷两个亚类。

表4.6 溶洞塌陷统计

序号	省区	现代岩溶塌陷					古岩溶塌陷	总计
		自然塌陷	人为塌陷					
			矿坑排水	抽水	蓄水	不明成因		
1	广西	112	11	104	46	27		300
2	贵州	41	1	23	21	15		101
3	江西	34	15	25	5	9		88
4	云南	7	3	20	16	35		81

续表

序号	省区	现代岩溶塌陷					古岩溶塌陷	总计
		自然塌陷	人为塌陷					
			矿坑排水	抽水	蓄水	不明成因		
5	湖南	6	19	26	19	4		74
6	湖北	16	21	17	4	5		63
7	四川	32	8	3	14	1		58
8	河北		7	4	1		8	20
9	山西		5				19	24
10	广东	3	6	10	1	3		23
11	山东	1	5	9			1	16
12	辽宁	3	3	4	1	1	1	13
13	江苏		2	3			7	12
14	安徽		7	2	2		1	10
15	陕西					0	1	3
16	河南		3					3
17	福建			2				2
18	青海	2						2
19	海南			1				1
20	吉林			1				1
21	黑龙江			1				1
22	内蒙古	1						1
合计		258	116	255	130	100	38	897
占比/%		28.76	12.93	28.42	14.49	11.14	4.23	100

岩溶塌陷的发生、发展、特征与分类明显受地质和地理环境条件的制约,在区域分布、地形地貌、构造格架、地质发展历史和气候分区上均有自己的特点。

例如,我国岩溶塌陷以秦岭淮河为界,北方和南方基本地质条件、地下水动力条件及气候因素等方面存在一系列差异。中国南北方岩溶基本地质条件的差异,主要表现在区域大地构造单元划分、地层、岩石、构造等方面的差异。中国北方区域构造上多表现为较单一的断块隆起山地和沉降盆地,地表岩溶形态以常态山、常态丘陵、干谷、干沟、岩溶洼地、溶丘、溶岗及岩溶大泉为主;中国南方区域构造上多形成较紧密的褶皱,地表岩溶形态复杂多样,具有完好的峰林地貌。

这些差异决定了中国北方和南方岩溶塌陷在类型、发育特征、规模与强度及形成机制等方面的不同。

中国北方和南方岩溶塌陷的差异,首先是大类型上的差异。中国北方以古岩溶塌陷较发育为特征,现代岩溶塌陷则相对发育较弱;与此相反,中国南方则以现代岩溶塌陷较发育为特征,而古岩溶塌陷则发育较弱。

从岩溶塌陷的规模,可分为巨型、大型、中型和小型四大类。不论北方和南方都是以中小型为主,尤其小于 1 km² 的小型塌陷占绝大多数。南北在数量上相差很大,但在巨型和大型的数量上,二者则很接近。南方目前尚无巨型塌陷,大型塌陷也相对较少,这与南方岩溶水文地质单元受区域褶皱构造控制、规模较小、面积也小有直接的关系,而北方则与受区域断块构造控制、规模大、面积也大有直接的关系。

中国北方和南方的岩溶塌陷在形成机制上差别不太大,主要表现在它们都是由重力致塌、潜蚀致塌、真空吸蚀致塌、振动致塌和荷载致塌这 5 种机制和模式组成的。但是南方岩溶塌陷除了上述 5 种外,还有冲爆致塌和酸液致塌两种模式,而北方岩溶塌陷除上述 5 种外,还有地震效应致塌模式。

为了验证溶洞改造后的安全性,共选取两个候选溶洞对其结构的稳定性进行分析:

(1)重庆武隆芙蓉洞

芙蓉洞位于渝黔边界芙蓉江入汇乌江的汇合处以南 4 km 的芙蓉江右岸岸坡上,处于上部为山原、下部为芙蓉江峡谷的立体地貌环境中。坐标为 N29°13′,E103°16′~103°29′,洞口高程 485 m。洞体宏大,长 2 393 m,宽、高多在 30~50 m以上,洞底总面积 37 000 m²,平面上大致呈 S 形,由前段、中段的下层洞和后段高层洞与末端的竖井组成。芙蓉洞具有极其丰富的次生化学沉积物,其矿物组成主要是方解石和石膏。

芙蓉洞发育在古老的寒武系平井组白云质灰岩和白云岩中。对比我国南方岩溶区众多的发育在晚古生代至中生代碳酸盐岩中的岩溶洞穴,它是比较少见的。芙蓉洞洞体所在地层为中厚层状,走向 NE,倾向南东,倾角小于 25°。主要节理有 N 及 NW 两组,并对洞体的延伸、形态、崩塌规模具有重要的控制作用。

中国地质科学院岩溶地质研究所于2003年4月上旬对芙蓉洞稳定性进行了评价。经现场踏勘调查与访问,以及综合已有研究成果,查明芙蓉洞在历史上曾有过几次崩落现象,以地质历史时期母岩崩塌规模最为巨大,分别在35万年以前、20万年、9万年、2.55万年发生了规模较大的基岩及钟乳石崩落现象。自1994年5月1日洞穴开放游览后,1995年6月近出口隧道的"崩塌大厅"地段发生小规模钟乳石坠落,主要与隧道施工爆破有关;其后的2000年2月"生命之源"附近零星钟乳石坠落的主要原因是自然崩落,叠加有开放后洞内气候状况发生改变等因素。2003年2月26日,发生的零星基岩与钟乳石崩落则是江口电站水库蓄水诱发地震的产物(表4.7)。

调查研究的主要结论:芙蓉洞经过三十多万年漫长时期的应力调整后,洞体岩石已基本处于平衡状态,在自然状态下再发生大规模基岩崩塌的可能性很小。

黄保键等人分别对1995,2000,2003,2008年芙蓉洞的坍塌现象进行了分析,最终认为坍塌的原因有:地壳抬升背景下洞内水流下切使原先浮力消失引起洞顶围岩地应力失衡、洞顶钟乳石不断联合使重量超过联合体洞顶围岩接触面的临界结合力和洞底石笋、石柱受崩落的钟乳石砸中或强地震引发。

表4.7　芙蓉洞近期崩塌事件

崩塌时间	类型	地点	特征描述
1995年6月	A	火树银花西侧	崩塌岩块分布面积约38 m²,塌块最大者为2 m×13 m×12 m,大多块径为0.7~1 m,其外围见地质历史时期崩塌的巨形石柱(石笋)断块,崩块总容积约50 m³,均堆积在早期崩塌积物上。崩塌物砸碎了游道,被迫放弃"崩塌大厅"西端"银雨树"至"火树银花"的游道,将"火树银花"北侧的游道下移至南侧
2000年2月	A,B	生命之源观景台	仅见一块大小为40 m×30 m×15 m的围岩塌落,砸在观景台不锈钢栏杆上,栏杆出现一凹痕。同时坠落有一小钟乳石块体,堆积在早期崩塌积物上。这一崩塌迫使改变游道(上移)

续表

崩塌时间	类型	地点	特征描述
2003 年 1 月	A,B	生命之源附近	江口水电站水库蓄水发生里氏 3.5 级地震,在"生命之源"北东侧约 10 m 处发现有新塌落的围岩块,有 3 块较大,大小分别为 40 m×30 m×10. 30 m×25 m× 10. 30 m×20 m×10 m 及一些碎块,散落在表面有风化白云岩粉的早期崩塌岩块堆上。其上生长的小石笋顶部(^{14}C 年龄为 1200 年许)被砸碎。同时,在"莲花池""艺术走廊""芙蓉大佛""巨幕飞瀑""生命之源""石田珍珠"等处,有小的尖部或风化外壳坠落,体量甚小,均堆积在早期崩塌积物上。这次崩塌导致封闭"崩塌大厅"的游览
2008 年 5 月	C,A	银雨树、琼花池、九五之尊	银雨树景观(三棵高大的棕榈状石笋)倒塌断成数节,砸烂游道和栏杆;"琼花池""九五之尊"一带洞顶的围岩和钟乳石崩塌,砸毁"琼花池""汀步墩"和"九五之尊"附近的电能控制柜,崩塌物均堆积在早期崩塌积物上或洞底平坦地面上。崩塌导致封闭"崩塌大厅"的游览及琼花池附近游道的迁移

注:崩塌类型中,A 为洞顶围岩崩塌,B 为小钟乳石坠落,C 为大石笋倒塌。

(2)北京房山石花洞

石花洞是目前国内发现的岩溶洞穴中集规模大、洞层多、沉积类型全、次生化学沉积物数量大为一体的洞穴。它位于房山花岗闪长岩体的北侧,发育在北岭向斜东北扬起端北翼的奥陶系马家沟组顶部,地层南倾,倾角 30°左右。洞穴系统整体呈北西西-南东东向展布,长度为 5 639 m,有上下七层,洞底投影面积为 37 096 m²,洞底高差为 172 m,洞穴系统的发育演化主要受地层产状与北东向和北西向两组断层控制。

石花洞一层总长 348 m,有 3 个高大的洞厅和 3 个奇异的洞室互连成廊道式洞体。洞底总面积约 4 660 m²,洞体空间约 67 930 m³。入洞口海拔高程 251 m,洞道最低处海拔 247 m,洞顶最高处海拔 272 m,洞底平均高程 250 m,距本区潜水面 160 m。经调查石花洞的一室佛堂,第二大厅的仙女摘桃和上层大厅老牛槽有两处较大的岩石裂隙和一处岩溶天窗通向地表,老牛槽和第二大厅的漏斗,通往二层中心大厅,距厅底 48 m。

二层洞道总长 1 014 m,洞底面积约 9 000 m²,洞体空间约 107 794 m³。洞道以中心大厅为枢纽,分为东西支洞和光明路支洞。二层主洞道的悬空寺和大戏台与光明支洞之间有通气孔,长廊大厅南端与三层东支洞有通气孔,深谷花丛的上部与小花洞相通,下部通往南北大走廊和石花洞三层要道。

三层洞口高程 173 m,洞道东西两厅的洞底高程为 160 m,洞厅高 6~8 m。洞体分为东洞、西厅两大支洞,西厅是通往石花洞四层的通道。

四层长 60 m,洞道为降差 27 m 的大斜坡,洞道末端和二层洞的西支洞末端有通气孔,左侧洞顶有通往三层洞的洞顶通道。

五层为石花洞包气洞层的最大洞层,除已探测到 1 000 余 m 的主洞道外,现已探到 4 个 200~300 m 的支洞。

六、七层为地下暗河的流水及充水洞道,流水洞道已探测 600 余 m。

洞穴崩塌沉积分为距今约 10 万年和距今约 20 万年两次,其中,距今约 20 万年是周口店猿人遗址洞穴被掩埋的年代。在洞穴开发中对洞道的洞顶、洞壁进行工程地质调查,对有安全隐患的西支洞南壁,进行了锚杆安全保护。对石花洞一层二洞室和第二大厅的活石进行了固定处理。对戏台大厅的南壁和中心大厅的北壁的三角岩体进行安全处理,照相部和大戏台的休息室岩层顶底做了进一步的勘探加固,以保证溶洞的安全性。溶洞塌陷详表,见表 4.8。

表 4.8　芙蓉洞和石花洞溶洞塌陷详表

名称	位置	尺寸	现代岩溶塌陷	古岩溶塌陷
芙蓉洞	重庆武隆	长 2 393 m,宽、高 30~50 m,洞底面积 37 000 m²	4/(2008 年)	4/(2.5 万年前)
石花洞	北京房山	长 5 639 m,共 7 层,投影面积为 37 096 m²		2/(10 万年前)

由上述实例分析可知,地球上存在着结构较为稳定的大型溶洞。虽然它在自然状态下不会发生大规模的坍塌现象,但是由于地壳运动、地震、地下水位变化、人类活动等因素的影响仍然会导致溶洞内小规模的坍塌现象。因此,要利用溶洞建

造人工生态系统就必须对其进行改造,从自然和人为两个方面着手考虑,尽量减少人类活动对溶洞结构的影响,同时也需对地质灾害可能导致的塌陷预备一定的应对策略。

4.3.3 开展地球模拟验证实验的意义及技术路线

1)开展地面模拟验证试验的意义

随着人类对地外星球的不断探索和技术的成熟,地外星球居住与生存研究必将成为深空探测的核心。地外居住面临的首要挑战是如何构建一个稳定、自给自足且长期安全运行的基地。目前,国际上普遍认为在地外星球上建立受控密闭生态系统是解决这一难题的根本出路。

许多发达国家从20世纪60年代初就开始对密闭生态系统进行研究,并基本达成共识:要想将太空基地在太空中付诸实践,首先要建立大规模的密闭生态系统实验设施,验证其可行性和可靠性。美国开展了生物圈Ⅱ号实验,其建于亚利桑那州图森市以北沙漠中的一座微型人工生态循环系统。在1991—1993年的实验中,研究人员发现生物圈Ⅱ号的氧气与二氧化碳的大气组成比例无法自行达到平衡,生物圈Ⅱ号内的水泥建筑物影响正常的碳循环;生物圈Ⅱ号因为物种多样性相对单一,缺少足够分解者作用,大多数动植物无法正常生长或生殖,其灭绝速度比预期快。

利用月球、火星等熔岩管道建造地外基地能够有效抵御地外星球上高温差、强宇宙辐射、小行星高频率撞击等不利因素的影响,因此,熔岩管道成为地外生态系统(月球基地)的优选载体。由于外星环境与地球差异巨大,需要对熔岩管道进行改造,构建一个高效低耗的可持续循环生态系统,为宇航员地外生存提供基础保障。通过试验构建维持少许低呼吸水平动物正常生活所需的气氛环境,按照熔岩管道的改造,借助地面溶洞和防空洞等环境模拟密闭生态环境在地面开展氧气与二氧化碳的平衡、动植物平衡、物种繁衍、月壤改良、环境(水、气、光、热)调控和资源能源获取及补充等,研究选取更小规模的火山石与火山灰建立密闭空间,在微小空间内启动相应的生态系统构建及运行试验,以期为未来在地外建设生态系统提供技术支持,同时也为我国在地下防空工程的生态建设提供建造、运行及管理方面的技术支持。

总的来说,开展地外生态系统系列研究在科技方面可以为人类在地外生存提供保障;在生产方面可以提高我国的制造和建造技术;在生活方面可以丰富人们的生活,如地下生态空间的建造,提供旅游、科普和极端情况下的生存等。围绕地外生态系统建设开展的相关研究可促进我国深空探测事业的发展和社会的进步。

2)技术路线

我们提出了其"四步走"的思路在不同尺度密闭系统内进行科学模拟实验和科学研究,其间对内部的各种生物和非生物要素进行监测、控制及分析。研究系统内生物和非生物要素的转化关系,优化密闭生态系统布局及环境控制方案,为之后太空试验乃至月球基地的建设提供基础数据。具体步骤和模拟尺度数量级如图4.8所示。

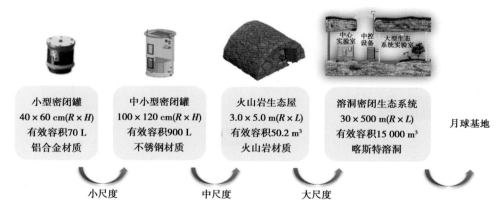

图 4.8 地外基地建设思路图

首先利用载荷级的中小型密闭罐进行关键机理研究并对技术进行验证。之后利用火山岩建造无人月球/火星生态屋。其主要任务是构建密闭生态系统的框架和月壤改良可种植研究,为地外自动化农场打下研究基础。之后扩大范围并引入人类居住,该尺度是模拟大型地外基地的一个功能区,主要任务是解决引入人类后如何对系统进行运营。利用溶岩洞穴进行模拟可以最大限度地还原熔岩管道内部的环境,并解决一些只有在实际建造过程中才会遇到的问题。

4.3.4　月球/火星试验舱方案

1)设计思路

根据功能不同可以将试验舱分为以下 5 个部分:

①大气管理单元:大气组分监测和湿度、温度、压力控制。

②水管理单元:控制水循环和监测。

③废物处理单元。

④食物供给单元。

⑤能源控制系统:收集能量和管理系统内的能量消耗。

月球/火星试验舱的功能原理,如图 4.9 所示。

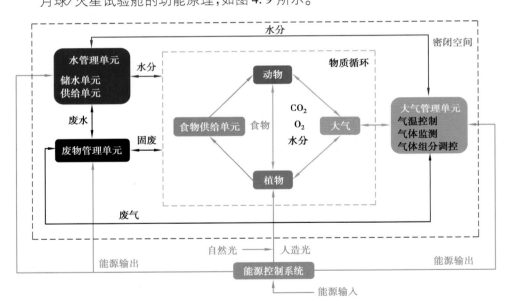

图 4.9　试验舱的功能原理图

2)技术参数

考虑任务目标和经济性的原则,初期建造两个半径为 3 m、壁厚为 0.5 m 的半球形结构,分别作为月球和火星环境试验舱,如图 4.10 所示,具体参数见表 4.9。

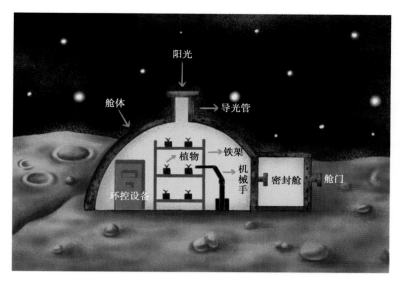

图 4.10 月球/火星熔岩管道试验舱效果图

表 4.9 月球/火星环境试验舱技术参数表

技术参数	月球熔岩管道试验舱	火星熔岩管道试验舱
外部尺寸	$r=3.0$ m,半球形结构	$r=3.0$ m,半球形结构
内部尺寸	$r=2.5$ m,半球形结构	$r=2.5$ m,半球形结构
壁厚	共 0.5 m,包括 0.3 m 混凝土层和 0.2 m 火山岩层	共 0.5 m,包括 0.3 m 混凝土层和 0.2 m 火山岩层
总容积/m³	56.52	56.52
有效容积/m³	32.71	32.71
占地面积/m²	28.26	28.26
运行温度/℃	−10 ~ 40	−10 ~ 40
内部气压/Pa	101 325	0
漏气率/(% · d⁻¹)	不大于 0.05	不大于 0.05
气闸舱/m	2×1.5×2.2	2×1.5×2.2
观察窗	$r=0.15$ m,圆形结构,共 3 个	$r=0.15$ m,圆形结构,共 3 个
导光孔	$r=0.30$ m,圆形结构,共 1 个	$r=0.30$ m,圆形结构,共 1 个
覆盖层	—	厚度为 0.005 m 的不锈钢外壳,和气闸舱、观察窗、导光口焊接连接

此外,为每个环境试验舱设一座 3 m×3 m×3 m 的环境控制室,用于放置设备和作为平台的监控和操作间。环境控制室和环境试验舱通过密闭管道进行连接,并密封确保不会发生泄漏情况。

3)建造方案

其结构可以根据特征将整个系统分为 3 个部分,即试验舱和气闸舱、观察窗和导光孔以及环境控制室,如图 4.11 所示。

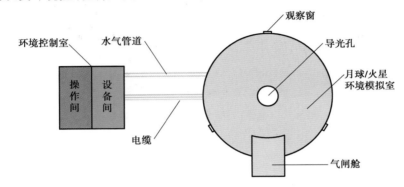

图 4.11　总平面布置图

整体结构由钢筋混凝土建造,尺寸半径为 3 m 的半球状结构,如图 4.12、图 4.13 所示。内层镶嵌一层粒径为 10 ~ 20 cm 的火山岩用来模拟熔岩管道内部环境,火山岩之间的缝隙利用细火山岩和黏结剂填充。入口气闸舱和主体结构都采用混凝土一体化建造,气闸舱两端均采用定制不锈钢闸门密封。

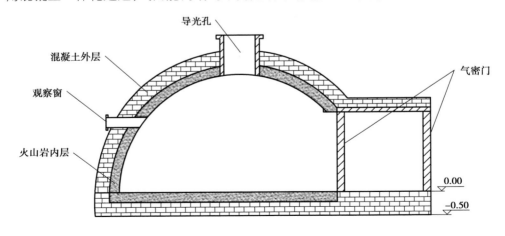

图 4.12　月球试验舱剖面图

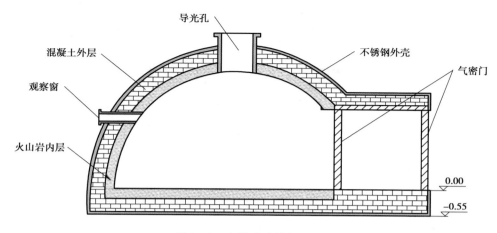

图 4.13　火星试验舱剖面图

右侧和后侧各设置一个半径为 15 cm 的观察窗,观察窗为不锈钢结构且使用双层玻璃保证隔热、隔气性能。在顶部预留两个半径为 20 cm 的导光系统接口,采用和观察窗相同的不锈钢结构;环境控制室尺寸为 3 m×3 m×3 m,预制房结构。其中,一部分用于放置环境监测终端和自动化控制系统;另一部分则用于放置环境控制系统和能源系统,通过管道与主体结构的水电气相连;水电气接口设置为两个独立的模块,尺寸均为 20 cm×20 cm。水管理单元和气管理单元通过保温管道和环境控制室相连。能源系统通过密封接口向系统内部供电。

4)设备方案

将试验舱内部环境分为两大部分:环境控制设备单元和实验单元,两单元之间相互连通。将能源系统放置在环境模拟试验设备间内。此外,在试验舱内安装滑轨以便机械手在其内部进行移动。设备的总体布置如图 4.14 所示。

考虑尺寸和功能等原因,将大气管理单元置于环境控制室的设备间,通过管道和系统连通。大气管理单元(图 4.15)的功能是大气组分监测和湿度、温度、压力控制。为了满足要求,需要将系统内的大气和管理单元内的气体处于连续的循环过程;通过调控大气管理单元内气体的温度、湿度、组分等控制系统内的大气参数。需要注意的是,在正常情况下,大气管理单元需要与外界完全隔离,只有在系统内面临大气失衡危机时才会通过外界对内部大气组分进行调控。

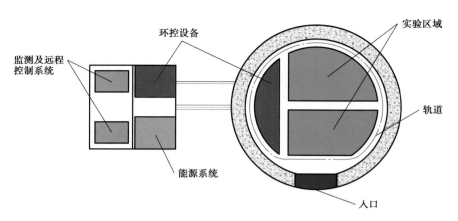

图 4.14　设备的总体布置图

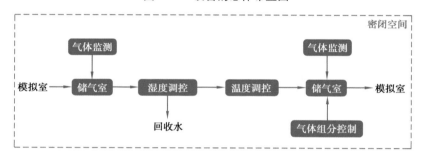

图 4.15　大气管理单元流程图

　　水处理单元放置在系统内,主要负责水分的储存和供给。可以通过管道对植物种植区域进行灌溉,供给动物生活用水。通过管道和大气管理单元、废物处理单元连接,负责回收大气水和处理后水分的回用。在储水箱内设有消毒设备,定期对储水箱进行消毒。

　　废物处理系统单元放置在系统内,主要负责废水和固体废物的处理。本任务不涉及人类组员,因此对水处理的要求不严苛,仅需进行多重过滤和消毒即可。废物处理过程主要涉及堆肥和固废的存储,相关设备具备结构简单、操作简单等特点,便于利用机械手进行远程操作。

　　在系统内放置3个温湿度传感器和3个压力传感器来监测大气环境。在导管口设置光度计对自然光强度进行监测。环境监测系统流程图如图4.16所示。

　　能源控制系统置于环境控制室的设备区域,共两组:一组正常使用;另一组用作冗余,主要负责向系统的各个环境控制系统提供电力,提供照明和植物生长所需的光能等。能自动记录系统的整体功耗,并自动调整各单元的供电,在不影响正常

图 4.16　环境监测系统流程图

运行的前提下使整体功耗最低。

　　由于本平台不安排人员入住,因此需要在内部设置机械手臂进行远程操作。机械手臂通过滑轨在内部进行移动,能够完成种植、废物收集、监测、灌溉等操作。

5)密封方案及检验方法

　　月球环境试验舱密封性主要依靠火山岩层和最外层的隔气涂层。由于不锈钢观察窗的漏气率要远小于墙体,因此对导光模块和观察窗主要考虑其壁面之间连接处的泄漏。水气电均采用密封穿墙管件,以保证不会发生泄漏现象。

　　月球环境试验舱密封性的检验采用气体标记法,即向系统内通入一定量的无毒无害且空气中含量较少的气体(如六氟化硫),使内部气压达到 1.1×10^5 Pa 左右。之后定期在系统外围测量空气中六氟化硫的含量,若发现其含量明显增加则发生了漏气。若发现漏气率大于 0.05%/天,则在最外层覆盖密封涂层再次进行检验,直至漏气率符合要求。

　　火星环境试验舱的密封性主要依靠最外层的不锈钢覆盖层,它与气闸舱、观察窗、导光口焊接连接,整体密封性良好。但由于其内部接近真空,需要抽真空设备维持其内部真空条件。火星环境试验舱密封性的检验采用抽真空法,将其内部抽真空并检测气压变化,通过气压变化验证其气密性是否符合要求。

4.3.5　地球喀斯特溶洞先期模拟验证实验

1)溶洞选址

　　进行地外洞穴基地模拟试验,首先要确定实验地址。合适的溶洞既能够最大

限度地还原地外熔岩管道内部的环境,还能降低施工难度。为了保证实验的顺利进行,场地需要满足以下条件:

①洞穴的整体结构应稳定,避免实验过程中出现坍塌;

②内部地势平缓以便于后续施工;

③出入口较小以减少密封难度;

④内部湿度应尽可能低。

碳酸盐岩溶地貌是重庆地区最具特色的地质遗迹和地质景观,其溶洞群、竖井群、峡谷、地缝、石林、石芽、峰丛、峰林等分布十分广泛,组合十分完好,种类十分齐全,在全国目前发现的喀斯特地貌奇观中较为罕见,为本项目的开展提供了天然的实验环境。依托其典型的喀斯特岩溶地貌,教育部深空探测联合研究中心先后前往重庆市武隆、酉阳、南川、万盛等区县,考察了近百个溶洞或溶洞系统(图4.17)。不同地区溶洞的地质及环境特点见表4.10。

图4.17 调研的重庆地区溶洞

表4.10　不同地区溶洞的地质及环境特点

位置	面积 /m²	地质结构	温度 /℃	湿度 /RH%	气压 /kPa	CO₂ /(mg·m⁻³)	O₂ /vol%
武隆	150 ~ 15 000	稳定	16.1 ~ 27.2	70 ~ 100	80 ~ 85	418 ~ 524	18.2 ~ 19.0
南川	1 300 ~ 240 000	稳定	12.6 ~ 14.4	51 ~ 89	79 ~ 82	423 ~ 554	18.9 ~ 19.1
万盛	280 ~ 2 900	稳定	15.6 ~ 21.2	69 ~ 100	77 ~ 85	406 ~ 548	18.3 ~ 19.2
酉阳	180 ~ 3 000	稳定	16.4 ~ 17.5	70 ~ 90	85 ~ 95	485 ~ 506	18.5 ~ 19.2

在溶洞内温度方面,洞穴中的温度范围为 10 ~ 30 ℃,即使是通风良好的洞穴,内部温度和外部温度的差距也能达到 5 ℃。据估算,月球马里乌斯山坍塌熔岩管底部的阴影区,内部温度范围为 −20 ~ 30 ℃,且温差较小。就空气质量而言,月球熔岩管的一个优点是几乎没有月尘。而溶洞大都通风良好,氧气和二氧化碳含量在正常范围内(氧气 18 ~ 20 vol%,二氧化碳 400 ~ 600 mg/m³),未检测到有毒有害气体。由于这两种类型的洞穴都埋在地下深处,它们的照明条件非常相似,需要注意的是,地球和月球之间的大气差异对实验的影响非常小,因为基于 BLSS 系统的洞穴基地内部也存在相近的大气组分。溶洞和熔岩管可以提供一个与外界相对隔离的环境。月球熔岩管道受风化层的保护,内部和外部环境相互隔离。由于缺乏导电介质,因此内部环境非常独立。至于溶洞,由于它们在形成过程中几乎与外部环境没有任何联系,因此很少受外部环境的影响。它们的内部湿度相对较高,气溶胶颗粒的密度非常低。由于空气的存在,地球上的洞穴与外部环境的连通性大于地外熔岩管道的连通性,这对研究封闭的人工生态系统非常不利,因此必须进行改造。

综上所述,地球上的溶洞可以提供一个相对封闭的生态系统(包含土壤、岩石和生物)。可以利用这种特殊的环境模拟人类未来在月球熔岩管中可能面临的情况,获得的经验可以为人类在月球洞穴中建立生态系统提供宝贵的经验。

2)建设方案

(1)总体布局

未来的大型洞穴基地将由若干个单元并联组成,各个单元能够独立运行。单个单元由生态区、种植区、废物处理区、设备区 4 个基本功能分区组成,办公实验区和训练基地作为附属设施(表4.11)。每单元的设计占地面积为 1 865 m^2,能够满足 6 名成人的长期生存,同时还能进行密闭生态系统内的生物实验,以及洞穴内的通信、自主建造研究和人员训练,如图4.18 所示。

表4.11 洞穴基地单元构成总体概览表

功能分区	占地面积/m^2	主要功能
生态区	1 000	景观功能,产生氧气,稳定整个系统,废水预处理
种植区	530	满足乘员对营养元素的需求,兼顾产氧功能
废物处理区	35	废水的深度处理及循环利用,固体废物的循环利用
设备区	100	系统内的能量供给,气温湿度控制,危害气体控制
实验区	200	进行生态实验和人员居住
合计	1 865	

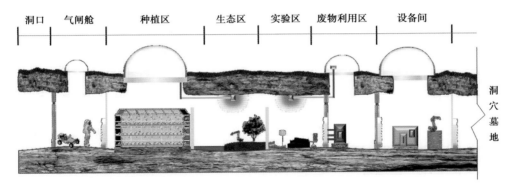

图4.18 洞穴基地结构示意图

(2)密封方案

建造地下空间工程需要关注内部的防漏气和渗水问题,这主要与地下空间的自然环境和水文地质条件有关,例如,地下水的季节性变化、雨季连续降水,另外,在工程施工过程中存在施工质量、管道连接和密封材料等问题,对地下空间的建造工程需要以预防漏气渗水为主,同时及时关注内部气压的动态变化,提高内部气压的稳定性,出现局部漏气或渗水问题及时排查并进行堵漏处理。

溶洞的大小不一,形状各异,内部结构复杂多样。在方案实施前需要进行大量工程作业以实现内部的防漏气和渗水,溶洞内部密封结构的设计和密封材料的选择尤为重要。针对这一系列的问题,提出了两端密闭、中间堵漏的密封方案。即在选定区域的出入端使用混凝土结构+密闭材料起支撑与密闭效果,同时对内部的气孔进行检测,使用堵漏材料进行封堵,使系统内部与外界环境相隔离。

进出端口的墙壁共有内外三层结构(图4.19),主体是壁厚40 cm的混凝土,主要起支撑作用;密封层由高分子密封材料构成,主要作用是隔水隔气,使溶洞内部环境与外界隔绝;缓冲内层则包含了多层隔热材料和缓冲材料,用于减少试验场地与外界的热量交换,同时保护内部的密封层不被破坏。在墙壁中间留有矩形开口用于人员进出。

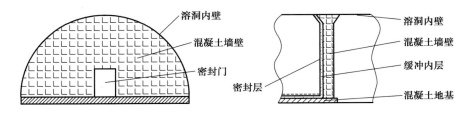

图4.19 溶洞进出口密封方案

实验过程中可能需要人员或物资进出,为了减少开闭门引起的气体交换,采用空间站气闸舱门的结构达到密封效果[图4.20(a)],在气闸舱的两端安装有气密门[图4.20(b)]。人员进入时向气闸舱内注入试验场地内的空气,同时排出等量的空气到外界;人员离开时则向气闸舱内注入外界空气,同时将等量的气体抽回实验场地。

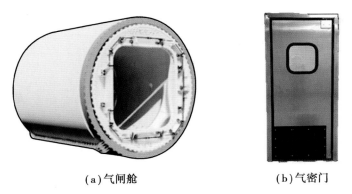

(a)气闸舱   (b)气密门

图4.20 气闸舱和气密门示意图

为了最大限度地还原溶洞的环境,其内部主要依靠溶洞本身壁面达到密封效果,同时使用密封材料对漏气点进行封堵。对小孔径的漏气可以直接使用密封材料进行封堵,对较大孔径的漏气则需先灌注水泥封住孔洞,再使用密封材料进行封堵,如图4.21所示。

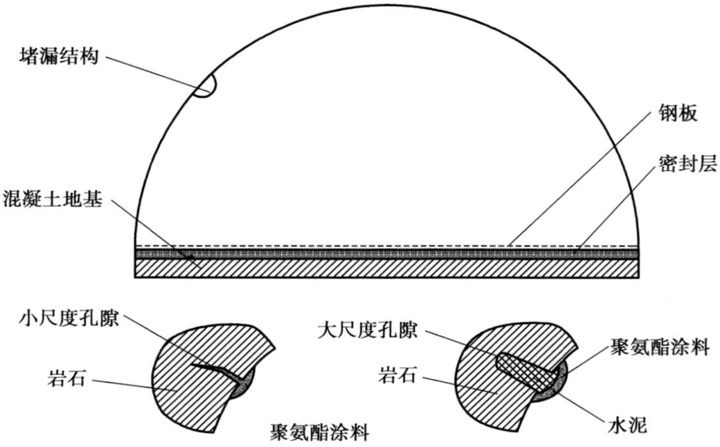

图4.21　溶洞内不同类型缝隙的堵漏方案

　　目前防水堵漏材料按照其成分不同,可分为无机类材料和有机类材料。对封堵细微裂缝渗漏水问题,有机类堵漏材料具有无机类材料无法比拟的优势,这与有机类材料操作简单且凝结时间易控制的特点有关(表4.12)。目前,常见的高分子有机堵漏材料有丙烯酰胺类、甲基丙稀酸甲酯类、脲醛树脂类、环氧树脂类、聚氨酯类、丙烯酸盐类、木质素类。其中,丙烯酰胺类、脲醛树脂类等材料具有毒性,目前已很少使用。当前环氧树脂类堵漏材料是一种环境友好型材料,该材料固结体的强度优良,可在室温、潮湿或过湿的环境中凝结固化,在堵漏的同时可与结构材料补强加固,后期收缩小,具有较高的黏结性能,抗腐蚀能力强,但也存在该材料黏度高等缺点,可通过将有机类材料和无机类材料复合,以实现性能互补,如环氧树脂类材料自身黏度大,流动性差,可与水泥基材料混合,提高复合材料的流动性,两者具有良好的相容性。表4.12中列出了不同聚合物的氧气穿透率。

表4.12　不同聚合物的氧气穿透率

薄膜	氧气穿透率 /$(cm^3/20\ u/m^2/24\ h,23\ ℃,干燥)$
Eval F	0.2
Eval E	1.8
高气密性聚偏氯乙烯薄膜	3.2
高气密性腈类树脂膜	15.5
取向尼龙-6薄膜	33.0

薄膜	氧气穿透率 /(cm³/20 u/m²/24 h,23 ℃,干燥)
尼龙-6 薄膜	100.0
取向聚酯薄膜	46.0
硬聚氯乙烯薄膜	260.0
取向聚丙烯膜	3 200.0
低密度聚乙烯	10 900.0
聚偏氯乙烯涂复聚丙烯膜	13.0

注:Eval F,Eval E 是商品名,由 Kuraray 有限公司生产,前者乙烯醇的乙烯含量为 32%,后者乙烯醇的乙烯

　　含量为 44%。"u"为原子质量单位。

（3）检漏方案及技术指标

整个系统的泄露率应不大于 0.05 v%/d。目前,主流的密闭空间检漏方法有气体流量计法和气体标记法。气体流量计法是在设施内设置多个流量计并向内鼓入空气,同时设置减压阀使内部呈现一个正压环境。在壁面周围设置一系列气体流量计,若发现流量计数值异常则证明漏气;反之,则结构密封性完好（图 4.22）。为了避免鼓风机和减压阀周围气体流动对结果的影响,其周围一定距离内不设置气体流量计。当测量一次后,更换鼓风机和减压阀的位置,再对第一次未检测的部位进行检测。气体标记法即向系统内通入一定量无毒无害且空气中含量较少的气体（如六氟化硫）。之后定期在缓冲内层和系统外围测量空气中六氟化硫的含量,若发现其含量明显增加则发生漏气现象。

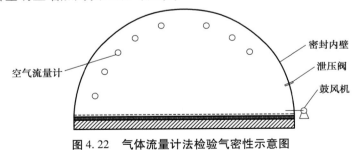

图 4.22　气体流量计法检验气密性示意图

（4）导光方案

研究表明,若完全使用太阳光,受控生态生命保障系统的能源消耗将会急剧增加。因此,目前关于地外基地建设的主流方案都是使用自然光和人造光相结合的

混合照明方案。通过光管将阳光引入生态实验室,并为作物生长提供阳光。自主能量控制系统能在白天使用太阳能充电,晚上使用储能供应系统,在光照不足时人工为植物提供光照以确保其生长。

(5)生态区

生态区是溶洞密闭生态系统的关键区域之一,特点是低能耗、无污染、可独立稳定运行,主要作用:作为溶洞密闭生态系统的大气缓冲器;废气、废液、固废的循环净化处理;生产必需的生物质材料;生产土壤基质;具有景观价值等。生态区总设计面积为 1 000 m²,可分为 4 个功能区,分别是林地区、草地区、湿地区、淡水区。根据土壤贫瘠程度、能量输入总量和生态功能需求,先确定生态结构类型,再细化生态区的层次(乔木层、灌木层、草本层和地面层)、功能(净化大气环境、涵养水源、保育土壤、积累营养物质、固碳释氧、防风沙、分泌抗生素、静音、温度调节、养护生物、提供材料等)、用途、生物种群结构、空间结构、时间结构、营养结构以及区块之间互作关系等。

传统的生态系统模式可分为灌木草本保育模式、林果草鱼复合模式、生态公园模式、先锋生境模式等。

灌木草本保育模式适用于研究初期对贫瘠土壤的改良,此时土壤肥力低、结构疏松、保水力差、易起风沙。在植被恢复良好的固定沙地上,地表大部分覆盖有生物土壤结皮,随着植被的恢复,地表有机物的分解和土壤肥力的增加,以多年生草本为主的草本植物逐渐发育并在固定沙地上占主导地位。植被类型以沙地灌丛和草地为主。优势灌木主要有油蒿、杨柴和柠条等;优势草本植物主要有赖草、白草和沙生针茅等,见表 4.13。环境条件为温带大陆性半干旱季风性气候,温度为 −9.5 ~ 24 ℃,年降水量为 250 ~ 440 mm。

表 4.13 灌木草本保育模式主要植被类型

序号	生境	名称	面积/m²
1	林地	油蒿、沙柳、杨柴、柠条和沙地柏等	400
2	草地	赖草、白草和沙生针茅等	500
3	湿地	芦苇、寸草苔、碱茅、马蔺、芨芨草和乌柳、沙柳、中国沙棘等	100

林果草鱼复合模式是由大小循环系统构成、层次分明的水陆相互作用的人工生态系统,是一类农林复合经营,最突出的特征是以多年生木本植物为基础,在景观上呈现多组分、多层次、多时序的物种共栖复合农林生产系统。该系统的基本成

分有植物、动物、微生物和无机环境等,各成分之间又是彼此相互联系的,存在着物质流、能量流、价值流的联系。阔叶林和塘边的草场主要起水土保持作用,草场的牧草可供鱼食用,阔叶林的落叶及塘泥均可作为果园的肥料。可见,这类复合生态系统依据生态位原理把经济价值高的物种引入坡地的不同空间,根据食物链的原理把种植业与养殖业有机地联系在一起,实现了系统内能量流动和物质循环。主要生物种类见表4.14。

表4.14 林果草鱼复合模式主要植被类型

序号	名称	面积/m²	产量 /(m³·hm⁻²·a⁻¹)	其他主要用途
1	马占相思	480	12.9	固定 CO_2 5.631 t /(hm²·a) 释放 O_2 4.348 t /(hm²·a)
2	柑橘、苹果、桑树	320	17.554	
3	象草、玉米、大豆、土豆、大蒜	110	16.8	
4	鲩、鳙、鲢、草等鱼种	90	2.166	

在空间和时间布局上,林木、农作物或动物的优化组合,农林复合系统具有固碳、水土保持、防灾减灾、生物多样性保护、改善土壤肥力、改善空气和水质等多种用途。马占相思(*Acacia mangium Willd.*)原产于澳大利亚、印度尼西亚等地,具有速生丰产、适应性强、固氮改土等特点,在我国华南地区被广泛应用于荒山绿化和速生丰产林营造。马占相思纯林株行距为 3 m×3 m,初始种植密度为 1 111 株/ha。象草是动物的优良饲草,其种植简便、适口性好、营养价值较一般植物高,一般可耐37.9 ℃的高温和忍受冬季 1~2 ℃、相对湿度20%~25%的寒冷干燥气候条件。

生态公园模式即利用自然或人工湿地,结合湿地恢复技术和湿地生态学原理,根据自然湿地生态系统的结构、特点、景观和生态过程,进行规划、设计、建设和管理的特殊湿地区域,具有物种及其栖息地保护、生态观光、科普教育等功能。

生态公园景观主要以当地本土植物种植为主,观赏性花木为辅,在梯级湿地生态区域形成了以芦苇/芦竹为优势种群的沼泽草本植物群落,并伴生有水葱、鸢尾、花叶芦竹和再力花等植物,在陆域范围内形成了主要以香樟/枫杨为主的优势乔木种群,并伴生有白车轴草、麦冬、狼尾草、鬼针草、一年蓬和金光菊等草本植物群落。场地内的人工湿地景观也为动物群落创造了优良的栖息环境。主要生物种类见表4.15。

表 4.15　生态公园模式主要植被类型

序号	生境	名称	面积/m²
1	林地	香樟、水杉、枫杨、无患子、丁香、蜡梅、榆树等	230
2	草地	白车轴草、麦冬、狼尾草、鬼针草、一年蓬和金光菊等	350
3	湿地	芦苇、芦竹、水葱、鸢尾、花叶芦竹和再力花等	20
4	池塘	鲩、鳙、鲢、草等鱼种	400

先锋生境模式以生态系统稳定性为必要条件,筛选基础生境物种,进行物种最简化搭配,实现一定生态功能;此外,在基础生境上要易于改造,实现生态功能的转变。物种特点:生命力强、耐干旱、耐低光照、适温范围广、繁殖简单(无性繁殖),见表 4.16。先锋生境功能:固碳释氧、景观价值、处理废物、提供原料等。

表 4.16　先锋生境模式主要植被类型候选

生境	名称	耐旱	耐贫瘠	耐阴	耐寒
林地	沙拐枣	Y	Y	—	—
	胡杨	N	Y	N	−40
	柠条	Y	Y	—	Y
	沙枣	Y	Y	N	—
	花椒	Y	Y	N	Y
	金枝槐	Y	Y	—	Y
	胶东卫矛	Y	Y	N	Y
	松柏	Y	Y	N	−60
	国槐	Y	Y	Y	Y
	白蜡	Y	Y	Y	Y
	滇朴	Y	Y	—	—
	肋果茶	Y	Y	—	Y
	香叶树	Y	Y	—	Y
	雪松	Y	Y	—	Y
	塔柏	Y	Y	Y	Y
	球花石楠	—	—	—	—
	云杉	Y	—	Y	Y
	冷杉	Y	—	Y	Y
	落叶松	Y	—	Y	Y
	松树	Y	—	Y	Y

续表

生境	名称	耐旱	耐贫瘠	耐阴	耐寒
草地	苔藓植物	—	Y	—	—
	金琥	Y	Y	Y	5
	虎皮兰	Y	—	Y	7
	棒叶不死鸟	—	Y	Y	—
	金钱树	Y	Y	Y	—
	八宝景天	Y	Y	N	−10
	金鸡菊	Y	Y	—	—
	筋骨草	—	—	Y	Y
	沙蓬	Y	Y	—	Y
	黑沙蒿	Y	Y	—	−30
	细枝岩黄	Y	Y	N	Y
	沙鞭	Y	Y	—	—
	卷柏	Y	Y	N	Y
	巨菌草	Y	—	—	—
	金银花	Y	Y	Y	−30
	构树	Y	Y	N	—
	香根草	Y	Y	—	Y
	锦鸡儿	Y	Y	N	Y
	钻叶漆姑草	Y	Y	—	0
	苔原植物	—	Y	—	Y
	红日藻	—	Y	—	−34
	辣根菜	—	Y	—	−46
	薄荷	Y	Y	N	−15
	铜钱草	Y	Y	Y	10
	藏蒿草	—	—	—	—
	黑刺	—	—	—	—
	水柏枝	—	—	—	—
	芦苇	Y	—	—	—
	香蒲	Y	—	—	—
	菖蒲	Y	—	—	—
	旱伞草	Y	Y	Y	5

续表

生境	名称	耐旱	耐贫瘠	耐阴	耐寒
草地	美人蕉	Y	Y	N	N
	水葱	—	—	—	10
	灯心草	—	—	—	—
	水芹	—	—	—	−10
	茭白	Y	—	—	N
	再力花	Y	—	Y	−5
	凤眼莲	Y	Y	N	Y

注:Y 表示具备相应耐受能力,N 表示不具备相应耐受能力,数值表示能够耐受的温度。

对比各类生态模式,对洞穴基地的生态区拟构建以寒带针叶林、高寒草甸、人工耐寒湿地和人工池塘为主的生境,辅以多种耐旱、耐贫瘠、耐阴、耐寒以及污染处理能力强的植物种类。

生态区 1 000 m²,分为林地 600 m²、草地 250 m²、湿地 100 m²、池塘 50 m²。林地以冷杉、落叶松为主,辅以国槐、白蜡、塔柏、苔藓等;草地以苔原为主,辅以金银花、锦鸡儿、金琥、沙蓬、黑沙蒿、香根草等;湿地/池塘主要种植薄荷、旱伞草、凤眼莲、水芹、再力花等。

生态区林地以固碳释氧为主要功能,固碳能力为 2.43 ~ 6.22 t C/(hm² · a),平均值为 4.14 t C/(hm² · a),生产能力为 4.86 ~ 12.45 t 木材/(hm² · a),平均值为 8.27 t/(hm² · a);草地固碳能力为 1 ~ 2 t C/(hm² · a);湿地固碳能力为 0.24 ~ 0.67 t C/(hm² · a);池塘固碳能力为 0.1 ~ 0.48 t C/(hm² · a)。估算生态区的固碳能力为 1 744.93 ~ 4 342.74 g CO_2/d,氧气释放速率为 1 269.04 ~ 3 158.36 g O_2/d。

(6)种植区

种植区的作物设计以供应 6 名乘员(3 名男性 70 kg、3 名女性 60 kg)的能量需求为首要目标,同时满足成员对各种常量、微量营养元素的需求,还需兼顾一定的产氧功能。

据估计,一个 4 人小组执行为期 3 年的火星任务,每天需要大约 11 kg 的食物(每个宇航员每天约 2.75 kg)。"月宫一号"内男性船员平均每日能量消耗为 2 600 kcal,女性成员平均每日能量消耗为 1 600 ~ 1 700 kcal。根据 NASA 推荐的长期载人飞行营养需求量和《中国居民膳食营养参考摄入量》(WS/T 578—2017)

的推荐人均营养摄入量可以得到系统每日需要提供的养分,见表4.17。

表4.17 建议的日人均营养摄入量及系统需求

需求	NASA建议值	中国居民营养摄入建议值	系统总需求
年龄	—	18～50岁	18～50岁
活动	载人飞行	地面中等程度	地面中等程度
宏量营养元素			
能量	2 300～3 100 kcal/d	男性2 600 kcal/d 女性2 100 kcal/d	14 100 kcal/d
蛋白质	≤35 %E	男性60 g/d 女性50 g/d	330 g/d≈1 320 kcal/d
碳水	50～55 %E	50～65 %E	7 050 kcal/d≈1 763 g/d
脂肪	25～35 %E	20～30 %E	3 820 kcal/d≈313 g/d
常量营养元素			
钙	1.2～2.0 g/d	650～2 000 mg/d	3 900～12 000 mg/d
镁	男性420 mg/d 女性320 mg/d	330 mg/d	1 980 mg/d
磷	700 mg/d	600～3 500 mg/d	3 600～21 000 mg/d
钾	4 700 mg/d	2 000 mg/d	12 000 mg/d
钠	1.5～2.3 g/d	1 500 mg/d	9 000 mg/d
微量营养元素			
铁	10 mg/d	男性9～42 mg/d 女性15～42 mg/d	72～252 mg/d
碘	150 μg/d	85～600 μg/d	0.51～4.8 mg/d
锌	11 mg/d	男性10.4～40 mg/d 女性6.1～40 mg/d	49.5～240 mg/d
硒	55～400 μg/d	50～400 μg/d	0.3～2.4 mg/d
铜	0.5～9 mg/d	0.6～8 mg/d	3.6～48 mg/d
铬	35 μg/d	30 μg/d	0.18 mg/d

植物品种的选择原则为:优先挑选具有太空种植经历的物种或推荐在太空中种植的物种;选择生长周期快、营养品质高、口感好且抗逆性强的物种;作物的种类

要丰富,同时满足乘员对宏量、常量、微量营养的需求。推荐种植物种见表 4.18,营养元素的含量见表 4.19。

表 4.18　具有太空种植经历及推荐在 BLSS 系统中种植的物种

种类	物种
粮食类	小麦、水稻、玉米、大麦
蔬菜类	莴苣、西兰花、羽衣甘蓝、菠菜、白菜、卷心菜、叶甜菜
水果类	番茄、草莓、黄瓜
根茎类	甘薯、马铃薯、小萝卜
豆类	大豆、花生、豌豆、鹰嘴豆
香料类	辣椒、大蒜、日本芫荽

设每个物种的种植面积为 $x_i(\mathrm{m}^2)$,种植周期为 T_i(天),单位面积产量为 $W_i(\mathrm{kg/m}^2)$。选择能量(E)、蛋白质(P)、碳水(C)、脂肪(F)、钙(Ca)、镁(Mg)、磷(P)、钾(K)、钠(Na)、铁(Fe)、锌(Zn)、硒(Se)、铜(Cu)共 13 种营养元素作为评价指标建立模型,求解在满足日营养元素需求的前提下的最小种植面积:

$$\min f(x) = \sum_{i=1}^{n} x_i$$

营养元素的限制方程如下所示:

$$\sum_{i=1}^{n} x_i \frac{W_i}{T_i} \cdot E_i \geqslant 14\ 100$$

$$\sum_{i=1}^{n} x_i \frac{W_i}{T_i} \cdot P_i \geqslant 330 \qquad \sum_{i=1}^{n} x_i \frac{W_i}{T_i} \cdot C_i \geqslant 1\ 763 \qquad \sum_{i=1}^{n} x_i \frac{W_i}{T_i} \cdot F_i \geqslant 313$$

$$\sum_{i=1}^{n} x_i \frac{W_i}{T_i} \cdot Ka_i \leqslant 12\ 000 \qquad \sum_{i=1}^{n} x_i \frac{W_i}{T_i} \cdot Na_i \leqslant 9\ 000 \qquad \sum_{i=1}^{n} x_i \frac{W_i}{T_i} \cdot Mg_i \leqslant 1\ 980$$

$$330 \leqslant \sum_{i=1}^{n} x_i \frac{W_i}{T_i} \cdot Ca_i \leqslant 120\ 00 \qquad 3\ 600 \leqslant \sum_{i=1}^{n} x_i \frac{W_i}{T_i} \cdot P_i \leqslant 21\ 000$$

$$75 \leqslant \sum_{i=1}^{n} x_i \frac{W_i}{T_i} \cdot Fe_i \leqslant 2\ 52 \qquad 0.51 \leqslant \sum_{i=1}^{n} x_i \frac{W_i}{T_i} \cdot Zn_i \leqslant 4.80$$

$$0.3 \leqslant \sum_{i=1}^{n} x_i \frac{W_i}{T_i} \cdot Se_i \leqslant 2.4 \qquad 3.6 \leqslant \sum_{i=1}^{n} x_i \frac{W_i}{T_i} \cdot Cu_i \leqslant 48$$

为了保证饮食的多样性和元素的均衡性,加入了额外的限制条件:

①单个物种的最大种植面积不超过 100 m^2,香料类不大于 40 m^2,且每种类型作物的面积之和不小于 20 m^2。

②钠的日均最大值为 18 000 mg,钾的日均最大值为 28 200 mg,镁的日均最大值为 4 000 mg。

遗传算法(Genetic Algorithm,GA)是根据大自然中生物体进化规律而设计提出的一种通过模拟自然进化过程搜索最优解的方法。该算法通过数学的方式,利用计算机仿真运算,将问题的求解过程转换成类似生物进化中的染色体基因的交叉、变异等过程。在求解较为复杂的组合优化问题时,相对于一些常规的优化算法,通常能够较快地获得较好的优化结果。

使用遗传算法对上述多元不等式方程组进行最优化求解,种群规模为 1 000,最大进化代数为 100 000,重组概率为 0.7。最终运行结果如图 4.23 所示。最优目标函数值为 534;最优控制变量值为:小麦 99 m^2,水稻 43 m^2,莴苣 98 m^2,白菜 51 m^2,草莓 50 m^2,甘薯 36 m^2,小萝卜 14 m^2,花生 93 m^2,辣椒 10 m^2,大蒜 40 m^2。

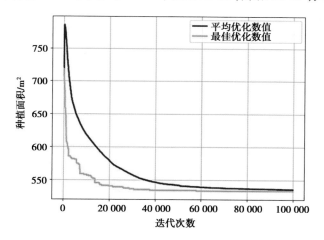

图 4.23 遗传算法最优目标函数值

考虑管理等因素,对最优控制变量进行取整,结果为:小麦 100 m^2,水稻 40 m^2,莴苣 100 m^2,白菜 50 m^2,草莓 50 m^2,甘薯 35 m^2,小萝卜 15 m^2,花生 90 m^2,辣椒 10 m^2,大蒜 40 m^2,总种植面积为 530 m^2。

综上所述,优化的种植方案能够满足 6 名乘员每日的宏量、常量及大部分微量元素需求,若采用双层种植的方式种植区的总占地面积为 265 m^2。然而,采用纯植物提供营养元素会导致乘员每日的蛋白质、镁、钾、铁元素具有过量风险;能量、脂肪、钠、硒是主要的限制营养参数。

表 4.19　拟种植物种产量及营养元素含量

序号	物种	周期/d	产量/(kg·m⁻²)	宏量元素				常量元素					微量元素			
				能量/(kcal·kg⁻¹)	蛋白质/(g·kg⁻¹)	碳水/(g·kg⁻¹)	脂肪/(g·kg⁻¹)	钙/(mg·g⁻¹)	镁/(mg·g⁻¹)	磷/(mg·g⁻¹)	钾/(mg·g⁻¹)	钠/(mg·g⁻¹)	铁/(μg·g⁻¹)	锌/(μg·g⁻¹)	硒/(μg·g⁻¹)	铜/(μg·kg⁻¹)
1	小麦	100	1.15	3 170	192.4	712.3	21.2	0.31	0.50	1.88	1.90	0.03	35.0	16.4	54.0	4.2
2	水稻	90	0.71	3 530	127.0	724.0	9.0	0.08	0.12	1.06	0.49	0.22	51.0	6.9	46.0	5.2
3	玉米	100	1.32	1 195	40.0	228.0	12.0	—	0.32	1.17	2.38	0.01	11.0	9.0	16.0	0.9
4	大麦	180	0.66	3 514	102.0	733.0	14.0	0.66	1.58	3.81	0.49	—	64.0	43.6	98.0	6.3
5	莴苣	30	2.99	160	13.0	20.0	3.0	0.34	0.18	0.27	1.70	0.33	9.0	2.7	12.0	0.3
6	西兰花	80	1.79	394	41.0	43.0	6.0	0.67	0.17	0.72	0.17	0.18	10.0	7.8	7.0	0.3
7	羽衣甘蓝	30	1.90	389	50.0	57.0	4.0	0.66	0.53	0.82	3.95	0.67	16.0	5.6	—	0.6
8	菠菜	30	2.20	315	26.0	45.0	3.0	0.66	0.58	0.47	3.11	0.85	29.0	8.5	10.0	1.0
9	白菜	60	9.7	200	15.0	32.0	1.0	0.50	0.11	0.31	—	0.57	7.0	3.8	5.0	0.5
10	卷心菜	60	2.29	230	15.0	46.0	2.0	0.49	0.12	0.26	1.24	0.27	6.0	2.5	10.0	0.4
11	叶甜菜	80	4.61	241	18.0	39.0	1.0	1.17	0.72	0.40	5.47	2.01	33.0	3.8	—	1.9
12	番茄	100	1.89	217	9.0	40.0	2.0	0.10	0.9	0.23	1.63	0.5	4.0	1.3	2.0	0.6
13	草莓	100	1.61	346	10.0	71.0	2.0	0.18	0.12	0.27	1.31	0.42	18.0	1.4	7.0	0.4
14	黄瓜	90	8.90	167	8.0	29.0	2.0	0.24	0.15	0.24	1.02	0.05	5.0	1.8	4.0	0.5
15	甘薯	120	3.80	1 065	11.0	247.0	2.0	0.23	0.12	0.39	1.30	0.29	5.0	1.5	5.0	1.8

16	马铃薯	90	2.94	798	20.0	165.0	2.0	0.08	0.23	0.4	3.42	0.03	8.0	3.7	8.0	1.2
17	小萝卜	60	0.87	258	16.0	41.0	3.0	2.38	0.13	0.32	1.01	0.43	2.0	2.9	8.0	0.4
18	大豆	90	0.43	4 224	350.0	342.0	160	1.91	1.99	4.65	15.0	0.02	82.0	33.4	62.0	13.5
19	花生	100	0.59	5 805	248.0	217.0	443	0.39	0.43	3.24	5.87	0.36	21.0	25.0	39.0	9.5
20	豌豆	70	0.38	1 187	74.0	212.0	3.0	0.21	0.43	1.27	3.32	0.12	17.0	12.9	17.0	2.2
21	鹰嘴豆	120	0.25	3 669	212.0	600.0	42.0	1.50	2.10	4.50	8.30	0.06	34.0	15.0	—	4.4
22	辣椒	100	2.14	318	14.0	58.0	3.0	0.15	0.15	0.33	2.09	0.02	7.0	2.2	6.0	1.1
23	大蒜	90	2.11	1 380	45.0	276.0	2.0	0.39	0.21	1.17	3.02	0.2	12.0	8.0	31.0	2.2
24	芫荽	30	1.42	360	18.0	62.0	4.0	1.01	0.33	0.49	2.72	0.49	29.0	4.5	5.0	2.1

注：部分作物营养数据来自中国疾病预防控制中心营养与健康所发布的"食物营养成分查询平台"。

种植区除满足乘员的营养需求外还具备一定的产氧功能。研究表明,正常成年人静止状态下的需氧量约为 3.51 mL/(min·kg^{-1})。则 3 名平均体重 70 kg 的男性和 3 名平均体重 60 kg 的女性 24 h 的静止需氧量 O_{day} 为:

$$O_{day} = \frac{3 \times (70+60) \times 3.51 \times 24 \times 60}{1\ 000} \text{ L/d} = 1\ 971.2 \text{ L/d}$$

运动耐量(Metabolic Equivalent, MET)是一种表示相对能量代谢水平和运动强度的重要指标,可以理解为特定活动状态下相对于静息代谢状态的能耗水平。中等强度的运动耐量为 3~6 METs,每位成员每日进行 2 h 的中等轻度运动时的最小耗氧量 O_{min} 和最大耗氧量 O_{max} 为:

$$O_{min} = \frac{3 \times (70+60) \times 3.51 \times (22+2 \times 3) \times 60}{1\ 000} \text{ L/d} = 2\ 299.8 \text{ L/d}$$

$$O_{max} = \frac{3 \times (70+60) \times 3.51 \times (22+2 \times 6) \times 60}{1\ 000} \text{ L/d} = 2\ 792.6 \text{ L/d}$$

呼吸熵(Respiratory Quotient, RQ),为同一时间二氧化碳产生量和氧气消耗量的比值,通过呼吸熵可以直接根据每日耗氧量求得二氧化碳产生量。给人体提供主要能量的三类营养物质,分别为碳水化合物、脂肪和蛋白质,它们具有不同代谢底物的 RQ 值,见表 4.20。

表 4.20 不同代谢底物的 RQ 值

代谢底物	RQ
碳水化合物(C)	1.0
蛋白质(P)	0.801
脂肪(F)	0.707
种植方案(C:P:F=0.58:0.11:0.31)	0.887

由 4.20 表可知,在选定的种植方案下成员的呼吸熵为 0.887,则每日的二氧化碳产生量为 1 748.5~2 477.0 L/d。

(7)废物利用区

系统内产生的废物主要包括废水(尿液、卫生和厨房废水及冷凝水)和固体废物(农业废弃物、粪便和餐厨垃圾)。

冷凝水来自植物蒸腾作用、植物栽培基质蒸发和船员代谢。经过净化的冷凝水用作饮用水和卫生与厨房用水、清洁水用于灌溉植物。冷凝水中包含溶解的有机物、氨、离子和微生物等,处理流程如下:来自温湿度控制系统的冷凝水被收集在冷凝水箱(配有紫外线消毒灯)中。然后冷凝水通过好氧膜生物活性炭反应器,由冷凝水箱内的液位开关自动控制。将纯净水储存在干净的水箱中,供日常使用和植物灌溉(在需要时泵送到营养液罐)。

卫生和厨房废水主要包含沐浴、洗衣、食品制作和餐饮的卫生和厨房废水,含有高浓度有机化合物和盐(硝酸盐和硫酸盐)。采用膜生物活性炭反应器进行处理,并在生物反应器后增加了超滤和紫外线消毒,可以防止生长的微生物污染营养液。反应器的最大处理能力设计为 225 kg/d,以满足 6 名机组人员的要求,经过净化的卫生和厨房废水(灰水)则被用来为植物制备营养液。

目前,封闭循环系统中尿液治疗的可用技术主要依赖于物理/化学技术。例如,蒸汽压缩蒸馏用于回收水,回收效率可达到 70%;利用生物燃料电池反应器将尿素转化为氮气,然后通过电化学分解和电流生产进行回收;脲酶能将尿素水解成铵态氮和二氧化碳,植物可直接利用。此外,膜生物反应器非常适合 BLSS 中的废水处理,因为它能够通过膜过滤保证高质量的流出物,并能减少反应器体积和易于操作。

人尿液中尿素、氨和有机物的浓度很高(表 4.21)。采用的处理流程为:先采用膜生物活性炭反应器催化尿素转化,再考虑采用减压蒸馏法处理尿液。部分铵盐将与水蒸气一起蒸馏,而大部分盐则被浓缩、干燥和储存。尿液中的冷凝水(含氨)将与卫生和厨房废水混合,并由膜生物活性炭反应器处理。

表 4.21 人尿液中的离子含量

尿液中的离子	浓度/(mg·L^{-1})
Na$^+$	8 740.3±80.6
NH$_4^+$	304.2±4.1
K$^+$	1 628.75±52.77
Mg^{2+}	146.03±9.94
Ca^{2+}	109.19±8.24
Cl$^-$	9 535.51±10.59
NO^{3-}	111.55±0.12

续表

尿液中的离子	浓度/（mg·L^{-1}）
SO$_4^{2-}$	1 542.94±1.91
PO$_4^{3-}$	1 186.44±2.60
尿素	25 744.7±1 534.7
TN	12.02±720

农业废弃物主要包括小麦、水稻和大豆等产生的秸秆以及番茄、生菜等产生的绿叶等蔬菜垃圾。预估系统内农业废弃物的产量见表 4.22，废弃物的性质见表 4.23。

表 4.22　系统内农业废弃物的产量

作物		平均日产量/（kg·d^{-1}）	产废比/（kg·kg^{-1}）	废弃物产量/（kg·d^{-1}）	青贮产量/（kg·d^{-1}）
产秸秆类	小麦	1.29	3.66	4.72	4.13
	水稻	0.71	3.49	2.48	2.17
	大豆	0.29	3.86	1.12	0.98
	合计	3.86		8.32	7.28
产根、茎、叶等尾菜类	花生	0.59	7.05	4.16	—
	马铃薯	0.98	2.65	2.60	—
	莴苣	4.98		1.69	—
	卷心菜	1.53		0.52	—
	菠菜	0.73		0.25	—
	番茄	0.57	0.34	0.19	—
	草莓	0.57		0.19	—
	辣椒	0.21		0.07	—
	大蒜	0.23		0.08	—
	合计	8.82		9.76	—

注：秸秆类产废比=文献中干基秸秆系数/（1%～65%），其中，65% 为新鲜秸秆含水率，秸秆进行青贮处理后，含水率降为 60%。

表 4.23　系统内农业废弃物的性质

指标	小麦秸秆	水稻秸秆	大豆秸秆	尾菜
含水率/%	65	65	65	90
全氮/%	0.59	0.64	0.72	0.40
全磷/%	0.23	0.30	0.18	0.05
全钾/%	0.73	0.88	0.47	0.19
蛋白质/% TS	—	—	4.48	—
脂肪/% TS	—	—	1.18	—
半纤维素/% TS	21.94	18.65	12.70	—
纤维素/% TS	38.26	41.30	48.70	—
木质素/% TS	21.73	18.51	16.65	—

注：TS 为固体含量。

餐厨垃圾预估产量 0.19 kg/人/d×6 人＝1.14 kg/d，其性质见表 4.24。

表 4.24　餐厨垃圾的性质

含水率/%	全氮/%	全磷/%	全钾/%	蛋白质/% TS	脂肪/% TS	碳水化合物/% TS
82	0.70	0.12	0.09	17.21	23.32	58.91

采用水热技术对固体废物进行处理，总体技术路线如图 4.24 所示。水热制肥技术，相比于其他生化处理技术，水热制肥技术有适用性广、周期极短、高效杀菌、无臭无味等优点。此外，农业废弃物含有大量木质纤维素，可生化性较差，以及餐厨垃圾具有高油高盐等特点容易抑制微生物活性导致生化处理过程不稳定。于是选择水热制肥技术，而非生化处理技术，对 BLSS 系统中农业废弃物和餐厨垃圾等有机固废统一进行资源化处理。另外，鉴于粪便污水含有大量 N 等营养元素以及致病菌，而水热处理过程需要额外的水资源，因此也把粪便污水作为水热处理的混合基质之一。

日常产生的尾菜、餐厨垃圾和粪便污水的含水率较高，需要秸秆作为其共水热基质来保证合适的含水率。鉴于秸秆季节性收获的特点，如果要用作水热制肥技术的混合基质之一，那么需要对其进行长期储存处理。青贮是指在厌氧条件下，利用乳酸菌将青贮料（秸秆）中的可溶性糖类降解成乳酸，降低青贮料的 pH 值，抑制青贮料中微生物的活动,从而使青贮料的营养物质得以保存的一项廉价有效的发酵技术。因此,利用青贮技术将小麦、水稻和大豆秸秆进行青贮处理。

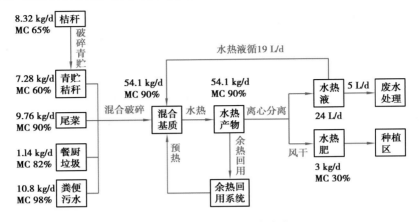

图 4.24　固体废物处理技术路线图

参数设计说明:一是秸秆水热炭产率约为 60% TS,餐厨垃圾的水热炭和水热液产率分别约为 50% TS 和 45% 鲜重,因此,水热炭产率取 55% TS,水热液产率取 45% 鲜重。二是水热液循环可以提高水热产物腐质化程度,利于成肥;将水热基质含水率维持在适于水热的 90% 左右;节约水资源。相关设备功能及参数,见表 4.25。

表 4.25　相关设备功能及参数

设备种类	功能	设备信息
秸秆破碎机	用于将秸秆破碎制备青贮。系统内秸秆年产量共约 3 037 kg	功率为 8 马力(5.89 kW),处理效率为 500 kg/h,需处理 6.1 h,年耗电量 1.29×105 kJ,日均耗电量 353 kJ
厨余破碎机	用于混合并破碎秸秆青贮、尾菜、餐厨垃圾和粪便污水。日处理量 54.1 kg。破碎后固体废弃物直径低于 2 cm	处理效率为 250 kg/h,功率 3 kW。日需工作 13 min,耗电量为 2.34×10³ kJ
水热反应釜	垃圾产量约 54 kg/d 的,按 70% 的工作容积,反应釜总容积至少需要 78 L。水热条件为 200 ℃ 1 h	加热功率为 8 kW,日需工作 1 h,需耗电量 2.88×10⁴ kJ
挤压脱水机	日处理 54.1 kg 的垃圾,固体含水率达到 30%	容积 180 L,功率为 5.5 kW。日需工作 10 min,耗电量 3.3×10³ kJ

研究表明,水热固相成肥实验可以实现 N,P,K 的回收率,最优分别能够达到 30%,30%,10%。以此对日产废物中 N,P,K 含量和每日以水热肥形式回收的 N,P,K 含量进行估算,见表4.26。

表4.26 营养元素回收量估算

固体废弃物	日产量/(kg·d^{-1})	废弃物中营养元素			水热肥中营养元素		
		氮/(g·d^{-1})	磷/(g·d^{-1})	钾/(g·d^{-1})	氮/(g·d^{-1})	磷/(g·d^{-1})	钾/(g·d^{-1})
小麦秸秆	4.72	27.85	0.60	1.39	—	—	—
水稻秸秆	2.48	15.87	0.84	2.19	—	—	—
大豆秸秆	1.12	8.06	0.57	0.70	—	—	—
尾菜	9.76	39.04	0.09	0.08	—	—	—
餐厨垃圾	1.14	7.98	0.37	0.09	—	—	—
粪便污水	10.8	87.09	6.16	—	—	—	—
合计	30.02	185.90	8.63	4.46	55.77	2.59	0.45

由表4.26可知,水热肥(含水率30%)日产量为30 kg,结合营养元素日回收情况,大致计算水热肥中营养元素含量,见表4.27。

表4.27 水热肥中营养元素含量估算

养分	含量
氮/%	1.86
磷/%	0.09
钾/%	0.02
全氮/%TS	2.66
全磷/%TS	0.3
全钾/%TS	0.03
总养分/%TS	2.99

3)研究内容

地外星球熔岩管建立人类基地面临的5个基础科学问题,具体包括:

①熔岩管暗弱、密闭复杂环境下的通信导航问题。以月球表面通信来说，目前月球没有覆盖导航系统，在岩溶管内部与外部存在数米至数十米的覆盖层，如何在暗弱、密闭、卫星通信拒止的地下熔岩管道中建立精确的定位、导航和通信是重要科学问题。

②熔岩管的分布、形成和演变机制以及探测器自主智能探测问题。在熔岩管探测方面，目前对月球熔岩管研究仍停留在在轨探测器的探测阶段，缺乏对岩溶管的地理分布、形成机制和环境演变等研究资料，缺少熔岩管内部真实的环境特征和地质构造等数据信息；利用机器人完成未知复杂环境的熔岩管勘探将是成为人类认识地外星球熔岩管的首选方案，但迫切需要解决在地外熔岩管洞暗弱条件和复杂环境下的探测器设计和自主智能探测问题。

③原位资源利用和大规模能源系统的构建问题。在原位资源利用方面，要充分利用地外原位资源，包括土壤、水冰和矿产等，尽可能地摆脱对地球资源和运输方式的依赖，为基地建造与运行提供消耗性原材料和基础建材的制造等；在能源利用方面，需要开发适用于地外环境的大规模能源供给系统和能源（电力）控制系统。最终资源和能源均实现"就地取材，自给自足"的目标。

④熔岩管密封与基地智能建造问题。在基地建造方面，地外熔岩管内部可能为复杂的地形地貌和崎岖的地质构造，需要发展新一代信息化和数字化的智能建造技术；同时为了确保人类安全，可通过人机协同，利用建造装备进行基地相关设施设备的建造，包括基地场地、基地建筑物和基地构筑物等。

⑤熔岩管 CELSS 的生态系统设计、环境控制和循环运行规律问题。在基地运行方面，要构建多元生态系统，在多种生物之间形成物质循环和能量流动，实现食物、氧气和水的循环再生，并通过人工调控生态状态和气体平衡，保障航天员的生存需求。

围绕上述 5 个基础科学问题，提出了十大关键前沿技术（图 4.25）：

①地外星球表面及地下熔岩管道密闭空间的智能导航与通信技术；

②地外星球熔岩管的形成机制、环境演变与勘查技术；

③暗弱及低重力环境下机器人智能控制与自主探测技术；

④地外原位资源高效提取转化与综合利用技术；

⑤地外基地系统性和综合性物流保障技术；

⑥地外基地大规模能源供给和控制系统；

⑦地外熔岩管大型洞体密封建造技术；

⑧地外环境下远程控制智能建造技术；

⑨地外熔岩管 CELSS 的构建与生态圈循环运行关键技术；

⑩航天员生存空间人机工效增效及环境安全监测技术。

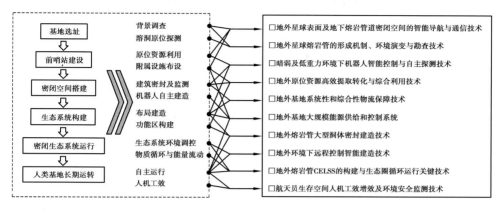

图 4.25　洞穴基地研究关键技术

基于地外星球熔岩管建设人类基地是一项长期的系统工程,通过开展地外人类基地构建领域系统工程所涉及的基础科学问题和前沿技术验证研究,我国将在太空探测领域取得先手优势,为未来月球基地以及火星基地的建立奠定坚实基础(图 4.26)。

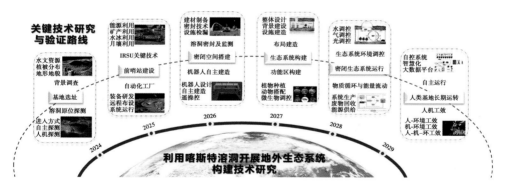

图 4.26　洞穴基地研究技术路线图

(1)熔岩管暗弱、密闭复杂环境下的通信导航研究

前沿技术 1:地外星球表面及地下熔岩管道密闭空间的智能导航与通信技术。

首先月面任务产生的业务数据有多种形式,如控制指令、遥测数据、探测数据、业务数据等,分析仿真各项技术指标要求,为每种数据类型选择评估指标进行对比分析。其次根据项目需求、移动自组网的特点和月面通信的业务需求为着陆器设计实现集网络管理、数据收发、视频传输功能为一体的网络管理及应用平台,并为月面巡视器设计并实现了具有数据收发功能的操作平台。最后构建自组网实物节点实验系统，并通过实物节点演示验证了月面组网测试验证平台的可行性和有效性。

基于月面自组网系统和应用平台，进一步开展针对熔岩管洞内部环境特点的探测机器人的通信网络管理系统的设计研究，实现集自主探测、网络管理、实时数据传输和音频传输为一体的适用于熔岩管道内外联通环境的网络管理及应用平台，并为后续机器人集群协同或人机协同的系统设计提供验证和操作平台。

（2）熔岩管的分布、形成和演变机制及探测器自主智能探测研究

前沿技术2：地外星球熔岩管的形成机制、环境演变与勘查技术。

对熔岩管的星球分布、外部环境、内部环境、内部结构、物质组成和水与挥发等开展多个方面的探测，获取地形地貌参数，明确地外熔岩管的火山活动、撞击作用以及空间风化等信息。建立模型开展模拟，揭示熔岩管的形成演化机制，如图4.27所示。

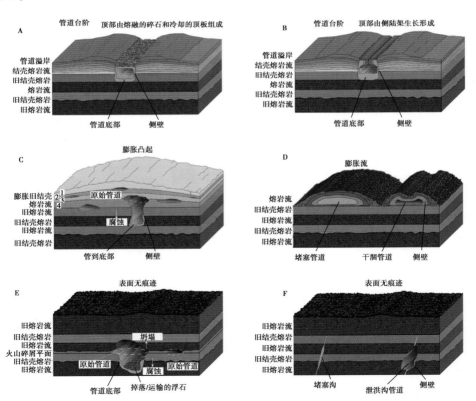

图4.27 不同类型熔岩管的形成过程

前沿技术 3：暗弱及低重力环境下机器人智能控制与自主探测技术。

开展熔岩管洞自主探测机器人机械结构设计，确定熔岩管探测机器人关键技术指标和设计方案，测试探测设备搭载，完成关键部件力学特征分析；开展地外星球熔岩管探测机器人洞口释放控制策略设计，构建模拟机器人熔岩管环境的运动学和动力学特征，进行探测机器人−系绳系统的协调跟踪控制策略及仿真验证；开展地外星球熔岩管探测机器人仿真和实验研究，搭建机器人机械结构及软硬件系统，开展不同工况的通过性验证，实现环境数据获取与重构，完善探测机器人部署与展开设计理论。

（3）原位资源利用和大规模能源系统的构建研究

前沿技术 4：地外原位资源高效提取转化与综合利用技术。

开展月面水冰赋存特征与迁移转化机制研究，分析月面水冰的分布规律和赋存特征，进一步探析月面水冰的氢氧元素提取和迁移转化机理；开展月面矿产金属元素的富集特征与转化机理研究，通过分析月面钛铁矿（$FeTiO_3$）冶炼的热力学和动力学特征，进一步明确月面极端环境下钛铁矿中金属元素富集特征与转化规律；开展月壤增材的熔融固化机制及其应对极端环境的响应机理研究，关注极端环境下月壤结构件性能变化规律及熔融固化影响机制，同时关注极端环境下月壤袋结构性能变化特征及响应机制；开展月壤氧化物制氧的分解与提纯机理研究，探究月壤（非）金属氧化物高温分解特征及极端环境响应机理，另外，关注月壤（非）金属氧化物电催化功能材料制备及制备性能特征；开展月壤氦元素提取与氦气转化机理研究，探究月壤钛铁矿提取氦-3 的热动力学特征及提纯转化机理；开展改良剂对月壤团粒结构的影响特征和养分元素迁移转化机制研究，分析不同改良剂对月壤团粒结构特征及作用机制，进一步探究月壤改良过程中养分元素迁移转化特征及植物生长的影响机制。

前沿技术 5：地外基地系统性和综合性物流保障技术。

开展原位资源利用机械设备的部署展开模拟研究，包括设备装卸、运输、组装、设备展开等工作项目；开展地外基地物流与物资保障技术研究，优化地球物资补给及月面关键备件储备技术，设计基地运营费用节省和保障效率提高设计方案。

前沿技术 6：地外基地大规模能源供给和控制系统。

开展极端环境条件下光伏材料性能演化规律及响应机理研究，分析月面极端环境下光伏材料的性能变化规律,关注月尘对光伏材料的黏附特性和隔离机理,同时利用月面温差进行热电材料性能对极端环境的演化规律;获得月球熔岩管内月壤及月岩温度分布,设计适用于月坑底部及熔岩管深部的温差发电系统,进而通过三维多物理场耦合模拟,揭示光照条件对月坑底部温差发电性能的影响规律,以及熔岩管深部温差发电的性能。开发适用于与不同尺度月球基地的能源系统,包含能量收集储存与控制功能,实现地外基地能源(电力)的综合调配和控制,满足白天和黑夜条件下的能耗需求(图4.28)。

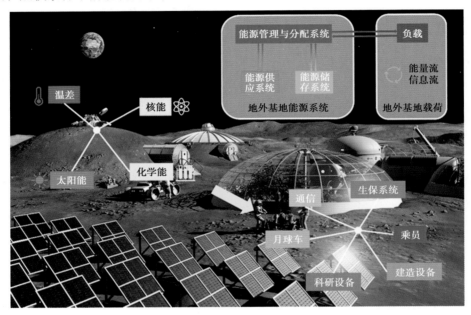

图4.28　月球基地能源系统

(4)熔岩管密封与基地智能建造研究

前沿技术7:地外熔岩管大型洞体密封建造技术。

以建设地外基地为目标开发能够在地外极端环境、有限能源条件下,利用原位资源,依托大型熔岩管结构建造地外基地的集成系统(图4.29)。通过在洞穴内模拟极端环境,分析在高温差、高真空条件下的3D打印,烧结技术的可行性和瓶颈,并对其进行优化,满足地外基地对结构密封性和机械强度的要求。结合洞穴的有限空间构建自动化建造系统,实现能通过远程操作或者完全自动化的对洞穴进行密封。

利用熔岩管道建造人类生存基地　防护罩

地下信号塔　自主探测车　原位资源补给站　基地

可能赋存水冰　原位月壤和岩石

任务目标

设计适应复杂环境条件的密封检测、处理及建造装备

图 4.29　地外洞穴密封建造技术研究

前沿技术 8：地外环境下远程控制智能建造技术。

开发适合于地外熔岩管极端环境下的机器建造设备和自主建造方案。基于物联网技术同步关联 BIM 设计模型，形成在建造人类基地的实时建造模型，作为信息空间中的数字孪生体；在数字孪生体中建立人、机、料、法、环等各类建造资源要素的虚拟映射，实现物理建造资源与信息资源的深度融合和实时交互；构建洞穴系统内远程控制建造的体系，建立对建造资源的分布式协同控制机制，使其能在有限空间、有限资源条件下以最优的策略动态匹配建造任务，实时响应施工环境的变化；通过实时采集地外基地建造现场监测数据，获得对物理施工过程与施工环境的状态感知，然后在信息空间中基于数字孪生体进行数据建模与仿真分析，再将经过优化后的控制信息发送到建造现场，从而形成数据驱动的建造过程闭环控制机制。

（5）熔岩管 CELSS 的生态系统设计、环境控制和循环运行规律研究

前沿技术 9：地外熔岩管 CELSS 的构建与生态圈循环运行关键技术。

基于人机工程学，对地外熔岩管 CELSS 内部布局进行优化达到最佳舒适度，并进行长期实验进行优化。提出一套中型熔岩管地外基地（面积 200～2 000 m²）的布局方案，优化居住区、试验区、生态区的结构和所占比例。基于中型地外熔岩管基地模拟平台，对各种方案进行验证，选择最佳方案。

开展中型 CELSS 环控模块、温控模块、数据采集与传输模块、控制模块、食物供给模块、光照模块、机构模块、动植物与微生物生长发育模块等模块的协同设计方法研究，梳理各模块之间的相互影响关系，形成相关模块之间的设计约束，明确各个模块设计目标和思路，完成生物在密闭空间内生存适应性环境构建的总体设计方法。

开展 CELSS 生物生存环境控制关键技术研究，探明受控生态系统内能量、水、气体、营养元素等关键组分的运行机制与循环机理，并研究生态的演变与控制

机理。

构建 CELSS 碳循环模型,进行土壤/基质-植物-大气,生物固废-动物-大气,废水固废-微生物-大气等系统中的大气、水、生物量等物质流监测,分析受控生态系统总初级生产力、净生产力、自养呼吸量、植物碳分配和光能利用等,解析碳/水循环的关系和内在机制,形成"CELSS 物质流智能分析技术",提出物质流调控策略(图 4.30)。

图 4.30 地外熔岩管生态圈循环运行关键技术研究

前沿技术 10:航天员生存空间人机工效增效及环境安全监测技术。

开展中型 CELSS 环境参数指标监测与人员作业效能分析研究,选取能反映各区域功能需求的环境参数指标以及测量技术方案,建立环境参数监测系统,构建工作效能数据分析系统,针对不同功能分区和工作岗位任务,分别从生理指标、心理指标和作业绩效研究人员的综合工作效能;建立地外密闭生态系统环境参数对工作效能影响机理的预测模型,基于模型提出实现预期工作效能目标的长期耐受以及短期突变条件下的环境参数标准。

5 月面首次微型生态系统试验——嫦娥四号任务生物试验载荷

5.1 生物实验原理及总体方案

5.1.1 生物实验原理

围绕"生态圈"(图5.1)和"光合作用"(图5.2)两个生物学概念,通过监测数据,照片或视频展示动物、植物在月面进行生命活动,普及生物学知识,同时激发人们对宇宙探索的热情,提高人们的环境保护意识,宣传我国探月工程成果,增强民众的民族自豪感,彰显我国在航天及其相关技术研究领域的巨大成就和国际领先地位。

图5.1 简单生态圈示意图

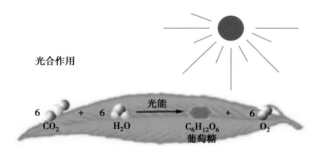

光合作用

$$6 CO_2 + 6 H_2O \xrightarrow{\text{光能}} C_6H_{12}O_6 + 6 O_2$$
葡萄糖

图5.2　光合作用示意图

5.1.2　科学问题

本节主要研究的是确保载荷中的生物能够成活并在月面展示预期的生命活动。为了实现这一目标,将通过实验验证生物能在月面低重力、强光照和强辐射条件下成活,能在发射与在轨飞行期间维持低代谢状态,登月后在第一个月昼期内展示预期的生命活动,在月夜期安全度过长时间低温与无光照条件。同时与其他分系统研究团队协作检测传感器的灵敏度与稳定性,以及生物材料固定与保护措施,生物材料及容器的灭菌消毒,生物罐整体组装等技术的可操作性与效果。

1)生物抗辐射能力研究及耐辐射材料特性分析

由于生物载荷没有做任何的防辐射设计,为了保证搭载生物材料能在月面辐射条件下生存,需要对拟搭载的生物材料,包括蚕卵及幼虫、马铃薯和拟南芥种子及幼苗的抗辐射能力进行测试,同时筛选抗辐射能力相对强的材料并繁殖后代,为后续实验和最终搭载方案提供备用生物材料。

2)生物在无水条件下长时间维持低代谢状态与生存能力研究

为了确保搭载生物材料,包括蚕卵、马铃薯和拟南芥种子等六种生物能够安全度过3个月(包含2个月的发射场等待和1个月的地月飞行),活着抵达月球表面,在登月过程(包括上架、辐射、在轨飞行、登月等阶段)中需要将它们维持在低代谢状态,以减少资源消耗。因此,将通过实验获得蚕卵、马铃薯和拟南芥种子在密闭容器、无水以及 $1 \sim 30$ ℃条件下的耗 O_2 量、CO_2 排放量、成活状况等数据,以此确定需要提供的 O_2 量以及维持低代谢状态所需的条件,确保搭载生物材料能活着到达月球表面。同时筛选在该条件下代谢水平低、生存时间长的材料并繁殖后代。

3）生物材料安全度过长时间低温与黑暗条件的能力研究

为了保证生物材料能安全度过月夜期，将通过实验检测拟搭载的生物材料在长时间低温和无光照条件下的生存状态与生命活动参数。将蚕卵及幼虫、马铃薯和拟南芥种子和幼苗放置在密闭容器内，在低温、黑暗（模拟月夜）条件下长时间材料，连续收集耗氧（O_2）量、CO_2 排放量以及成活状态数据，筛选在该条件下生存能力较强的个体繁殖后代，通过同样检测筛选性状稳定的后代群体为搭载备选材料。

4）月昼温控条件下生物材料生存状态分析

为了确保生物材料在登月后能够展示预期的生命活动，并能获得证明这些活动的数据，将在地面实验中对搭载生物材料在设计的温度、光照等条件下，在模拟月昼期所设置的温控、光照条件下，检测种子萌发、幼苗生长、蚕卵孵化、幼虫生长等生命活动发生的时间、生存状态，O_2、CO_2 浓度变化等关键参数，筛选存活能力强、孵化率高的虫卵；萌发快、存活能力强、开花周期短的拟南芥材料；萌发快、存活能力强、光合效率高的马铃薯品种繁殖后代，筛选性状稳定的后代群体为搭载备选材料。同时对传感器的灵敏度、稳定性等进行测试与相应改进，以确保数据收集技术满足载荷的要求。

5.1.3 科学目标

本次科普载荷的最低目标：展示在月球表面环境下，植物种子发芽或虫卵孵化和微生物生长。本次科普载荷的最高目标：展示在月球表面环境下，植物的种子发芽、幼苗生长和开花的全过程，或虫卵孵化、幼虫成长发育、破蛹变为成虫，完成一个生命周期。

预期展示效果如下：在第一月昼过程中，马铃薯种子、油菜种子、拟南芥种子和棉花种子萌发，幼苗生长，果蝇孵化成成虫。

探索在月球表面低重力、强辐射和强太阳光条件下动植物的生长发育状况和光合作用效果：生物科普试验载荷围绕低重力、强辐射等月面自然条件下生物的生

命活动状态开展生物试验。所搭载的生物能够在等待发射飞行期间在密闭容器中成活,并能在登月后、在月面展示生命活动现象,如植物种子发芽、生长、开花,以及虫卵孵化、幼虫成长、破茧而出等。通过监测载荷内温度、大气压力等重要生命活动指标参数,验证植物的光合作用效果,以及在发射、着陆过程与登月后在月面环境条件下所选动植物行使其生态功能,形成相互依赖的命运共同体的可行性;通过照片或视频等信息的采集,获得了植物的生长发育状况,同时,为广大民众提供相关的科普素材。

5.1.4　总体方案设计

1)安装面安全性设计

科普载荷总质量不超过 3 kg,采用 6 个 M4 螺钉均布在 ϕ148 mm 的圆上,将科普载荷固定在 $-Y$ 舱顶板($+X$ 板 $-X$ 面),如图 5.3(a)所示。考虑科普载荷罐体为铝合金材料,故采用钢丝螺套形式以增加螺纹连接强度,选用 ST4 钢丝螺套,如图 5.3(b)所示。

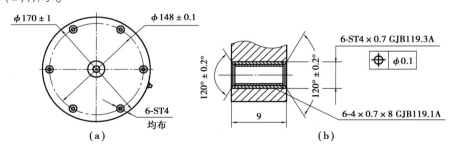

图 5.3　科普载荷安装截面示意图

2)上舱体耐压设计

科普载荷属于压力容器,内部压力为 1 个标准大气压,其外部工作环境为高真空环境,因此需对科普载荷结构进行耐压设计。经分析计算,结合力学环境,确定科普载荷结构尺寸如图 5.4 所示,上舱体壁厚 2 mm,上舱体盖板厚 3 mm,舱体与盖板之间通过 M131.5 螺纹连接。

上罐体与盖板采用 7075-T6 系锻造铝合金加工,屈服应力 505 MPa;导光玻璃采用钢化玻璃,表面应力≥95 MPa。

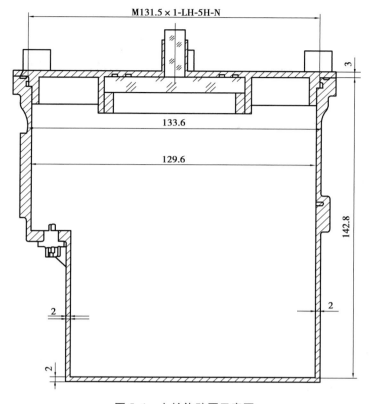

图 5.4 上舱体壁厚示意图

外部接插件安装方式如图 5.5 所示,均采用 4 个螺钉进行固定,其中,19 芯插座 CX_2-19MZJ 采用 M3 螺钉,如图 5.5 上部;四芯接插件,CX_2-4M_1ZJ 采用 M2 螺钉,如图 5.5 下部。

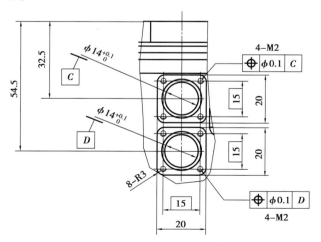

图 5.5 外部接插件安装面尺寸详图

内部接插件 37 芯 J30JM1-37ZKS 安装方式如图 5.6 所示,采用 2 个 M2 专用螺钉进行固定。

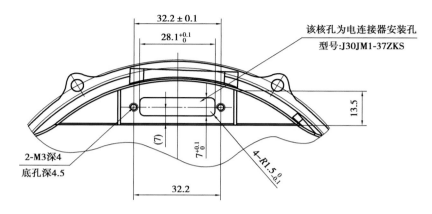

图 5.6　内部接插件安装面尺寸详图

为避免螺钉处泄漏,以上所有螺钉孔均采用盲孔形式。

3)热设计

密闭装置装有包括植物、动物、微生物在内的生物物种,并置于嫦娥四号着陆器内。密闭装置内部将构建并形成一个独立的微型生态系统,由于月面环境昼夜温差大,为保证微型生态系统可持续发展,必须对密闭装置进行环境控制,提供适合生物生长发育的环境温度。密闭装置的冷、热负荷主要由盖板的散热,螺母、接线柱等热桥散热,罐体侧面散热,副舱向主舱底面散热等方面组成。拟采用被动热控与主动热控相结合的热控技术,以控制密闭空间微环境温度。被动热控采用多层隔热组件技术,以减少和延缓密闭装置与外界的热量交换,主要运用在密闭装置的侧面、底面和顶面。主动热控采用具有热电效应的半导体制冷系统和电阻丝加热系统,利用半导体元件对密闭装置制冷,以及利用电阻丝为密闭装置加热。从而达到不同空间状态下的温控目标。

密闭装置拟采用分体式结构,结构如图 5.7 所示。密闭装置热控件主要由上舱体壳体、下舱体壳体、控制电路、热电制冷温控系统组成。其中,热电制冷温控系统由半导体制冷片、散热铜片以及散热铜片上的热管组成。半导体制冷片对称分布在罐体两侧并且其内侧与罐体紧密接触,外侧与散热铜片接触,设想的安装位置如图 5.8 所示。

上舱体隔热垫　　　　　　　　　　　　　　　R孔

散热片　　　　　　　　　　　　　　　　上舱体

上下舱体隔热环　　　　　　　　　　　　科普载荷电连接器

下舱体

图5.7　密闭装置结构示意图

散热铜片

半导体制冷片

图5.8　制冷器及散热器位置示意图

　　密闭装置拟采用的热控制技术有被动热控技术(多层隔热组件)和主动热控技术(热电制冷器)。其中,多层隔热组件可减少并延缓密闭装置与外界的热量交换,多层隔热组件主要运用在密闭装置主舱的侧面、底面、生物罐顶面及光导管周边,主要有两个作用:一是尽可能地减少密闭装置热量损失,主要在无太阳辐射阶段;二是隔离密闭装置周围环境热源的加热,主要在有太阳辐射阶段。半导体制冷片既可以在太阳辐射阶段为密闭装置提供冷量,也可以在无太阳辐射阶段为密闭装置提供热量。

　　为了减少月昼期密闭装置内的热负荷,将控制单元移至密闭装置底部进行分体设计。上舱体全部包裹多层隔热材料以减少漏热,下舱体侧面和底面进行发黑处理(发射率为 0.85)以便控制单元的产热及时散出,防止热沉积导致下舱体温度过高,使电子元器件失效,同时在上下舱体间隙中填充多层隔热材料,以减少下舱体对上舱体的影响。上下舱体的包裹情况如图 5.9 所示。光导管周围多层隔热组件外侧借用设备安装板上的热控销钉进行固定,并与舱板多层隔热组件形成搭接关系,如图 5.10 所示。同时将上舱体的连接螺栓以及上舱体上表面的连接螺栓均包裹有隔热材料,从而减少热桥的影响。

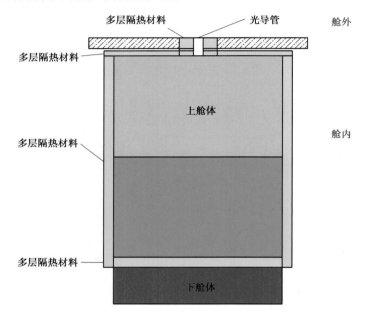

图 5.9   密闭装置上舱体与下舱体隔热措施

密闭装置选用的多层隔热组件分为两种:一种是用于上舱体的侧面、上下舱之间及密闭装置光导管周边的保温隔热;另一种是用于上舱体上表面与密闭装置安装板相对的部位。

光导管周围包裹拟设置的隔热材料为 15 个单元,厚度为 5 mm,表面发射率为 0.05,多层隔热材料的等效发射率为 0.02;主舱上表面与舱盖相对部位拟设置的包裹隔热材料为 15 个单元,厚度为 5 mm,表面发射率为 0.02,多层隔热材料的等效发射率为 0.02;主舱侧面包裹拟设置的隔热材料为 15 个单元,厚度为 5 mm,表面发射率为 0.05,多层隔热材料的等效发射率为 0.02;上下舱体之间间隙拟填充隔热材料为 15 个单元,厚度为 5 mm,表面发射率为 0.05,多层隔热材料的等效发射率为 0.02。

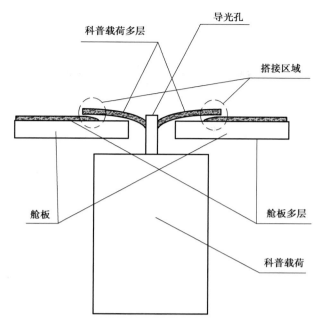

图 5.10　光导管周围搭接多层隔热材料示意图

（1）半导体制冷片设计方案

半导体制冷片参数见表 5.1。

表 5.1　半导体制冷片参数

热端温度 T_h/℃	冷端温度 T_c/℃	制冷量 Q_c/W	电流 I/A	输入电压 V_{in}/V	制热量 Q_h/W	输入功率 P_{in}/W	COP	尺寸 /mm
61	26	0.55	0.41	1.08	1.3	0.75	0.738	20×20

（2）热电制冷器选型

初步冷热计算结果汇总详见表 5.2。

表 5.2　冷热计算结果汇总表

计算条件	设计温度/℃	计算负荷/W	制冷/制热系数	功率要求/W
地月转移轨道	30	0.422	0.5	0.844
环月对日轨道	30	0.422	0.5	0.844
环月阴影轨道	1	0.115	1	0.115
月昼期	26	0.475	0.5	0.928
月夜期	6	0.440	1	0.440

地月转移轨道阶段和环月对日轨道阶段负荷构成一致,在这两个阶段中,系统通过侧面和底面保温材料流失的热量占该阶段总热负荷的比重最大,为47.4%,该部分负荷约占总负荷的50%。着陆月球后的月昼期中系统通过侧面和底面保温材料流失的热量占该阶段总热负荷的比重最大,为51.7%。

环月阴影轨道和月夜期阶段需要热电制冷器实现制热工况,内热源的存在对其总负荷是有利因素,会减少总热负荷需求。而系统通过其侧面和底面隔热材料流失的热量大于其总负荷需求。

这说明在进行联合实验时应当更加关注小型生物实验室侧面和底面保温材料的性能测试,并在可能实现的前提下对该部分多层隔热材料进行优化。

根据密闭装置热负荷的初步计算结果,半导体制冷片需要提供至少0.48 W的制冷量才能满足密闭装置的生物舱内温度的设计要求。为了满足设计要求,还需要保证有充足的制冷余量,设计制冷片尺寸为20 mm×20 mm×3.95 mm,具体TEC信息见表5.3和图5.11。

表5.3　半导体制冷片技术指标

项目		特性值	测试条件
最大电流值/A	I_{max}	4.0	$Q_c = 0, DT = Dt_{max}, T_h = 50\ ℃$
最大输入电压/V	V_{max}	4.3	$Q_c = 0, I = I_{max}, T_h = 50\ ℃$
最大温差/℃	Dt_{max}	76	$Q_c = 0, I = I_{max}, T_h = 50\ ℃$
最大吸热量/W	Qc_{max}	9.3	$I = I_{max}, Dt = 0, T_h = 50\ ℃$
最大使用温度/℃	$T_{h\,max}$	200	

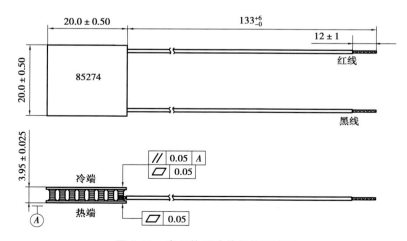

图5.11　半导体制冷片规格示意图

半导体制冷片的效率与冷热端的温度有关,温差 ΔT 越大,COP 就越低,制冷片性能参数如图 5.12 所示。

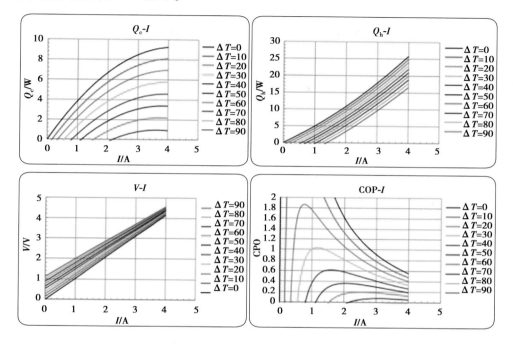

图 5.12 半导体制冷片的性能图表

(3)散热器的设计方案

①散热器的散热面积设计。为控制密闭装置总质量的要求,也为了能够将密闭装置内的热量散出,因此单个散热器外侧的换热面积拟设计为 18 000 mm²。当散热器的散热面温度为 65 ℃,舱内温度为 50 ℃时,由辐射散热公式

$$\Phi = \varepsilon_1 \times \sigma_b \times A_2 \times (T_1^4 - T_2^4)$$

可计算两片散热器的散热量为 3.54 W,根据设计要求及半导体制冷片的性能图表,密闭装置计算总热负荷为 0.48 W,制冷片在冷热端温差为 50 ℃,同时满足该制冷量的情况下的功率为 2.57 W,需要散出 3.05 W 的热量。因此,散热器的散热面积能够满足密闭装置罐体的散热要求。

两片散热铜片安装在罐体两侧,其中一片为对称型散热器,另一片为非对称型散热器,结构如图 5.13 所示。

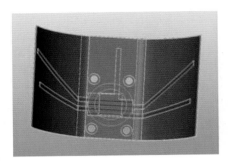 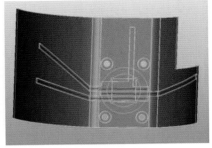

（a）对称型散热器　　　　　　　　　（b）非对称型散热器

图 5.13　散热铜片结构示意图

②散热器螺钉漏热问题解决方案。散热器采用规格为 M4 的钛螺钉固定，单个散热器上采用 4 个钛螺钉进行固定，如果直接通过钛螺钉将散热器与罐体相连，会使散热器的热量回流至罐体，因此，需要对该部分进行隔热处理。

散热器螺钉漏热的解决方案如图 5.14 所示，聚酰亚胺隔热垫圈将螺钉与散热铜片隔开，同时也将散热铜片与罐体隔开。螺钉尾部的聚酰亚胺隔热垫块里镶嵌有金属螺纹。螺钉固定在聚酰亚胺隔热垫块里可以将螺钉与罐体隔开，起着隔热的效果。

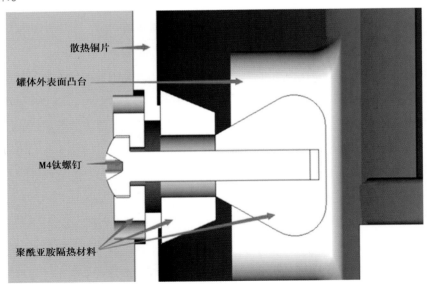

散热铜片

罐体外表面凸台

M4钛螺钉

聚酰亚胺隔热材料

图 5.14　散热器固定方式示意图

③其他增强散热器辐射换热措施。将散热器外侧辐射面做发黑处理来提高散热器外表面的发射率，可以有效增强辐射换热。将散热器与密闭装置相对的表面

做镜面抛光处理来减小发射率,从而减小散热器对罐体的辐射热量。

（4）总装方案

①将密闭装置1的光导管及定位螺孔与安装面的中央孔及定位孔分别对齐,如图5.15所示。

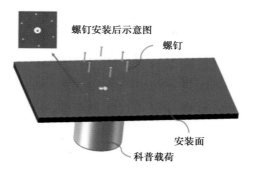

图 5.15 安装关系图

②为了减少密闭装置经安装螺钉的漏热量,在安装板(着陆器−Y舱+X板)上、下分别安装隔热垫。交付产品时,下隔热垫与密闭装置固定,上隔热垫随密闭装置一并提交至总体实施,如图5.16所示。

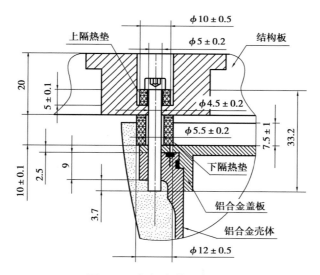

图 5.16 螺钉安装示意图

③完成安装后,在密闭装置安装板(−Y舱+X板+X面)搭接多层,搭接多层的一端与外部搭扣固定,另一端与密闭装置光导管外部固定,如图5.17所示。

通过地面试验与月面试验,最终表明该系统热控方案满足月面环境要求。

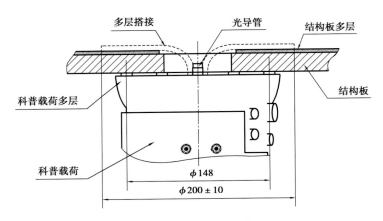

图 5.17　多层搭接示意图

4)水存储与释放方案设计

本方案在设计时考虑两种水的存储与释放方案:一种是主动方案,通过储水袋、电磁泵、管路、地面发送指令的形式实施;另一种是用玻璃瓶存储,通过水结冰后体积增加的物理现象,将玻璃瓶胀破后,待温度回升,水自动溢出进行释放。

由于科普载荷在合盖后 3 个月(发射场 2 个月、飞行 1 个月)才能进行科普展示试验,在这么长时间内要保证种子不发芽且不腐烂,就要确保种子所在的环境充分干燥。因此,对科普载荷进行分仓设计,上舱为生物展示区域,下舱为水存储区域,并将水用专用水袋存储,上、下舱缝隙用 GD414 胶封,尽可能地保证上下舱的空气隔离。为了保证生物在一个月昼期间生长发育必须的水分,载荷共携带了 18 g 水。在落月后需要开展科普展示试验时,通过地面发送指令,将水袋内的水由微型电磁泵(排量 7 mL/min)抽至生物舱。由于水是本实验控制生物生长的关键因素,也是实验的启动开关,对水的安全储存、密封和按时释放十分关键。受空间、指令等资源的限制,没有安装电磁阀,通过利用一种脂状材料的物理特性等效为阀门的功能。研制团队对该类材料也进行了大量的调研和试验,最终确定为凡士林,在 40 ℃ 以下时以固态存在,当所处环境温度高于 40 ℃ 时,溶化为液态。实施时,事先将凡士林加热至液态,由注射器注入出水管,注入深度大约 60 mm,待凡士林冷却凝固后与管壁内侧紧密粘连,以确保在载荷经历力学环境时水袋内的水受压能保持稳定。待要释放水时,事先将载荷加热至 40 ℃ 以上,开启电磁泵,通过泵的推力将凡士林和水同时排出。

5）密封性设计

（1）光导管密封性设计

由于光导管自身不具备密封性能，且通过 GD414C 胶固定在上舱体安装盖板中间顶部。为了不影响光线进入科普载荷内部，该位置设置了导光玻璃，且在导光玻璃与盖板之间安装两个端面密封圈，以减少内部气体的泄漏，同时保证光线的导入，如图 5.18 所示。

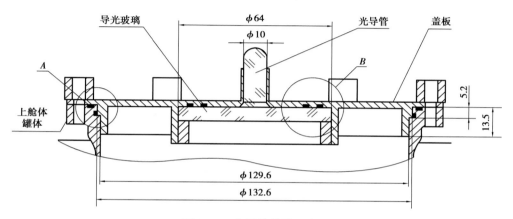

图 5.18　光导管装置示意图

端面密封圈型号如下：

GB/T 3452.1—2005，O 形密封圈 52×1.8。

GB/T 3452.1—2005，O 形密封圈 40×1.8。

安装位置如图 5.19B 视图所示。

（2）盖板密封性设计

上舱体盖板与罐体之间泄漏通过端面密封圈和轴向密封圈进行保证。安装位置如图 5.19 的 A 视图所示。

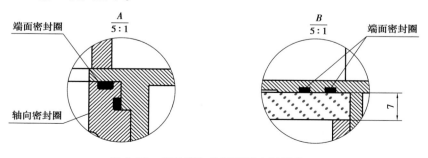

图 5.19　光导管与盖板泄漏密封措施

端面密封圈型号如下：GB/T 3452.1—2005，O 形密封圈 136×1.8。

轴向密封圈型号：GB/T 3452.1—2005，O 形密封圈 132×1.8。

（3）接插件密封性设计

科普载荷接插件数量共 5 个，其中外部接插件 4 个，与探测器总体连接，内部接插件 1 个，与科普载荷下舱体连接。所采用接插件均为气密性接插件且均为目录内元器件。

外部接插件采购自镇江惠通元二接插件有限公司，分别为 19 芯插座一个，型号为 CX_2-19MZJ；四芯接插件 3 个，型号为 CX_2-4M_1ZJ。

主要技术特性见表 5.4。

表 5.4　外部接插件主要技术特性

工作温度	−55 ~ 85 ℃	绝缘电阻	≥1 000 MΩ(500 V DC)
相对湿度	(+40±2)℃时相对湿度达 90% ~ 95%	耐电压	1 000 V(50 Hz 有效值)
气密性	低气压段位 1.33×10⁻⁴ Pa 时	额定电压	200 V(有效值)
漏气量	不大于 1 Pa·cm³/s	插拔寿命	500 次

内部接插件采购自贵州航天电器股份有限公司，37 芯插座，型号为 J30JM1-37ZKS。

内部接插件主要技术特性见表 5.5。

表 5.5　内部接插件主要技术特性

工作温度	−55 ~ 125 ℃	绝缘电阻	≥1 000 MΩ
相对湿度	+40 ℃，93%	介质耐压	600 V_{rms}
空气泄漏	≤1×10⁻³ Pa·cm³/s(常温常压)	接触电阻	≤30 mΩ
空气泄漏	≤5×10⁻² Pa·cm³/s(1 个大气压差下)	插拔寿命	200 次

6）相机防雾设计

科普载荷相机集耐辐照摄像、控制、传输、照明于一体，实现高湿常温腔体内无光源情况下的特定区域高清彩色成像。相机研制过程包括电性、粗样、鉴定、正样 4 个阶段，且每个阶段均与项目总体紧密配合、联试等。最终，正样相机具备上电自检功能，且主、副相机模块可切换工作，以外部输入指令为依据，改变自身工作状态，实现触发式拍照、缓存和传输等功能。

科普载荷内一主一副共两个相机的整套重量在 80 g 以内,通过半双工 485 接口与外部通信,输出 JPEG 压缩图片数据;整机以 5 V 直流供电,平均功耗不高于 0.6 W,具有防雾、耐辐射、抗冲击等特点;主摄像模块视场≥90°,最小物距 50 mm,分辨率 1 600 px×1 200 px(约 200 万像素);副摄像模块视场≥60°,最小物距 60 mm,分辨率 1 920 px×1 080 px(约 200 万像素)。

该设备为定制型产品,主要技术指标依据《科普载荷相机产品采购技术协议》,设备部分指标见表 5.6。

表 5.6 科普载荷相机主要技术指标表

指标名称	指标数值及描述
抗辐射能力	优于 0.08 mSV/h
整机重量	≤80 g
成像物距	不高于 120 mm
视场范围	优于 π×70 mm×70 mm
抗冲击能力	半正弦冲击满足 50g,能承受随机振动
通信接口	科普载荷相机数据传输采用 485 总线
湿度范围	0 ~ 100%
拍照方式	等待指令开机、拍照、回传数据、关机
整机功耗	不高于 0.6 W
图像分辨率	200 W
存储容量	相机自身需配备存储单元,且存储照片数量不少于 5 幅
防雾功能	成像光学系统具备防雾功能
压力检测	配备压力传感器接口,实现压力模块的数据获取和传输

图 5.20 高纯度镀膜玻璃窗

科普载荷相机研制的主要难点在于 100% RH 湿度下的防雾设计和软件设计。

科普载荷相机的防雾设计是设备的关键研制环节之一,措施的有效性关系到设备能否成像和成像质量。设备通过主体密封和光学窗口镀膜(亲水基活性剂)的方式避免雾气在玻璃窗上附着,镀膜玻璃如图 5.20 所示,防雾效果通过湿热试验进行测试,结果表明镀膜可有效避免玻璃窗结雾。

科普载荷相机的防雾处理主要包含玻璃内壁和外侧,任何一处出现水汽现象都会严重影响玻璃的透明性,进而在相机的成像数据上有体现。因此,科普载荷设计中采用相机腔体密封、光学窗口镀膜、光学窗口加热等措施,保障相机的防雾性能。

水汽在相机光学玻璃上的直观效果为水滴凝结,以相机内侧玻璃为例,由于相机内部密封设计,其湿度相对稳定,只有当相机光学窗口的内表面温度低于相机腔内空气的露点时,玻璃内表面上的水汽才会凝结。因此,设计中优先降低腔体内空气的湿度,保证露点温度尽可能地低;同时,对玻璃与电气系统的导热进行优化设计,使相机内侧玻璃的温度与电气模块一致,即始终大于等于密封腔体内的气体温度;最后是光学玻璃的镀膜处理,通过玻璃表面形成亲水分子层,进而降低空气中的水汽在玻璃表面的接触角,当接触角足够小时,即便水汽可以在玻璃内壁附着,也不会形成对成像造成影响的水滴,达到相机防雾的目的。

对相机外侧的玻璃表面,由于生物舱的高湿度环境,一旦温差存在,水汽凝结不可避免,故处理方式主要采用镀膜工艺和加热,保障光学窗口的温度不低于露点的同时,进行玻璃的透明性和均匀性处理措施,满足除雾需求。

5.1.5　地面试验分析

1)生物种植的实验及验证

生物种植的地面实验及验证,见表5.7。

表5.7　地面生物验证试验矩阵

序号	试验名称	试验目的	试验方法	试验条件	配合单位
1	耐温实验	检测生物搭载材料耐极端温度能力	将生物材料在不同的温度条件下处理,检测它们的成活能力	温度:$-80 \sim 50$ ℃	重庆大学
2	抗辐射实验	检测生物抗辐射能力	将生物在不同辐射强度下处理,检测成活能力	辐射源:X射线,辐射强度:月面平均辐射强度(0.7 mGy)的$10^4 \sim 10^6$倍	重庆大学

续表

序号	试验名称	试验目的	试验方法	试验条件	配合单位
3	植物材料萌发实验	检测植物材料的萌发能力	检测植物材料在注水后萌发效率	处理后的植物材料至少能存放3个月	重庆大学
4	生物舱固定方法改进试验	保证蛭石和种子在轨阶段不会飞出	用水溶棉对生物舱进行包裹,在模拟设计发射各阶段的冲击强度下,检测蛭石和种子的固定情况	模拟设计发射各阶段的冲击强度	重庆大学,513所
5	静置试验	保证在轨阶段种子处于休眠状态	种子在密闭无水环境中静置3个月后,检测种子的萌发能力	无水的密闭环境,温度为室温	重庆大学
6	计算密闭环境中氧气和二氧化碳含量的变化	保证密闭环境中氧气和二氧化碳的正常循环	通过传感器计算各生物的耗氧和产氧量	模拟整个过程	重庆大学
7	第一月昼模拟试验	检测第一月昼各生物的生长情况	将生物舱组装好,放入载荷罐中,在模拟第一月昼的环境下,检测各生物的生长情况	温度:30 ℃ 时间:8 天 持续光照	重庆大学
8	生物布局方案优化	保证照片能够清楚拍到生物的生长过程	通过种子的不同布局,检测相机拍摄的生物生长效果		重庆大学,成光所
9	1∶1 地面对照试验	探究地面环境下生物的生长情况	在地面与载荷进行1∶1同步实验	模拟载荷全程温度环境条件	重庆大学

续表

序号	试验名称	试验目的	试验方法	试验条件	配合单位
10	开放环境下地面对照试验	探究开放环境下生物的生长情况	用花盆种植植物,在地面进行同步开放环境下的生物生长实验	模拟载荷全程环境条件	重庆大学

2)**力学稳定性**

(1)力学试验及结果分析

①试验目的。模拟着陆器飞行时组件承受随机振动环境,暴露组件的材料和工艺制造质量方面的潜在缺陷。

②试验件状态。鉴定件、正样件。

③试验条件。正样科普载荷验收级振动($o\text{-}p$)试验量级,见表5.8和表5.9。

表5.8　冲击试验条件

频率/Hz	冲击谱加速度
100~800	+6 dB/℃t
800~4 000	800g
试验方向	3个轴向(着陆器机械坐标系 X,Y,Z 方向)
试验次数	每轴1次(验收级),每轴3次(鉴定级)

表5.9　正弦、随机振动试验条件

	着陆器机械坐标系 X 方向			着陆器机械坐标系 Y,Z 方向		
	频率/Hz	鉴定级	验收级	频率/Hz	鉴定级	验收级
正弦	5~20	5 mm	3.4 mm	5~15	8.8 mm	6 mm
	20~35	8g	5.4g	15~30	8g	5.4g
	35~70	15g	10g	30~100	6g	4g
	70~100	12g	8g			

续表

	着陆器机械坐标系 X 方向			着陆器机械坐标系 Y,Z 方向		
随机	10 ~ 200	+6 dB/oct	+6 dB/oct	10 ~ 200	+6 dB/oct	+6 dB/oct
	200 ~ 1 500	0.42 g^2/Hz	0.168 g^2/Hz	200 ~ 1 500	0.1 g^2/Hz	0.04 g^2/Hz
	1 500 ~ 2 000	−12 dB/oct	−12 dB/oct	1 500~2 000	−12 dB/oct	−12 dB/oct
	总均方根加速度	26.4g	16.7g	总均方根加速度	12.9g	8.1g

每个方向随机试验前、后需进行特征级扫频,特征级扫频的试验条件见表 5.10。

表 5.10 特征级低扫试验条件

X,Y,Z 方向	
频率/Hz	量级 g
10 ~ 1 000	0.5g
扫描速率	4 oct/min

④试验方法。科普载荷力学环境试验流程如图 5.21 所示。

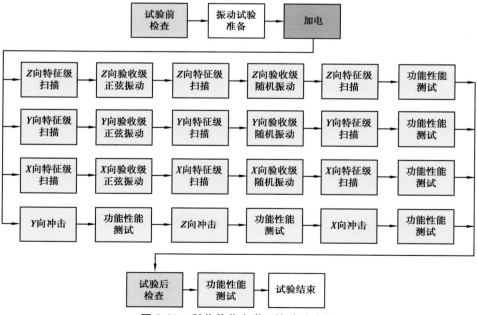

图 5.21 科普载荷力学环境试验流程

⑤试验结果分析。科普载荷在进行力学试验过程时保持加电状态。

由于科普载荷未闭环控温，在力学试验过程中制冷器、加热片均未启动，电磁泵放水指令未启动。待力学试验全部完成后，对科普载荷制冷器、加热片分别发送指令，电流由 0.12 A 增加至 0.55 A，迅速又回至 0.12 A，说明加热片、制冷器功能正常。对电磁泵放水指令验证待热真空试验第一个高温到位后进行。

如图 5.22 所示为科普载荷力学试验过程中主相机照片对比，通过照片可以看出，水溶棉未发生变化。由于传输数据速度慢，对副相机照片的采集不充分，如图 5.23 所示。力学试验后，对主副相机功能都进行了验证，结果无异常，如图 5.24 所示。

科普载荷生物培养基内为散乱蛭石，为了不使蛭石在科普载荷进行力学试验时散乱，在蛭石表面覆盖水溶棉，该物质遇水融化。通过试验照片可以判断，力学试验后，科普载荷内水溶棉无损，蛭石状态未变化，说明水溶棉能够保障科普载荷通过力学试验，如图 5.25、图 5.26 所示。

详细试验数据见科普载荷力学试验报告，见表 5.11、表 5.12。

表 5.11　科普载荷正样力学试验数据统计

试验阶段		测试时间	温度/℃				压力 /kPa	电流 /A	备注
			Rt1	Rt2	Rt3	遥测			
力学试验前		7 月 9 日,16：15	23.7	23.7	23.7	23.7	105.340	0.09	
正弦、随机振动	Y 方向	7 月 9 日,16：53	25.4	25.4	25.4	25.4	106.186	0.12	
	Z 方向	7 月 11 日,08：49	24.1	24.1	24.1	24.1	104.928	0.12	
	X 方向	7 月 10 日,16：05	23.7	23.7	23.7	23.7	104.487	0.12	
冲击	Y 方向	7 月 11 日,10：20	25.4	25.8	25.4	25.4	105.522	0.12	
	Z 方向	7 月 11 日,10：58	25.8	25.8	25.8	25.8	105.745	0.12	
	X 方向	7 月 11 日,11：13	26.2	26.2	25.8	25.8	105.710	0.12	
力学试验后,热真空试验前		7 月 11 日,21：31	20.7	21	21	21	103.333	0.09	

表 5.12　科普载荷鉴定级力学试验数据统计

试验阶段		测试时间	温度/℃				压力/kPa	备注
			Rt1	Rt2	Rt3	温度遥测		
离心试验	试验前	6 月 4 日,14：16	24.1	24.1	24.1	24.1	—	
			24.1	24.1	24.1	24.1	—	
	试验后	6 月 4 日,15：30	22.6	22.6	22.6	22.6	105.538	
			23	23	23	23	—	
冲击试验	Z 方向	6 月 4 日,16：25	24.1	23.8	23.8	24.1	105.937	
			24.5	24.5	24.5	24.5	—	
	Y 方向	6 月 4 日,16：48	24.5	24.5	24.5	24.5	106.235	
			25	25	25	25	—	
	X 方向	6 月 5 日,10：15	25	25	25	25	106.423	
			25.8	25.4	25.4	25.8	—	
正弦、随机振动试验	正弦 X 方向	6 月 5 日,11：07	26.2	25.9	25.9	26.2	106.955	
			27.1	26.7	26.7	27.1	—	
	正弦 X 方向验收	6 月 5 日,11：24	26.7	26.7	26.7	26.7	108.206	
			27.1	26.7	26.7	27.1	—	
	正弦 X 方向鉴定	6 月 5 日,12：17	27.1	26.7	26.7	27.1	108.269	
			28.4	28.1	28.1	28.4	—	
力学试验后		6 月 6 日,10：51	26.7	26.7	26.7	26.7	108.196	
			29.3	29.3	29.3	29.3	—	

（a）加速度试验　　　　（b）冲击试验　　　　（c）正弦、随机振动试验

图 5.22　力学实验平台

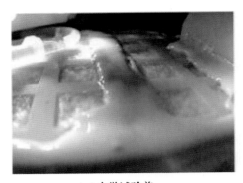

(a)力学试验前

(b)Y方向正弦随机振动后

(c)Z方向正弦随机振动后

(d)X方向正弦随机振动后

(e)X方向冲击后

(f)Y方向冲击后

(g)Z方向冲击后

图5.23　正样件力学试验过程主相机照片变化情况对比

(a) Y方向正弦随机振动后

(b) Z方向正弦随机振动后

(c) X方向正弦随机振动后

(d) X方向冲击后

图5.24 正样件力学试验过程副相机照片变化情况对比

(a) 力学试验前

(b) 力学试验过程

图5.25 鉴定件放水前后载荷内部照片变化对比

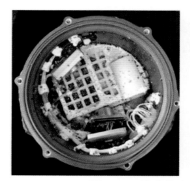

图5.26 鉴定件力学试验后开盖情况

（2）耐压性能与破坏性能试验及结果分析

正常状况下，载荷内温度为 1 ~ 35 ℃，月昼期温度为（35±5）℃，内部压力为 1 个标准大气压。当载荷故障时，载荷内温度根据《科普载荷接口安全性控制要求》文件规定为 150 ℃，根据气体状态方程可以计算得载荷内部压力为 1.4 倍标准大气压，换算为 0.14 MPa。

①试验目的。

验证容器罐体的结构强度是否符合要求，确保科普载荷的工作性能。

②试验产品状态。

试验产品与科普载荷正样产品结构一致、材料一致，接插件均与正样产品同一批次。

③试验条件。

a. 常温常压。

b. 根据《科普载荷接口安全性控制要求》文件规定，取安全系数为 2.5，最大压力为 0.35 MPa 作为科普载荷耐压试验压力。

④试验方法。

A. 耐压试验的实施方法。

做一个转接头，随机取 X01 ~ X03 任意一个接插件替换为转接头，作为科普载荷破坏及耐压试验的工艺孔，如图 5.27 所示。由该工艺孔进行注水施压，同时计算机实时记录载荷内压力数据。

待加压流体的温度与压力容器的温度（壁温）大致相等后开始升压。

水压试验时，边排除空气边充满水（液），确认没有残留空气。

应先缓慢升压至规定试验压力的 10%，即 0.035 MPa，保压足够时间（5 min），并且对所有连接部位进行初次检查；如无泄漏可继续升压到规定试验压力的 50%，即 0.175 MPa；如无异常现象，其后按照规定试验压力的 10% 逐级升压，每次升压 0.035 MPa，直到耐压试验压力为 0.35 MPa，保压足够时间（10 min）；然后降至设计压力 0.14 MPa，保压足够时间进行检查，确认有无局部鼓出、伸长等异常现象，检查期间压力应保持不变。

待降压及排水耐压试验结束后，进行泄压及排水，排水时应注意避免产生负压，降压应缓慢进行。

B. 破坏压力试验方法。

由该工艺孔进行注水施压,同时计算机实时记录载荷内压力数据。注满水后逐步增加压力,步长为 0.01 MPa,直至计算机监测压力发生陡变,结束试验。

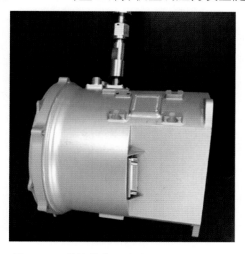

图 5.27　科普载荷压力试验工艺孔示意图

⑤试验结果分析。

2018 年 2 月 6 日,科普载荷总体在兰州 510 所开展了科普载荷耐压试验和压力破坏性试验,如图 5.28 所示。

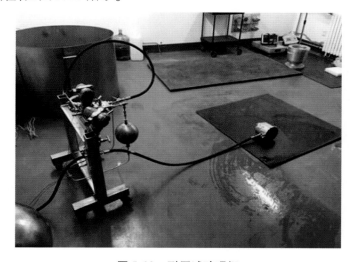

图 5.28　耐压试验现场

试验过程中,0.25 MPa、0.35 MPa 压力均保持 10 min,无液体溢出痕迹,如图 5.29 所示。

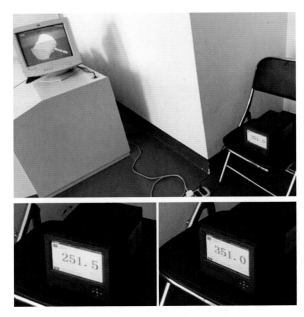

图 5.29　耐压试验数据监测

试验表明,科普载荷上罐体破坏压力为 1.95 MPa,如图 5.30 所示。

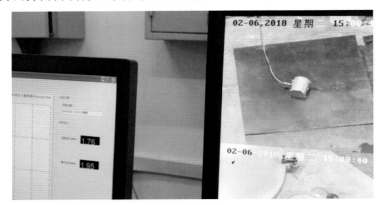

图 5.30　破坏性试验数据监测

根据试验现象可知,载荷壳体与盖板之间出现缝隙。载荷壳体与盖板之间通过螺纹连接。在内部压力作用下,科普载荷壳体口部位置内径增加,且端盖受到压力,在双重作用下,当压力达到 1.95 MPa 时,盖板与壳体之间的螺纹错开一扣,导致载荷内压力陡然下降,如图 5.31 所示。

完成试验后,对连接螺纹进行检测,并无异常,且盖板与壳体之间配合正常,如图 5.32 所示。

（a）破坏试验间　　　　　　　　　　（b）试验设备

图5.31　破坏性试验前状态

图5.32　破坏性试验后状态

3）月面光照条件的模拟验证

（1）试验目的

生物的生存是实现科普载荷目标的关键,利用光导管传送技术近似模拟载荷舱在着陆的多种工况下,不同光照条件下,生物载荷舱内部植物舱范围所获得的光照情况,并验证透光模块设计的正确性。

（2）试验产品状态

科普载荷上罐体结构件、光导管(正样同批次)。

（3）试验条件

①常温。

②常压。

③黑暗环境(20:00后的室内无照明环境)。

（4）试验方法

①在无自然光条件下，关闭其他光源，只保留试验采用的直线光源，防止其他光源对试验造成干扰。

②将试验光源点亮 15 min，保证光源充分点亮且达到稳定，将光导管安装到透光孔上。

③选取植物舱为测试点，并将光度计水平放置在植物舱中心，连接好电源。

a. 第一种工况：标准着陆测量。安装光源使光线与水平面成 15°夹角入射，待光度计示数稳定，按下"hold"键，读出光度计示数，测量 3 次，并记录数据。

b. 分别将入射角度改为 30°,45°,60°,75°,90°，重复测定 3 次，记录相应数据。

c. 第二种工况：着陆发生偏斜。将生物舱倾斜一个明显的角度，重复步骤③，得到第二种工况下的数据。

d. 第三种工况：透光玻璃板出现水雾。由于植物的呼吸作用和水分的蒸发等原因，可能在透光玻璃板上形成水雾，因此，科普载荷人为地在透光玻璃板上增加了一层水雾，并重复第一种试验工况的方法，得到第三种工况下的光照度情况。

e. 第四种工况：月尘影响。在光导管上科普载荷均匀地加上一层灰尘，模拟月尘的影响，并重复第一种工况的步骤，得到月尘影响下的光照度情况。

④试验结束后，将光导管卸下，光度计关机放好。

（5）试验结果分析

在无自然光的条件下，关闭其他光源，只保留试验采用的直线光源，防止其他光源对试验造成干扰；将试验光源点亮 15 min，保证光源充分点亮且达到稳定，将光导管安装在透光孔上；选取植物舱为测试点，并将光度计水平放置在植物舱中心，接好电源，如图 5.33 所示。

图 5.33　光导管和光度计的安装

①第一种工况:标准工况,如图 5.34 所示。

（a）光线与水平面成 15°夹角

（b）光线与水平面成 30°夹角

（c）光线与水平面成 45°夹角

（d）光线与水平面成 60°夹角

（e）光线与水平面成 75°夹角

（f）光线与水平面成 90°夹角

图 5.34　光线与水平面不同夹角试验状态

②第二种工况:倾斜着陆,如图 5.35 所示。

③第三种工况:水雾影响,如图 5.36 所示。

④第四种工况:月尘影响,如图 5.37 所示。

图 5.35　倾斜工况的仪器安装

（a）有水雾　　　　　　　　（b）无水雾

图 5.36　有水雾和无水雾的透光玻璃板对比图

（a）没有月尘的光导管　　　　　　　　（b）有月尘的光导管

图 5.37　没有月尘的光导管和有月尘的光导管

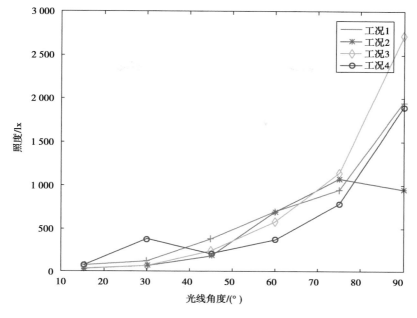

图 5.38　4 种工况坐标对比曲线图

各工况下罐内照度测量结果,如图 5.38 所示。用实验测得的最小照度 33 lx 来计算,由量纲分析,得出每小时进入罐体的光量子数为 $33×0.019×6.02×10^{17}×3\,600×0.012\,9 = 1.75×10^{19}$ 个,将光度计放在和导光管相同的光照情况下(15°),测得此时的照度为 11 620 lx,同比例扩大,可以近似得到在月球上的最小光量子数也能达到 $1.91×10^{20}$ 个。

考虑植物的光合作用和光能利用效率等因素,每小时进入容器的光量大约为 $1.08×10^{20}$ 个,而通过实验测得的光量子数为 $1.91×10^{20}$ 个,保证了进光量完全可以满足植物光合作用的需要,由此综合考虑,将导光模块设计直径为 10 mm,采用导光管导光的设计,将月球表面自然光引入载荷内部,满足植物光合作用的需要。

4)密封性能试验

2018 年 10 月 11 日,由 511 所专业检漏人员在 581 厂房 131 房间对科普载荷进行了总体检漏,检漏结果为科普载荷整体漏率 $1.9×10^{-5}$ Pa·m³/s,满足总体指标($<1.0×10^{-4}$ Pa·m³/s)。

(1)检漏方法

科普载荷总漏率检测采用钟罩真空压力变化法。

设计一定容积可抽真空具有保温层的刚性容器,容器本身压力变化 10 min 小于 20 Pa。将产品放入容器内,将容器抽真空,监测刚性容器内压力变化,并通过通道型漏孔进行比对,算出产品总漏率。钟罩真空压力变化法基本原理,如图 5.39 所示。

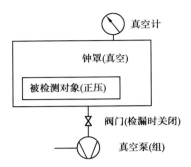

图 5.39 钟罩(真空)压力变化法基本原理图

钟罩真空压力变化法的具体试验步骤:

①将产品放入容器内,再将容器抽真空至 100 Pa 以下。

②关闭真空泵与容器之间的阀门,等待一定时间。

③累计一定时间,记录真空计示数的变化值。

④检漏系统校准。

⑤计算产品总漏率。

(2)检漏结果分析

科普载荷检漏过程(图 5.40)抽真空时间为 2.5 h 至 3.95 Pa,关闭真空泵阀门,压力稳定 5 min 后,开始真空罩压力变化值测试,测试结果见表 5.13。

图 5.40 检漏过程

表5.13 真空罩内压力变化情况表

时间/min	压力/Pa	前后压差/Pa
0	6.13	—
5	7.80	1.67
10	9.38	1.58
15	11.00	1.62
20	12.40	1.40
25	13.80	1.40
30	15.30	1.50

根据所示,测试数据变化速率稳定,满足检漏要求。

压力变化值为:

$$\Delta P = (15.3-6.13)\,\text{Pa} = 9.17\,\text{Pa}$$

测试时间:

$$\Delta t = 1\,800\,\text{s}$$

真空罩有效容积:

$$V = 3.7 \times 10^{-3}\,\text{m}^3$$

总漏率:

$$Q = \frac{\Delta P}{\Delta t} \cdot V = 1.9 \times 10^{-5}\,\text{Pa} \cdot \text{m}^3/\text{s}$$

测试结果满足科普载荷在轨要求。

5.2 分系统设计

5.2.1 生物方案设计

1)物种的筛选

生物系统在物种筛选上,经历了3个阶段。在第一阶段中,科普载荷选取了马铃薯、拟南芥和桑蚕作为入选物种,并完成了包括植物种子萌发试验、生物材料消毒试验、耐辐射试验等一系列模拟试验,并于2017年5月31日在中国地质大学顺利通过了项目独立评审。但在2018年2月2日的独立评估会上,由于电池风险点不可控的因素,提出了不再携带电池的载荷方案。在不携带电池的月面环境下,载荷罐在月昼期内温度会达到30℃左右,在月夜期温度会下降到−50℃以下。在此条件下,桑蚕由于比较脆弱,无法正常孵化和生长,因此科普载荷用生长发育周期仅为10天左右的果蝇代替。拟南芥在30℃时长势较弱,照片展示效果不佳,于是科普载荷重新筛选到油菜和棉花,其种子幼苗较大,在30℃时生长快,照片展示效果好。科普载荷还选取了风雨兰,它能够在10天左右开花,能够满足本次科普载荷的最高目标,即在月球表面开出第一朵花。此外,由于第一阶段的生物舱只有一个舱室,一旦注水后各生物开始萌发生长,就无法度过第一个月夜期在−50℃的低温,因此,科普载荷增加了第二个月昼舱室,让油菜和棉花种子度过第一月夜的低温,将在第二月昼期发芽生长。通过这些大量的生物筛选和实验,科普载荷在第二阶段选取的物种变更为马铃薯、油菜、棉花、风雨兰、果蝇和酵母,通过各项模拟试验,科普载荷确定这些物种具有较好的展示效果、物种彼此兼容性强、同时满足第一和第二月昼的试验要求、与水溶棉搭配效果好、与人类粮棉油需求密切相关。在2018年7月16日的"科普载荷生物物种状态更改"评审会上,该状态变更通过了专家评审组的评审。然而,在2018年9月28日的嫦娥四号任务搭载生物科普试验载荷热敏电阻阻抗问题全面风险评估及接口安全性确认会上,明确在轨飞行阶段的临界温度为−20℃。在此温度下,第二月昼室的玻璃水瓶会冻裂,存在安全隐患,提出不再携带玻璃水瓶的载荷方案。同时,科普载荷通过试验,发现风雨兰球茎无法抵抗长时间的−20℃低温,无法实现预期目标,因此,决定用拟南芥替换风雨兰。最终科普载荷选取的物种为油菜、棉花、马铃薯、拟南芥、果蝇和酵母,并于2018年10月6日完成生物舱正样的组装。

科普载荷最终确定生物搭载方案为马铃薯、油菜、棉花、拟南芥、酵母、果蝇。详见表5.14。

表5.14 生物搭载方案

生物材料	拟搭载数量	单位重量	物种搭载重量/g
马铃薯种子	15 粒	0.000 4 g/颗	0.006
油菜种子	15 粒	0.006 3 g/颗	0.094 5

续表

生物材料	拟搭载数量	单位重量	物种搭载重量/g
棉花种子	6 颗	0.124 g/颗	0.496
拟南芥种子	15 粒	0.000 01 g/颗	0.000 15
酵母	1 000 000 个孢子	0.000 000 05 g/孢子	0.05
果蝇蛹	5 枚	0.001 g/枚	0.005

2）生物的固定方案

生物的固定方案经过数百次的实验,最后程序化如下:

①将所有的非生物材料放入超净工作台中,打开紫外灯照射 30 min。

②关闭紫外灯,打开玻璃挡板通风,用 75% 乙醇擦拭消毒,将消毒过的生物材料放入超净工作台中。

③在 3D 打印生物舱的第一月昼室装入蛭石,蛭石厚度和生物舱底座厚度一致,然后铺平。

④在第一月昼室装入 10 粒油菜种子,4 粒棉花种子,10 粒马铃薯种子,10 粒拟南芥种子,5 粒果蝇蛹,0.05 g 酵母粉。

⑤将水溶棉剪成生物舱第一月昼室盖形状,在角落螺钉固定处剪出缺口。

⑥将水溶棉盖上,最后盖上盖子。

⑦在第二月昼室装入蛭石,蛭石厚度和生物舱底座厚度一致,然后铺平。

⑧装入 5 粒油菜种子,2 粒棉花种子,5 粒马铃薯种子,5 粒拟南芥种子,0.05 g 酵母粉。

⑨将水溶棉剪成生物舱第二月昼室盖形状,在角落螺钉固定处剪出缺口。

⑩将剪好的第二月昼室水溶棉盖在第二月昼室的蛭石上。

⑪将第二月昼室原水瓶处用水溶棉进行填充,并将第二月昼室盖子盖上。

⑫将 9 个螺钉固定处用 M2 螺钉固定。

⑬在四周缝隙及中间两舱室分隔处涂上硅橡胶。

⑭将组装好的生物舱放在超净工作台中,通风,持续 24 h。

根据科普载荷相机视场及生物生长情况试验,确定科普载荷生物布局方案如图 5.41 所示,红色虚线框内为主相机拍照范围。第一月昼室为 A 区,第二月昼室为 B 区。

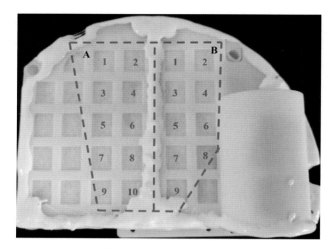

图 5.41　生物舱生物布局

A 区中,根据植物幼苗大小进行布局,9 号和 10 号区域放拟南芥种子,5 号和 7 号区域放油菜种子,6 号和 8 号区域放马铃薯种子,3 号和 4 号区域放棉花种子,1 号和 2 号区域由于距离太远,且视野高度太低,会被前面的植物挡住,没有很好的展示效果,因此,放没有展示效果的酵母粉。红色虚线框外的区域均匀放置果蝇蛹。

B 区中,同样根据植物幼苗大小进行布局,9 号区域放拟南芥种子,5 号和 7 号区域放油菜种子,6 号和 8 号区域放马铃薯种子,3 号和 4 号区域放棉花种子,1 号和 2 号区域由于距离太远,且视野高度太低,会被前面的植物挡住,没有很好的展示效果,因此不放生物。

入选物种介绍及选择理由:

(1)果蝇(英文名:Fruit Fly,拉丁名:*Drosophila melanogaster*)

果蝇生活史短,易饲养,繁殖快,染色体少,突变型多,个体小,是一种很好的遗传学实验材料和模式生物(model organism)。在 20 世纪生命科学发展的历史长河中,果蝇扮演着十分重要的角色,是十分理想的模型生物。遗传学的研究、发育基因调控的研究、各类神经疾病的研究、帕金森氏病、老年痴呆症、药物成瘾和酒精中毒、衰老与长寿、学习记忆与某些认知行为的研究等都有果蝇的"身影"。

2014 年 9 月 2 日,俄罗斯科学院生物医学问题研究所发言人透露,携带壁虎、果蝇、虫卵、蘑菇和高等植物种子的"光子-M"四号生物卫星于 9 月 1 日在奥伦堡着陆。其中,5 只壁虎全部"殉职",果蝇却存活了下来。

果蝇的生长发育阶段如下:雌果蝇可以一次产下 400 个 0.5 mm 大小的卵,它们由绒毛膜和一层卵黄膜包裹。在 25 ℃ 环境下,22 h 后幼虫就会破壳而出,并且立刻觅食。它们的首要食物来源是使水果腐烂的微生物,如酵母和细菌。幼虫 24 h 后就会第一次蜕皮,并且不断生长,以到达第二幼体发育期。经过 3 个幼虫(Larva)发育阶段和 4 天的蛹期(Pupae),在 25 ℃ 下过一天,就会发育为成虫(Adult),整个发育周期为 10 ~ 15 d,整个生命周期可达两个月(图 5.42)。

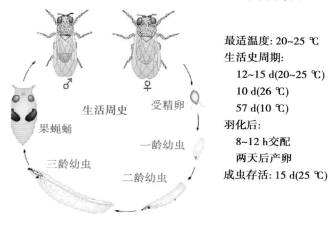

图 5.42 果蝇生活史

(2)马铃薯(英文名:Potato,拉丁名:*Solanum tuberosum*)

马铃薯为世界第四大粮食作物,我国是世界马铃薯生产和消费第一大国。马铃薯适应性广,抗逆性强,营养全面,口感好,产量高,抗辐射,对光、温、水、肥等条件要求不高,在 5 ~ 30 ℃ 范围内都可以生长。美国 NASA 与国际马铃薯中心(CIP)已经开始在地球上模拟火星的环境中培育马铃薯,希望最终在火星上建造一个可控制气候的穹顶来种植马铃薯。马铃薯是北美和欧洲人民的主食之一,我国也于 2015 年启动了"马铃薯主粮化战略"。马铃薯种子在无水时处于休眠状态,对氧气和其他资源需求低,有利于工程的实施。登月后第一个月昼期内,通过水分释放使种子萌发,实现载荷的展示内容之一"种子萌发"。幼苗在萌发后短时间内就可进行光合作用,行使其作为"生产者"的生态学功能,为虫卵及幼虫的发育提供氧气。月夜期马铃薯幼苗可以在 0 ~ 4 ℃ 存活,等待下一个月昼继续生长和进行光合作用。月昼连续光照,有利于马铃薯叶片充分发育;月夜连续黑暗,有利于薯块形成(图 5.43)。

图 5.43　已结薯的马铃薯植株

（3）油菜（英文名：Edible Rape；拉丁名：*Brassica napus* L）

油菜，又叫油白菜，苦菜，十字花科、芸薹属植物，原产我国，其茎颜色深绿，属十字花科白菜变种，花朵为黄色。农艺学将植物种子含油的多个物种统称油菜（图 5.44）。

油菜主要分布在安徽、河南、四川等地。油菜营养丰富，其中维生素 C 含量很高。油菜一般生长在气候相对湿润的地方，例如，中国的南方。油菜也有许多用处，如油菜花在含苞未放的时候可以食用；油菜花盛开时也是一道亮丽的风景线（如中国陕西汉中、青海、云南等地都是著名的油菜花观赏旅游区）；油菜籽可以榨油。

图 5.44　油菜植株

（4）棉花（英文名：Cotton；拉丁名：*Gossypium* spp）

棉花，是锦葵科（Malvaceae）棉属（*Gossypium*）植物的种籽纤维，原产于亚热带。

植株灌木状,一般为 1 m 左右。花朵乳白色,开花后不久转成深红色然后凋谢,留下绿色小型的蒴果,称为棉铃。棉铃内有棉籽,棉籽上的茸毛从棉籽表皮长出,塞满棉铃内部,棉铃成熟时裂开,露出柔软的纤维。纤维白色或白中带黄,长 2 ~ 4 cm,含纤维素 87% ~90%,水 5% ~8%,其他物质 4% ~6%(图 5.45)。

棉花是世界上最主要的农作物之一,产量高、生产成本低,因而棉制品价格比较低廉。棉纤维能制成多种规格的织物,从轻盈透明的巴里纱到厚实的帆布和厚平绒,适于制作各类衣服、家具布和工业用布。棉织物坚牢耐磨,能够洗涤和在高温下熨烫。通过其他整理工序,还能使棉织物防污、防水、防霉;提高织物抗皱性能;降低织物洗涤时的缩水率,使缩水率不超过 1%。

图 5.45　棉花植株

(5)拟南芥(英文名:Arabidopsis;拉丁名:*Arabidopsis thaliana*)

拟南芥属被子植物门、双子叶植物纲、十字花科,是现代植物学、遗传学研究中最受欢迎的模式生物之一。本载荷选择此材料主要是展示植物开花。拟南芥中有多个突变体可以在萌发后 20 天内开花,如突变体 *eaf* 1(early flowering 1)(图 5.46),从种子萌发到开花只需 19.3 天,比目前已知自然界中存在的最早开花的植物所需的时间更短。此外,由于拟南芥植株的株型较小,可在载荷生物罐的空间内实现开花。与马铃薯种子相同,拟南芥种子在无水时维持休眠状态,可节约资源,降低工程实施难度。登月后,通过水分释放实现"种子萌发""光合作用"和"植物开花"等。拟南芥植株能在月夜低温条件下生存,常温下完成生命周期需要 40 ~ 60 天。

图 5.46　拟南芥野生型植株 Lansberg 和突变体 *eaf*1 开花期比较

（6）酵母（英文名：Yeast；拉丁名：*Saccharomyces cerevisiae*）

酵母是单细胞微生物。它属于高等微生物的真菌类，和高等植物的细胞一样，有细胞核、细胞膜、细胞壁、线粒体、相同的酶和代谢途径。酵母无害，容易生长，空气中、土壤中、水中、动物体内都存在酵母。有氧气或者无氧气都能生存。

在医药工业中，酵母及其制品用于治疗某些消化不良症，并能提高和调整人体的新陈代谢机能。因此，药用酵母的生产在酵母工业中占有重要地位。在畜牧业中，酵母广泛用作精饲料以增加饲料中的蛋白质含量，对提高禽畜的出肉率、产蛋率和产乳率，对肉质的改良和毛皮质量的提高均有明显的效果。

在微型生态系统中，酵母可以利用植物根际分泌物生长，并同时作为果蝇的食物。酵母是兼性厌氧生物，其在氧气富足时可以进行有氧呼吸，产生植物所需的二氧化碳。同时在缺乏氧气时，发酵型的酵母通过将糖类转化成为二氧化碳和乙醇来获取能量。所以酵母可以作为一个微型生态系统内氧气和二氧化碳浓度平衡的天然调节器。

3）第一阶段试验方案以及试验进度

（1）植物材料萌发试验

实验目的：研究搭载植物材料能否在注水后顺利萌发。

实验方案：模拟月昼环境下生物载荷装置中马铃薯种薯，多肉植物和骆驼刺种子在注水后，观察并记录其种子萌发及生长情况。实验设置多次重复对照。

实验时间：2017 年 1—12 月。

实验进度和结果：马铃薯种薯，多肉植物和骆驼刺种子在模拟月昼条件下注水后，7 天内发芽和生长状况均保持良好（表 5.15）。本次实验完成了 20 次以上的重复试验。

表 5.15　马铃薯种薯,多肉植物和骆驼刺种子共同萌发 7 天生长状况

项目	第 2 天	第 3 天	第 5 天	第 7 天
马铃薯种薯	—	√	↑	↑
骆驼刺种子	√	↑	↑	↑
多肉植物	—	√	↑	↑
马铃薯平均株高/cm			0.5	2.8
骆驼刺平均株高/cm		0.5	2.8	4.9
多肉植物平均株高/cm		0.5	0.5	0.8

注:√表示种子萌发;↑表示幼苗生长;—表示种子未萌发。

(2)耐高温和低温试验

实验目的:考虑在登月中可能出现的高温和低温环境,研究搭载生物能否长时间抵抗高温(35±5 ℃)和低温(-5±5 ℃),以及在此环境下的生长发育状态。

实验方案:设定高温 35 ℃和 40 ℃以及低温 0 ℃和-5 ℃条件下,记录搭载植物萌发,虫卵孵化及生长情况。实验设置多次重复对照。

实验时间:2017 年 11 月—2018 年 2 月。

实验进度和结果:在低温下处理,骆驼刺种子、马铃薯薯块、多肉植物和果蝇卵能够保持滞育休眠状态。高温下,各生物材料均能正常存活,且生存状况良好(表5.16)。本次实验完成了 20 次以上的重复试验。

表 5.16　高温和低温下生物材料生存状况

温度/℃	骆驼刺种子	骆驼刺幼苗	多肉植物	马铃薯微型薯	马铃薯幼苗	果蝇卵	果蝇幼虫	果蝇成虫
-5	休眠	死亡	死亡	休眠	死亡	死亡	死亡	死亡
0	休眠	存活	存活	休眠	存活	休眠	死亡	死亡
35	萌发	存活	存活	长芽	存活	孵化	存活	存活
40	萌发	存活	存活	长芽	存活	孵化	存活	存活

(3)耐辐射试验

实验目的:检测所选生物材料能否抵御太空辐射。

实验材料:多肉植物和骆驼刺种子、骆驼刺幼苗,果蝇滞育期虫卵、果蝇解除滞

育的虫卵、果蝇孵化后的幼虫和成虫,微生物酵母。

辐射源:X 射线,辐射强度为理论月面辐射强度(0.7 mGy)的 $10^4 \sim 10^6$ 倍。

实验时间:2018 年 1 月—2018 年 3 月。

实验进度和结果:所有物种对强辐射均处于耐受状态,可以正常生长发育。

(4)植物材料和果蝇卵消毒试验

实验目的:探究最有效的消毒方式。

实验方案:植物材料使用标准种子消毒方法进行消毒,果蝇卵使用次氯酸消毒液刷洗卵面,处理不同时间,每个时间对应两组虫卵,晾干后,一组置于固体培养基上,记录菌落生长情况,另一组在适宜环境下催青孵化,统计孵化率。通过菌落生长情况和孵化率,获取最佳消毒液浓度。

实验时间:2017 年 1 月—2018 年 2 月。

实验进度和结果:植物材料使用标准植物种子、植物幼苗、马铃薯微型薯消毒方法进行消毒,消毒效果良好,且对植物生长无影响。同时用次氯酸处理果蝇卵 3 min 后,消毒效果良好,且对果蝇卵的孵化率影响最低(表 5.17)。本次实验完成了 20 次以上的重复试验。

表 5.17　次氯酸处理不同时间的消毒状况以及对果蝇卵的孵化率影响状况

时间/min	菌落生长情况	虫卵孵化率/%
1	有	100
3	无	70
5	无	15

(5)植物材料静置试验

实验目的:确保植物材料在抵达月表注水前不会生长。

实验方案:将所有生物材料放入模拟载荷装置内,在室温环境下静置。每天记录所有生物生长发育状态,同时利用安装的传感器,获取不同生长发育过程中的氧气、二氧化碳和空气湿度相关数据。

实验时间:2017 年 12 月—2018 年 7 月。

实验进度和结果:将所有生物材料放入模拟载荷装置内,在室温环境下静置。每天记录所有生物生长发育状态,同时利用安装的传感器,获取不同生长发育过程中的氧气、二氧化碳和空气湿度相关数据(图 5.47),实验结果表明植物材料在抵达月表注水前不会生长。

（a）整体图　　　　　　　（b）O_2　　　　　　　（c）CO_2

图 5.47　模拟载荷装置中的 O_2、CO_2 含量测量装置

（6）材料固定试验

实验目的：将生物材料固定在生物罐内。

实验材料：果蝇虫卵、马铃薯种薯、多肉植物、骆驼刺种子、棉花纤维、纱布、蛭石土壤和固定模块装置。

实验方案：在装置底部放入纱布，然后铺上 10 g（蛭石土壤+酵母粉+果蝇卵）混合物，接着盖上一层薄棉花（棉花上用剪刀剪出小口，一方面便于植物种子扎根和果蝇幼虫爬出，另一方面便于插入多肉植物叶片和微型薯），棉花小孔中插入 4 片多肉植物叶片和 4 个微型薯，上面放上 10 粒骆驼刺种子，然后再盖上一层纱布，最后在上面盖上盖子，4 个角用螺钉固定。

实验时间：2018 年 1 月—2018 年 2 月。

实验进度和结果：固定方法已确定，植物材料和果蝇生长不受影响（图 5.48）。

图 5.48　生物材料固定装置

（7）抗冲击试验

实验目的：检测材料固定方式的可靠性以及生物材料的抗冲击能力。

实验材料：固定好的各生物材料。

实验方案：将生物材料按材料固定方式固定，然后进行力学冲击实验，检测固定方式是否有效，并将实验后的生物材料在适宜条件下培养，检测各材料的存活状态。

实验时间：2018年2月—2018年3月。

实验进度和结果：生物材料固定方法已确定，力学冲击实验已经完成，实验结果证明固定方法非常牢固。

（8）生物共同培养试验中氧气和二氧化碳浓度以及湿度实时监控试验

实验目的：记录生物材料在各个阶段的生长发育状态和实时的氧气和二氧化碳浓度以及湿度监控。

实验方案：模拟月昼环境下生物载荷装置中所有生物的共同培养实验，每天记录所有生物的生长发育状态，同时利用安装的传感器，获取不同生长发育过程中的氧气、二氧化碳和空气湿度相关数据。实验设置多次重复对照。

实验时间：2017年12月—2018年7月。

实验进度和结果：模拟月昼环境下生物载荷装置中植物材料正常生长，氧气、二氧化碳含量能够满足载荷装置中生物生长的需求（图5.49）。

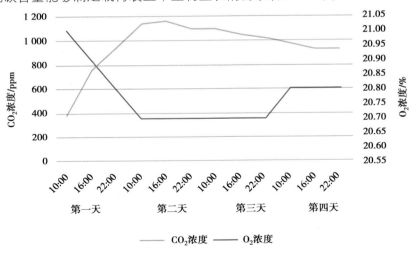

图5.49　载荷装置中O_2和CO_2含量变化

（9）载荷组装

实验目的：完成最终载荷的生物材料与总体组装。

实验方法：在发射场地，完成材料的消毒，并在无菌条件下组装各材料。

实验时间：2018 年 9 月—2018 年 9 月。

（10）发射载荷与地面试验对照

实验目的：预计载荷中各生物材料的状态。

实验方法：模拟载荷全程的环境条件，在地面进行组合实验。

实验时间：2018 年 9 月—2018 年 12 月。

（11）耐辐射实验（2016 年）

实验时间：2016 年 11 月 1 日—2016 年 11 月 30 日。

实验目的：检测搭载材料能否抵御太空辐射条件。

实验材料：蚕卵、幼蚕、拟南芥种子、拟南芥幼苗、马铃薯种子、马铃薯幼苗。

实验方法：以 X 射线为辐射源，辐射强度分别为月面平均辐射强度（0.7 mGy）的 $10^4 \sim 10^6$ 倍。

实验进度和结果：蚕卵在 70 Gy 辐射强度处理后，不能孵化，其他物种对强辐射均处于耐受状态，可以正常生长发育。

（12）耐温实验（2016—2017 年）

实验时间：2016 年 12 月 1 日—2017 年 7 月 1 日。

实验目的：检测生物搭载材料耐极端温度的能力。

实验材料：蚕卵、拟南芥种子、马铃薯种子、拟南芥幼苗、马铃薯幼苗、幼蚕。

实验方法：将实验材料按温度梯度和时间处理，将处理后的材料在适宜条件下培养，检查其活力。

种子活力测定方法：将种子种在 MS 培养基上，在培养箱内培养 3 ~ 7 天，统计种子的萌发率，以未经处理的种子为对照。

植物幼苗活力检测方法：以培养箱内生长的幼苗为对照，观察高温或低温处理后的幼苗生理状态，处理时间完成后，将其转入培养箱内培养，检测其能否继续正常生长至开花结实。

蚕卵活力检测方法：将处理后的蚕卵在 25 ℃ 孵化，以未处理的蚕卵为对照，统计孵化时间和孵化率。

实验进度和结果：在适宜条件（25 ℃，光照）下，将拟南芥和马铃薯种子从萌发至幼苗生长,共历时 9 天,然后将幼苗转入 4 ℃、黑暗环境中,连续处理 18 天,幼苗生长速度缓慢但能够抵御逆境,将其转入 25 ℃、光照环境中后,幼苗能够继续生长发育。50 ℃时蚕卵和苗在 24 h 内死亡,种子萌发力显著下降,处理 5 天后死亡;45 ℃和 40 ℃处理 5 天后,蚕卵和苗死亡,种子萌发力下降。

(13)种子萌发实验(2016—2017 年)

实验时间:2016 年 12 月 1 日—2016 年 12 月 31 日。

实验目的:检测赤霉素对马铃薯解除休眠的有效性。

实验材料:马铃薯种子、赤霉素(GA)。

实验方法:

①用不同浓度的赤霉素处理马铃薯种子,检测马铃薯种子的萌发时间和萌发率。

②将处理后的马铃薯种子在室温条件下存放 3 个月,期间每隔 1 月取出部分种子检测其萌发力。

实验进度和结果:用不同浓度的赤霉素对马铃薯种子进行处理,打破种子休眠时间,种子可以在 3~5 天萌发。将处理后的种子在室温条件下存放 1~3 个月,种子仍然具有快速萌发的能力。

(14)蚕卵解除滞育的冷藏时间实验(2016—2017 年)

实验时间:2016 年 12 月 1 日—2017 年 12 月 31 日。

实验目的:探索准确的冷藏时间,使蚕卵在登月后按期孵化。

实验材料:不同品系的滞育蚕卵。

实验方法:将蚕卵按所设的时间和温度处理,并比较不同品系的孵化率。

一般情况下,滞育蚕卵解除滞育需由 4 ℃冷藏处理 60~90 天时间,然后在 25~28 ℃经 7~10 天孵化出幼蚕。由于蚕卵在登月前需经历 90 天,因此,在此期间蚕卵需处于滞育状态,而月夜只有 18 天,不足以解除蚕卵的滞育(该实验已经证明)。所以实验拟通过分期冷藏的方式解除蚕卵滞育。第一段冷藏时间以 1~30 天不等,每天取出部分蚕卵,然后按照载荷全程将历经的阶段和环境条件进行处理,以期寻找一个合适的时间节点,使得蚕卵恰好能在两次冷藏处理后在第二个月昼顺利孵化。

实验进度和结果:将不同品系的滞育虫卵,在室温环境中放置 2~3 个月,检测虫卵是否孵化。实验结果表明虫卵能够长期滞育。

（15）材料固定（2017—2018 年）

实验时间：2017 年 3 月 1 日—2017 年 5 月 31 日，2017 年 10 月 1 日—2018 年 1 月 31 日。

实验目的：将生物材料固定在生物罐内。

实验材料：蚕卵、拟南芥种子、马铃薯种子、甲基纤维素、蛭石、昆虫饲料。

实验方法：将蛭石和种子用甲基纤维素粘在纱布上，再将其用物理方法固定在生物罐内；蚕卵固定在牛皮纸表面，昆虫饲料用纱布固定，再将其与蚕卵共同固定在生物罐内。

实验进度和结果：固定方法已确定，植物材料和果蝇生长不受影响。

（16）抗冲击实验（2017 年）

实验时间：2017 年 6 月 1 日—2017 年 6 月 30 日。

实验目的：检测材料固定方式的可靠性及生物材料的抗冲击能力。

实验材料：固定好各生物材料。

实验方法：将生物材料按材料固定方式固定，然后进行力学冲击实验，检测固定方式是否有效，并将实验后的生物材料在适宜的条件下培养，检测各材料的存活状态。

实验进度和结果：生物材料固定方法已确定，力学冲击实验已经完成，实验结果证明固定方法非常牢固。

4）第二阶段和第三阶段试验方案以及试验进度

（1）植物材料萌发及生长实验

实验目的：研究搭载植物材料能否在注水后顺利萌发和生长。

实验方案：模拟月昼环境下生物载荷装置中马铃薯种薯，油菜种子，棉花种子和风雨兰鳞茎在注水后，观察并记录其种子萌发及生长情况。实验设置多次重复对照。

实验时间：2018 年 4 月。

实验进度和结果：马铃薯、棉花、油菜、风雨兰等植物种子在模拟月昼条件下注水后，7 天内发芽和生长状况均保持良好（表 5.18）。本次实验完成了 20 次以上的重复试验。

表 5.18　马铃薯种薯,油菜种子,棉花种子和风雨兰鳞茎共同萌发 7 天的生长状况

植物材料	第 2 天	第 3 天	第 5 天	第 7 天	第 10 天
马铃薯种薯	—	√	↑	↑	↑
油菜种子	√	↑	↑	↑	↑
棉花种子	√	↑	↑	↑	↑
风雨兰鳞茎	—	√	↑	↑	↑
马铃薯平均株高/cm			0.5	2.8	3.5
油菜平均株高/cm		0.5	1	1.6	2.2
棉花平均株高/cm		0.5	2.2	5.6	8.1
风雨兰平均株高/cm		0.5	10.2	23.5	30.6

注:√表示种子萌发;↑表示幼苗生长;—表示种子未萌发。

（2）耐高温和低温实验

实验目的:考虑在登月中可能出现的高温和低温环境,研究搭载生物能否长时间抵抗高温(35±5 ℃)和低温(−5±5 ℃),以及在此环境下的生长发育状态。

实验方案:设定高温 35 ℃和 40 ℃以及低温 0 ℃和−5 ℃条件下,记录搭载植物萌发,虫卵孵化及生长情况。实验设置多次重复对照。

实验时间:2018 年 5 月—2018 年 6 月。

实验进度和结果:在低温下处理,油菜种子、棉花种子、马铃薯薯块、风雨兰鳞茎和果蝇卵能够保持滞育休眠状态。在高温下,各生物材料均能正常存活,且生存状况良好(表 5.19)。本次实验完成了 20 次以上的重复试验。

表 5.19　高温和低温下生物材料生存状况

温度/℃	油菜种子	油菜幼苗	棉花种子	棉花幼苗	风雨兰	马铃薯微型薯	马铃薯幼苗	果蝇卵	果蝇幼虫	果蝇成虫
−5	休眠	死亡	休眠	死亡	休眠	休眠	死亡	死亡	死亡	死亡
0	休眠	存活	休眠	存活	存活	休眠	存活	休眠	死亡	死亡
35	萌发	存活	萌发	存活	存活	长芽	存活	孵化	存活	存活
40	萌发	存活	萌发	存活	存活	长芽	存活	孵化	存活	存活

（3）生物舱固定方法及改进试验

实验目的：将生物材料固定在生物罐内。

实验材料：果蝇虫卵、马铃薯种薯、油菜种子、棉花种子、酵母粉、水溶棉、蛭石土壤和3D打印生物舱。

实验方案：

第1步：装入蛭石，蛭石厚度和生物舱底座厚度一致，然后铺平。

第2步：在第一月昼室装入油菜种子、棉花种子、马铃薯微型薯、果蝇蛹、酵母粉。

第3步：将水溶棉剪成生物舱第一月昼室盖形状，在角落螺钉固定处剪出缺口。

第4步：将水溶棉盖上，然后在螺钉铆定孔处点入硅橡胶，最后盖上盖子，并上好螺钉固定。

第5步：在第二月昼室装入蛭石，蛭石厚度和生物舱底座厚度一致，空出右边装水瓶的位置，然后铺平。

第6步：装入棉花种子，油菜种子。

第7步：将水溶棉剪成生物仓第二月昼室盖形状，在角落螺钉固定处剪出缺口。

第8步：将玻璃瓶装满水，盖上胶盖，并拧上盖子。

第9步：将玻璃瓶用泡沫卷3层，瓶底处空出。

第10步：在盖子装玻璃瓶处内壁涂上硅橡胶，然后将玻璃瓶固定，盖子朝外，瓶底朝里。

第11步：将剪好的水溶棉盖在蛭石上。

第12步：将第二月昼室盖子盖上，螺钉孔处同样点上硅橡胶，并用螺钉固定。

第13步：在四周缝隙及中间两舱室分隔处涂上硅橡胶。

实验时间：2018年5月。

实验进度和结果：固定方法已确定（图5.50）。

（4）静置实验

实验目的：确保植物材料在抵达月表注水前不会生长。

实验方案：将所有生物材料放入模拟载荷装置内，在室温条件下静置。每天记录所有生物生长发育状态，以及水溶棉的溶解情况。

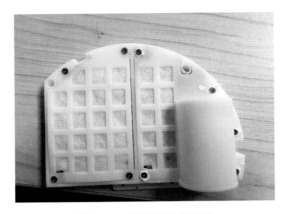

图 5.50　组装好的生物舱

实验时间:2018 年 6 月—2018 年 10 月。

实验进度和结果:将所有生物材料放入模拟载荷装置内,在室温条件下静置(图 5.51)。所有生物生长发育状态均表现正常,植物材料在抵达月表注水前不会生长。水溶棉不会溶解。

图 5.51　生物舱静置模拟试验

(5)模拟第一月昼过程密闭环境中 CO_2 含量的变化试验

实验目的:记录模拟第一月昼过程密闭环境中 CO_2 含量的变化,保证植物光合作用有足够的 CO_2。

实验方案:

①按照生物舱组装方法进行组装。

②将组装好的生物舱放入塑料袋中,并装入 CO_2 测量仪,用胶带封口。

③放入恒温光照培养箱中,30 ℃,24 h 光照培养,并每天早晚记录 CO_2 含量。

实验时间:2018 年 5 月—2018 年 6 月。

实验进度和结果:该试验已完成,密闭环境中 CO_2 含量变化如图 5.52 所示,表明 CO_2 含量完全能够满足植物光合作用的需求。

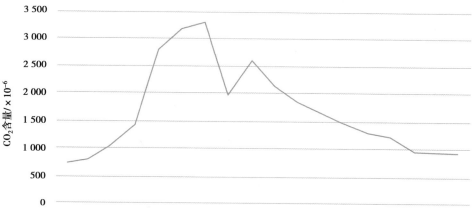

图 5.52　CO_2 含量变化曲线

(6)第一月昼模拟试验

实验目的:第一月昼微型生态圈循环试验。

实验方案:

①按照生物舱组装方法进行组装。

②将组装好的生物舱放入塑料袋中,密封。

③放入恒温光照培养箱中,30 ℃,24 h 光照培养。

实验时间:2018 年 6 月—2018 年 7 月。

实验进度和结果:在模拟第一月昼条件下,各生物正常生长(图 5.53)。

图 5.53　模拟第一月昼条件下,各生物生长情况

（7）第二月昼模拟试验

实验目的：验证经过低温冷冻后第二月昼室玻璃瓶放水能力和植物种子萌发生长情况。

实验方案：

①按照生物舱的组装方法进行组装，只组装第二月昼室。

②将组装好的生物舱放入-80 ℃的冰箱中，冷冻 1 天。

③取出生物舱，放入恒温光照培养箱中，30 ℃，24 h 光照培养。

④实验时间：2018 年 5 月—2018 年 7 月。

实验进度和结果：该试验已完成，在模拟第二月昼条件下，玻璃瓶正常放水，且油菜种子正常萌发，但棉花种子未萌发，推测可能是水量不足导致的（图 5.54）。

图 5.54　模拟第二月昼条件下，各生物生长情况

（8）第一月昼到第二月昼整个过程模拟试验

实验目的：模拟第一月昼到第二月昼整个过程生物生长情况。

实验方案：

①按照生物舱组装方法进行组装。

②将组装好的生物舱放入塑料袋中。

③放入恒温光照培养箱中，30 ℃，持续光照培养 8 天。

④培养后放入-60 ℃冰箱中，冷冻 18 天。

⑤冷冻后取出，放入恒温光照培养箱中，30 ℃，持续光照培养 12 天。

实验时间：2018 年 5 月—2018 年 10 月。

实验进度和结果：该试验已完成第一轮试验，在模拟第一月昼过程中，种子正常萌发(图5.55),果蝇正常孵化,在模拟第二月昼过程中,种子处于萌发状态(图5.56)。

图 5.55 模拟第一月昼过程中生物生长情况

图 5.56 模拟第二月昼过程中生物生长情况

(9)风雨兰开花试验条件模拟试验

实验目的:通过激素处理,使风雨兰能够提前开花。

实验方案:使用不同浓度和不同种类的植物激素处理风雨兰鳞茎,然后进行培养,测量风雨兰的开花时间。

实验时间:2018 年 6 月—2018 年 8 月。

(10)载荷组装

实验目的:将最终载荷的生物材料与总体组装。

实验方法:在发射场地,完成材料的消毒,并在无菌条件下组装各材料。

实验时间:2018 年 9 月—2018 年 9 月。

(11)发射载荷与地面实验对照

实验目的:预计载荷中各生物材料的状态。

实验方法:模拟载荷全程的环境条件,在地面进行组合实验。

实验时间:2018 年 9 月—2018 年 12 月。

5.2.2　结构设计与工艺

1)科普载荷结构概要

科普载荷总体方案设计以上罐体机壳为主要零件,可分为 5 个模块,分别为电池模块、导光模块、生物模块、热控模块、控制模块,如图 5.57 所示。将电池模块安装在机壳底部,导光模块与机壳共同构成上罐体密封腔。生物模块安装在机壳内部、电池模块上方。热控模块安装在机壳外部侧面,控制模块安装在机壳外部底面。

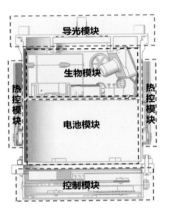

图 5.57　科普载荷总体结构示意图

由于需要对科普载荷上罐体内部进行控温,热控模块、控制模块等科普载荷外部设备与机壳连接处均采取隔热措施,如图 5.58 所示。

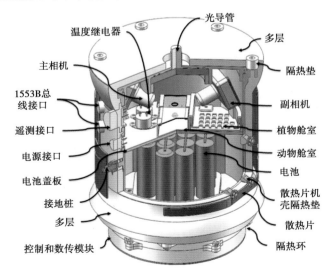

图 5.58　科普载荷结构组成

上罐体主要包括的零件及信息,见表 5.20。

表 5.20 上罐体主要包括的零件及信息

序号	名称	数量	位置	出线数量	出管数量	备注
1	电加热片 1	1	下部	2	—	上罐体生物舱托架以下空间
2	热敏电阻 1	1	下部	2	—	
3	热敏电阻 2	1	下部	2	—	
4	电磁泵	1	下部	3	1	
5	水袋	1	下部	—	1	
6	电加热片 2	1	上部	2	—	上罐体生物舱托架以上空间
7	热敏电阻 3	1	上部	2	—	
8	热敏电阻 4	1	上部	2	—	

科普载荷上罐体下部出线示意图如图 5.59 所示。

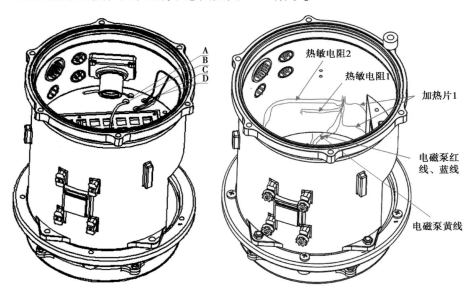

图 5.59 出线示意图

电磁泵进水口(IN)与水袋靠近水装置底板的管口连接后点胶固化。水袋靠近水装置顶板的管口为科普载荷进水口,与进水管连接。电磁泵出水口(OUT)与科普载荷出水管连接。进水管、出水管管路均需由上罐体下部通过生物舱托架引至上罐体上部。为保证水在管路能流通顺畅,管路走线时转弯角度不得小于90°。

孔用途说明：

A 孔：进水管的引出孔。

B 孔：出水管的引出孔。

C 孔：两个热敏电阻导线的引出孔。

D 孔：电磁泵和加热片导线的引出孔。

2）导光模块结构方案设计

导光模块由光导管、机壳盖板、固定玻璃螺母、透光玻璃以及密封圈组成，如图 5.60 所示。由于科普载荷上罐体是密封容器，光导管不具备密封功能，故而在光导管安装处增加透光玻璃配合密封圈，并通过固定玻璃螺母实现该处的密封。光导管通过 420 胶胶粘方式固定在机壳盖板上部。

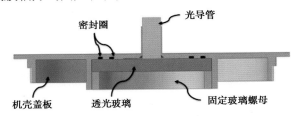

图 5.60　导光模块结构示意图

机壳盖板与机壳通过螺纹实现连接，尺寸为 TM131.48×1-LH-6h-N，如图 5.61 所示，与机壳共同构成科普载荷上罐体密封腔。

机壳盖板与固定玻璃螺母均采用铝合金 7075-T6 进行加工，加工完成后进行硬质氧化处理。螺纹连接处安装时涂密封胶，确保密封性。

3）生物模块结构方案设计

生物模块主要包括植物舱室、动物舱室和水缓释装置，均固定在电池盖板上，如图 5.62 所示。

生物模块结构组成示意图如图 5.63 所示。各个零件之间连接均通过 M2/M3 螺钉实现固定，螺纹孔嵌钢丝螺套。储水袋由上海某生物技术有限公司生产，容量 20 mL，固定在储水装置内部。电磁泵通过用 GD414 胶固定在储水舱基座底部。

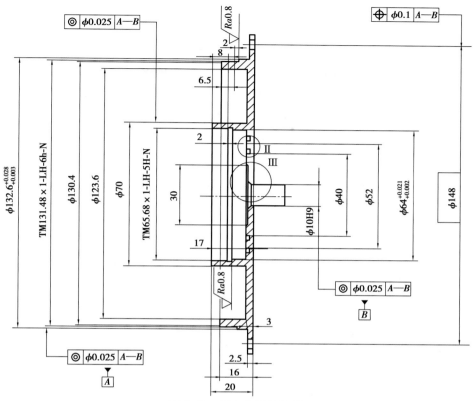

图 5.61　机壳盖板结构图

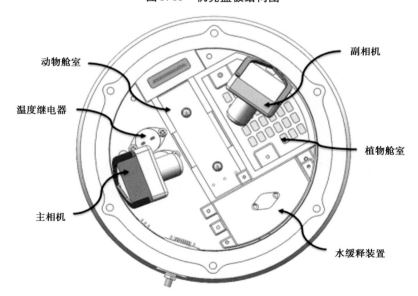

图 5.62　生物模块安装位置示意图

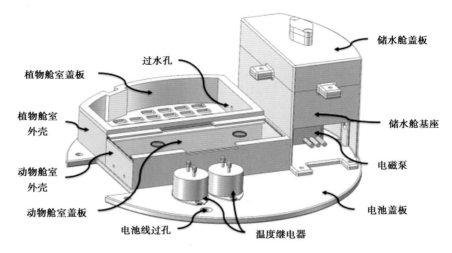

图 5.63　生物模块结构组成示意图

4）接地桩结构方案设计

接地桩结构包括垫片、接地桩套、接地桩、双母双垫、电阻等，如图 5.64 所示。

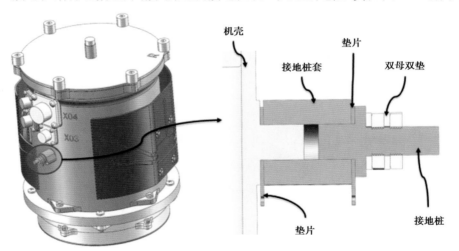

图 5.64　科普载荷与接地桩配合结构示意图

为了减少科普载荷的漏热，方便接地线的安装，在设计接地桩时，增加了接地桩套（聚酰亚胺材料），接地桩套预留电阻安装位置（ϕ3.2 孔）。为了保证连接强度，在接地桩套内两端分别嵌 M4 钢丝螺套，如图 5.65 所示。垫片、接地桩、双母双垫均采用纯铜材料加工。

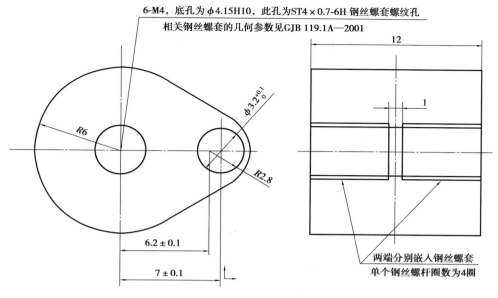

图 5.65 接地桩套筒尺寸图

5.2.3 热设计及温控

热控模块包括制冷器、散热片以及相对应的隔热垫。制冷器是热控模块核心零件,由半导体材料制成,尺寸为 20 mm×20 mm×3.8 mm,连接着机壳与散热片。为保证制冷器固定且不被压损,在机壳和散热片的制冷器安装位置均开有 20.2 mm× 20.2 mm×1 mm 的槽,并且用 4 个 M2 螺钉将散热片固定在机壳上,同时,散热片对制冷器有一定的压紧力,保证制冷器的接触面接触充分。安装时涂导热胶。安装位置如图 5.66 所示。

为了减少机壳与散热片之间的热传递,在螺钉固定位置进行了隔热设计,如图 5.67 所示。在机壳上设计燕尾槽,散热片机壳隔热垫嵌入燕尾槽内实现固定,在散热片机壳隔热垫上开 M2 螺纹孔嵌钢丝螺套,以减少机壳与螺钉之间的热传递。在散热片与螺钉之间设置散热片螺钉隔热垫,以减少散热片与螺钉之间的热传递。同时,为了保证散热片的固定,在散热片与机壳之间设置螺钉垫圈,散热片机壳隔热垫突出机壳 1 mm 高度,螺钉垫圈与嵌入机壳的散热片机壳隔热垫直接接触,而与机壳间接接触。

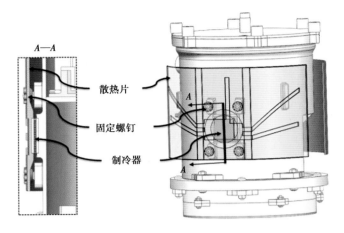

图 5.66　制冷器安装位置示意图

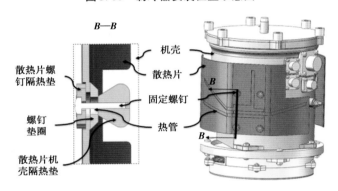

图 5.67　散热片固定结构示意图

　　散热片螺钉隔热垫、螺钉垫圈、散热片机壳隔热垫均采用聚酰亚胺材料加工，结构如图 5.68 所示。

(a)散热片螺钉隔热垫　　　　　　(b)螺钉垫圈　　　　　　(c)散热片机壳隔热垫

图 5.68　隔热垫结构示意图

1)热敏电阻

(1)安装位置

科普载荷共安装 3 支热敏电阻,热敏电阻的类型、检定批号、自带编号、安装位置、接插件节点号,见表 5.21。

表 5.21　热敏电阻信息汇总表

序号	名称	粘贴位置	热敏类型	检定批号	自带编号	接插件节点号
1	热敏电阻 1	如图 5.69 所示,壳体内表面非对称散热片制冷器对应位置				
2	热敏电阻 2	如图 5.70 所示,壳体内表面对称散热片制冷器对应位置				
3	热敏电阻 3	如图 5.71 所示,生物舱托架板上,感应头玻璃悬空				
4	热敏电阻 4	如图 5.72 所示,4 针接插件边				

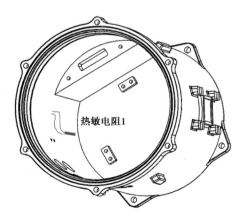

图 5.69　热敏电阻 1 粘贴位置图

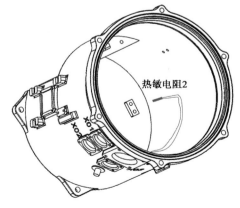

图 5.70　热敏电阻 2 粘贴位置图

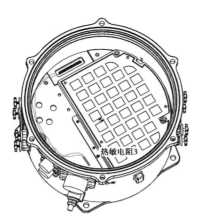

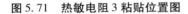

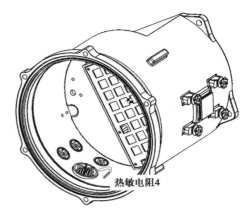

图 5.71　热敏电阻 3 粘贴位置图　　　图 5.72　热敏电阻 4 粘贴位置图

（2）安装要求

①热敏电阻引线类型为 AF250-125 V-19×0.1，粘贴热敏电阻前，在引线尾端按表 5.21 中的名称做出热敏电阻标示。

②清洗安装面：用丝绸或尼龙绸浸无水乙醇（分析纯或化学纯）清洗安装表面。

③粘贴：在热敏电阻头部和玻璃珠之间的粘贴面上贴一层聚酰亚胺压敏胶带，在保证绝缘的情况下，胶带尽量短。把热敏电阻放置在粘贴表面上，热敏电阻玻璃头端应露出压敏胶带，用胶布临时固定其引线。在热敏电阻头部涂 502 胶，并稍用力，直到 502 胶固化后才可移除压力，使热敏电阻头部紧贴安装面。

④固定：用 GD414 硅橡胶覆盖热敏电阻头部及其附近 10 mm 长的引线，硅橡胶不宜过厚，室温固化。在室温不低于 20 ℃、相对湿度大于 50% 的环境下，固化时间不小于 24 h。如果室温低于 20 ℃、相对湿度小于 50% 的环境下，固化时间不小于 48 h。

⑤电阻值检验：科普载荷搁置 12 h 后用分辨率为 1 Ω 的数字万用表测量热敏电阻的电阻值，该电阻值代表的温度值与环境温度之差不大于 1 ℃ 为合格。

⑥绝缘电阻检验：用数字万用表检查热敏电阻与安装面之间的绝缘电阻值，要求不小于 20 MΩ。

⑦热敏电阻引线走线：热敏电阻引线沿壳体内表面边缘走线至接插件附近。

⑧热响应检测：热敏电阻引线与接插件焊接完成后，需要进行热敏电阻热响应测试。测试方法为用电吹风或手触的方法加热热敏电阻头部，在接插件端测量对应热敏电阻的电阻值变化，对应热敏电阻的温度应变化 1 ℃ 以上。

2）加热回路

（1）安装位置及回路阻值

科普载荷共两路加热回路，单个加热片设计电阻值为（28.8±1）Ω。加热片信息见表5.22。

表5.22　加热片信息汇总表

序号	加热片名称	加热片图号	加热片理论电阻值/Ω	加热片粘贴位置
1	加热片1	KPZH3-0-23	28.8±1	图5.73
2	加热片2	KPZH3-0-23	28.8±1	图5.74

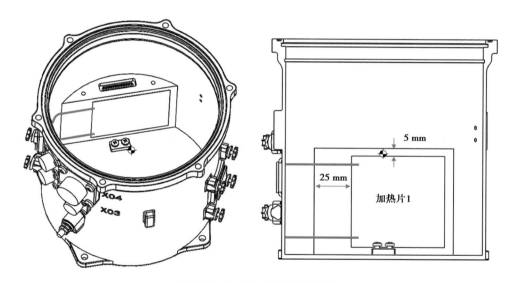

图5.73　加热片1粘贴位置图

（2）安装要求

①加热回路引线类型为 AF250-125V-19×0.12，粘贴加热片前，按照表5.22测试每片加热片电阻值，实测值需符合表5.22的要求。

②清洗安装面：用丝绸或尼龙绸浸无水乙醇（分析纯或化学纯）清洗安装表面。

③粘贴：用丝绸或尼龙绸浸无水乙醇清洗加热片的背面，然后在加热片的背面均匀涂一层 GD414 硅橡胶，胶层厚度尽量薄，将加热片由一端向另一端慢慢放置粘贴，用干净的细纱布边贴边赶气泡。要求粘贴平整、牢固、无气泡、无皱折、无翘裂。

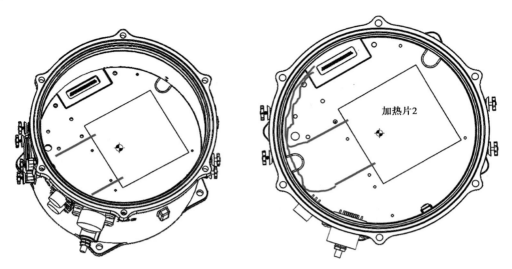

图 5.74　加热片 2 粘贴位置图

④为确保加热片与安装面结合牢固,应在加热片上放置砂袋加压,或采取其他加压措施。加压时内衬一层厚 20 μm 左右的聚酯膜,以防硅橡胶与重物、绑带及气袋粘连在一起。在室温不低于 20 ℃、相对湿度大于 50% 的环境下,固化时间不小于 24 h。如果是在室温低于 20 ℃、相对湿度小于 50% 的环境下,那么固化时间不小于 48 h。固化后才可移除砂袋或其他加压措施。

⑤加热片的引线焊线前应在根部点 GD414 硅橡胶固定。

⑥回路焊接:焊线前,用万用表测量每片加热片的电阻值。按照图 5.72 完成加热回路焊线。焊点应光滑,用浸过酒精或丙酮的细纱布清除焊点周围的污物,然后在焊点处套热缩套管,焊点与引线用 GD414 硅橡胶固定。加热回路的走线尽量靠近壳体内表面边缘。

⑦检验:加热片与安装面之间应结合紧密,无气泡,无脱离现象。加热回路编号应符合图 5.72 中的要求。用数字万用表测量加热回路电阻值,应符合设计要求。用数字万用表检查加热回路与安装面之间的绝缘电阻值,要求不小于 20 MΩ。

3）多层隔热组件

科普载荷多层隔热实施主要指上罐体,如图 5.75 所示。

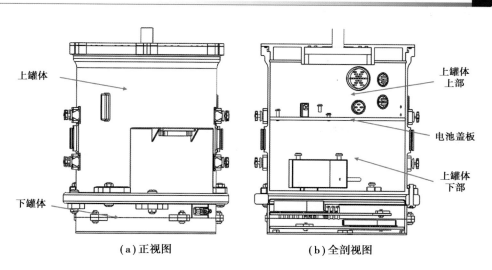

（a）正视图　　　　　　　（b）全剖视图

图 5.75　科普载荷多层隔热组件结构简图

（1）多层技术状态

多层隔热组件共有 6 块,彼此搭接,多层单元数、面膜类型、安装位置、尺寸、固定方式、接地方式见表 5.23。

表 5.23　多层技术状态汇总表

序号	名称	单元数	多层面膜	安装位置	多层尺寸	固定方式	接地方式	备注
1	顶盖多层	15	$18 \sim 20~\mu m$ 双面镀铝聚酯膜（打孔）	图 5.76	图 5.80	尼龙搭扣	采用焊片与设备壳体导通	
2	上舱体顶盖下沿多层	15	$18 \sim 20~\mu m$ 双面镀铝聚酯膜（打孔）	图 5.76	图 5.81	与顶盖多层粘接	不接地	
3	上舱体壳体多层	15	$18 \sim 20~\mu m$ 双面镀铝聚酯膜（打孔）	图 5.76	图 5.82	尼龙搭扣	采用焊片与设备壳体导通	可根据实际将多层合并制作
4	上舱体下沿多层	15	$18 \sim 20~\mu m$ 双面镀铝聚酯膜（打孔）	图 5.77	图 5.83	与上舱体壳体多层粘接,与隔热环用97#3M双面胶粘接	不接地	
5	上舱体下表面多层	15	$18 \sim 20\mu m$ 双面镀铝聚酯膜（打孔）	图 5.78	图 5.84	97#3M双面胶和GD414硅橡胶	不接地	

续表

序号	名称	单元数	多层面膜	安装位置	多层尺寸	固定方式	接地方式	备注
6	舱外多层	15	75 μm 厚 F46 薄膜镀银二次表面镜（打孔）	图 5.79	图 5.85	与着陆器舱板搭接	不接地	该多层由科普载荷总体于科普载荷出所前提交后制作

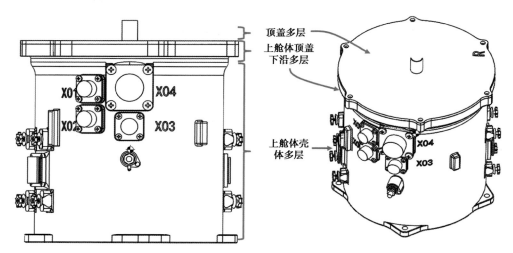

图 5.76　顶盖、上舱体顶盖下沿、上舱体壳体多层隔热组件安装位置图

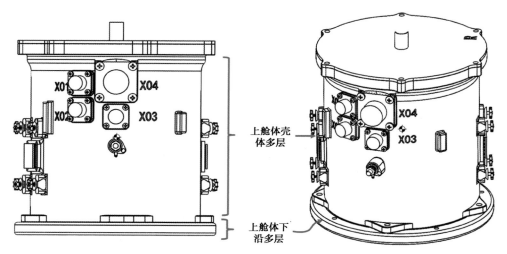

图 5.77　上舱体下沿多层隔热组件安装位置图

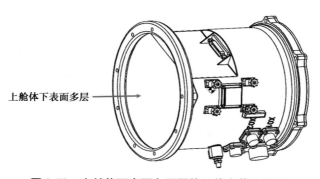

图 5.78 上舱体下表面多层隔热组件安装位置图

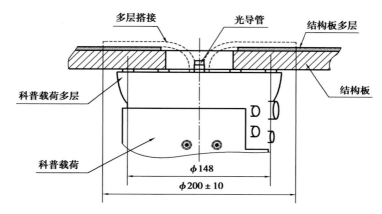

图 5.79 舱外多层安装示意图

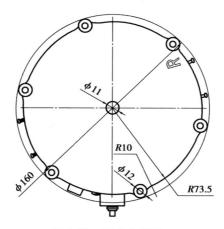

图 5.80 顶盖多层图

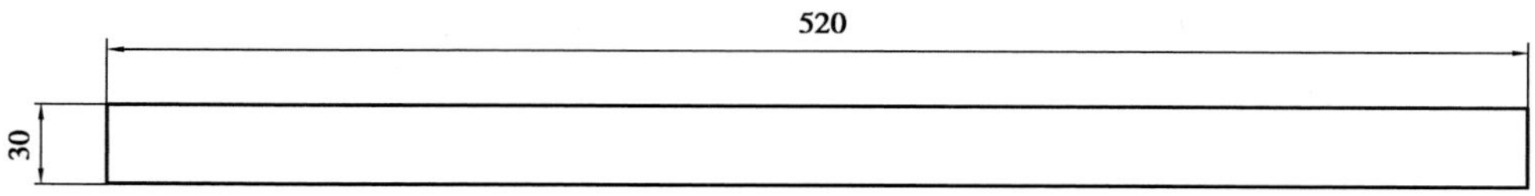

图 5.81 上舱体顶盖下沿多层图

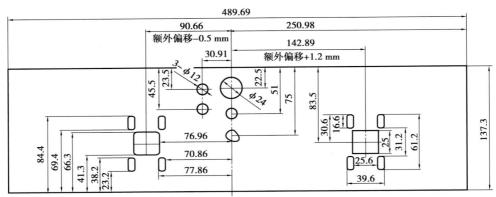

图 5.82　上舱体壳体多层图

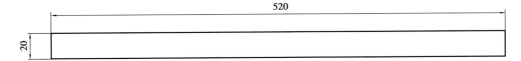

图 5.83　上舱体下沿多层图

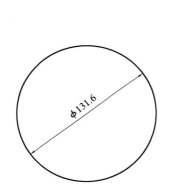

图 5.84　上舱体下表面多层图

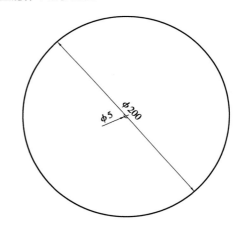

图 5.85　舱外多层

（2）多层制作和安装要求

①15 单元多层隔热组件多层芯由 15 层涤纶网和 15 层 6 μm 厚双面镀铝聚酯打孔薄膜交替组成。在多层的两侧各增加一层 18～20 μm 厚双面镀铝聚酯打孔膜。

②多层除气要求：多层隔热组件放置在无油真空容器内，真空度优于 1.0×10^{-3} Pa。对多层进行烘烤，烘烤温度为 60 ℃，保持 60 h。若是采用多层成品，则将成品检验报告附上交科普载荷总体。

③尼龙搭扣粘贴：按图样要求的尺寸裁剪尼龙搭扣"钩"，将"钩"的背面用1#砂纸打毛。用浸过无水乙醇的丝绸或尼龙绸擦洗表面，并吹干。将被安装面用1#砂纸打毛，用浸过无水乙醇的丝绸或尼龙绸擦洗表面，并吹干。用适量GD414硅橡胶分别涂于尼龙搭扣"钩"的背面和被贴部位。将尼龙搭扣"钩"贴在安装面上。用绑带压在尼龙搭扣"钩"上，稍加力，室温固化48 h。尼龙搭扣"钩"的周围允许少量胶液溢出，可不做处理。

④画样和缝制：按设计图样的要求制作多层隔热组件模板，模板可用牛皮纸制作。用模板在多层芯上画出样线，在样线内侧20～30 mm处用涤纶线以30～50 mm的针脚自然松紧度缝制出外形圈，较大的开口处也应按相同的方法缝制，缝制后的多层隔热材料不应松散。

⑤尼龙搭扣缝制：采样确定尼龙搭扣在多层上的位置，用涤纶线将尼龙搭扣"圈"缝制在多层隔热材料上。

⑥包面膜：多层面膜比多层芯每条边外扩15～25 mm，用双面压敏胶带粘贴（75 μm厚F46薄膜镀银二次表面镜用9731#双面压敏胶带配合GD414硅橡胶）。用裁剪好的面膜将多层芯包裹在内，面膜材料的膜面朝外，多层芯边缘应包严。18～20 μm厚双面镀铝聚酯打孔膜的面膜翻边后用双面压敏胶带固定，75 μm厚F46薄膜镀银二次表面镜用9731#双面压敏胶带固定（3M公司生产的9731#胶带正面为丙烯酸胶，背面为有机硅胶。胶带背面是去掉牛皮纸的一面，F46薄膜镀银二次表面镜的镀银面与胶带背面粘合）。

⑦侧面多层风琴片安装区域示意图，如图5.86所示。

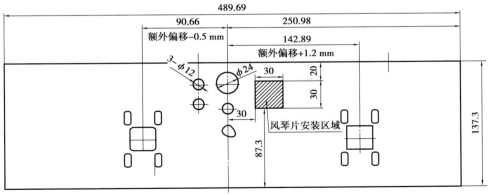

图5.86　侧面多层风琴片安装区域示意图

⑧多层接地：将接地装置的风琴片镶嵌在多层隔热材料的每一层膜中（图5.87），在风琴片中心位置打一直径为 4 mm 的通孔供铆接用。用空心铜铆钉将风琴片、多层隔热组件、接地线组件（焊片）铆接在一起。

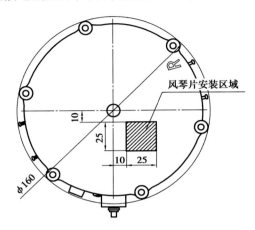

图 5.87　顶面多层风琴片安装区域示意图

侧面多层焊片为双引线，一根导线与顶面多层焊片连接，另一根导线与接地桩焊片（靠近机壳）连接，如图 5.88 所示。多层焊片均采用 $\phi4.2\times16$ 型。焊片及其导线均用 GD414 胶固定在多层上。顶面多层焊片与侧面多层焊片连接导线，根据实际情况预留 10～20 mm 冗余长度，以便顶面多层拆卸。

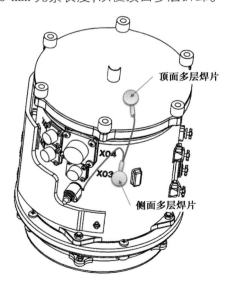

图 5.88　多层焊片导线走线示意图

⑨多层安装：采用尼龙搭扣固定、GD414 硅橡胶、压敏胶带的方式完成多层安

装固定。接地线的导电铜箔粘贴在科普载荷壳体表面导电的位置。有接地要求的多层,用万用表测量多层组件镀铝或镀银面任一点到接地点的电阻值,应不大于10 Ω。

5.2.4　控制方案设计

控制模块结构包括顶盖、电源管理电路外壳、控制电路外壳和底盖,安装顺序依次从上到下,如图5.89所示。

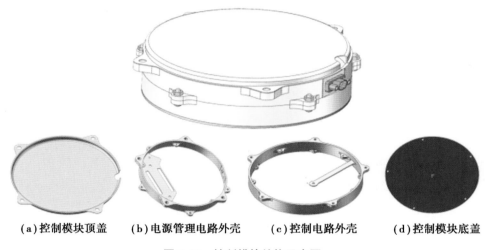

| (a)控制模块顶盖 | (b)电源管理电路外壳 | (c)控制电路外壳 | (d)控制模块底盖 |

图 5.89　控制模块结构示意图

1)系统设计

生态圈科普载荷控制系统主要功能包括电源变换和配电、蓄电池充放电管理、热控(包括加热和制冷)、水释放控制、照片采集、数据存储、数据传输等功能。

科普载荷控制单元主要分为主控模块、电源模块和数据采集模块,如图5.90所示。

主控模块主要包括单片机系统、遥测采集功能电路、总线通信功能电路和温控功能电路。电源模块主要包括DC/DC模块、蓄电池充放电电路和配电电路等。数据采集模块主要包括相机、摄像头、压力传感器和相机控制系统。

飞行程序设计主要以硬件电路触发,软件自主控制为主。当科普载荷随着陆器处于飞行阶段(工况2),通过科普载荷内部的温度继电器控制内部蓄电池是否

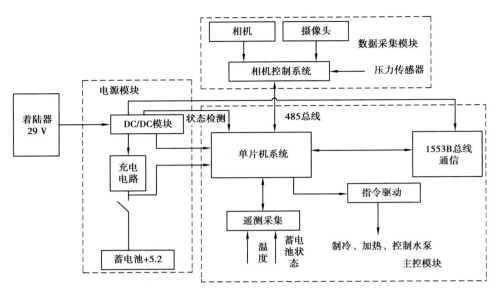

图 5.90　科普载荷控制原理框图

接通。当蓄电池接通后,单片机系统开始工作,通过检测 DC/DC 模块状态来识别是否着陆器总体给科普载荷加电,如果着陆器总体给科普载荷加电,则判断为月昼期;如果不是,则判断为非月昼期。

当科普载荷识别目前处于月昼期时,启动水释放装置指令,为确保水释放装置指令顺利发出,软件对该指令做周期刷新处理。启动 1553B 总线通信功能,与着陆器 SMU 进行信息交互。启动相机功能,相机自主完成状态自检工作,并连续拍摄 5 张照片记录当前的生物状态。

月昼期间,着陆器 SMU 与科普载荷通过 1553B 总线按 1 s 周期进行信息交互,科普载荷按照搭载协议要求上传探测数据。单片机系统收到 SMU 的轮询指令后,单片机系统将自身的遥测数据和相机的图像数据一起打包发送给 SMU。当相机检测到 5 张照片的数据全部发送给单片机后,再次连续拍摄 5 张照片,依次循环。一张照片约 200 kB,5 张照片全部上传大约需要 80 min,因此,这些照片反映的是生物每隔 80 min 的生长状态。

月夜期间,为降低蓄电池能量消耗,不启动 1553B 总线功能和相机功能。

科普载荷在月昼、月夜期间,自主检测蓄电池温度、生物舱温度、半导体片温度,如果温度不满足任务需求,启动相应的制冷、制热指令进行闭环控温。

在科普载荷完成任务后,由着陆器先发送蓄电池放电开关断开指令,再发送科普载荷断电指令,确保科普载荷及电池完全断电,保证着陆器安全。

2）主控模块设计

考虑科普载荷自身携带电池的能源有限,CPU 选用 80C32 单片机进行低功耗设计。与着陆器通过 1553B 总线进行信息(载荷图片、环境压力、舱内温度和电路状态等)交互,着陆器为科普载荷提供时间码,周期为 5 min 校准一次;只有当着陆器总体给科普载荷提供外部供电时,单片机才启动 1553B 总线功能。遥测采集功能电路选用集成了 8 路模拟开关,具有低功耗模式的 TLV2548 芯片实现内部温度、电路状态的信息采集。指令驱动包括加热驱动、制冷驱动和控制水泵驱动等;通过对科普载荷工作环境分析,科普载荷的制冷功能、制热功能在月昼、月夜期间均可工作。

3）电源模块设计

电源模块主要包括 DC/DC 模块、蓄电池充电电路、蓄电池放电开关电路。DC/DC 模块选用 VPT 公司生产的,具有宇航等级的 DVHV2812SF 电源模块,将一次电源母线+29 V 变换+9 V 供科普载荷内部使用。

充电电路具有恒流功能,月昼期通过充电电路以 0.4 A 的电流对蓄电池进行充电,当主控模块检测到蓄电池电压充到 8.3 V 时,认为蓄电池已经充满,则断开蓄电池充电电路。另外,充电电路设置有 8.4 V 的硬件过充保护进行备份,防止软件失效时对蓄电池进行过充电。

蓄电池放电开关电路是控制蓄电池组与负载接通状态,当开关电路处于断开状态时,蓄电池组断电,处于不工作状态;当开关电路处于导通状态时,蓄电池组接通,处于工作状态。开关电路通过主控模块的 1553B 总线接收着陆器总线指令进行控制。

4）数据采集模块设计

数据采集模块主要包括相机、摄像头、压力传感器和相机控制系统。其中,相机与摄像头互为备份,相机控制系统与单片机系统通过 485 总线进行信息交互。压力测量选用 MS5611-01BA01 气压传感器模块。

数据采集模块只有在月昼期着陆器提供 29 V 电源时进行工作,其他时间该模块断电。

5）电接口设计

（1）一次电源接口

着陆器为科普载荷提供一次电源母线+29 V，一次电源进入科普载荷后，首先连接有熔断保护电路。

科普载荷设备一次电源入口端为熔断器，型号为 MGA-125 V-1 A，串联电阻为 RX21-1 W-2 Ω，接口电路如图 5.91 所示。

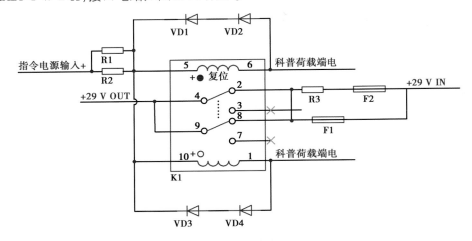

图 5.91　一次母线电源接口电路

（2）遥控接口

着陆器为科普载荷提供了两条脉冲指令，一路指令电源+30 V。

科普载荷选用的继电器型号为 JMW-270M-027M/1/K，线包电阻为 2 kΩ，指令电源通过限流电阻连接到继电器线包上。为了防止继电器指令有效时瞬态大电流对指令电源的破坏，设计中采用两个二极管串联抑制继电器线圈的瞬态效应。

（3）遥测接口

着陆器为科普载荷提供的遥测包括一路温度量和一路+2 V 模拟量。

①温度量接口。科普载荷内部安装热敏电阻 MF61，用于着陆器监测科普载荷内部温度使用。热敏电阻的两条端线与用户电路、设备壳体和探测器结构是绝缘的，绝缘电阻不小于 1 MΩ。接口电路如图 5.92 所示。

科普载荷内部安装热敏电阻 MF501 用于自身闭环控温，接口电路如图 5.93 所示。

②模拟量接口。科普载荷+2 V 模拟量，通过电阻分压后进行输出。接口电路

如图 5.94 所示。

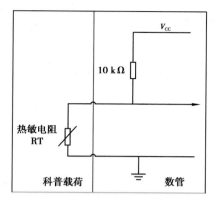

图 5.92　温度量遥测电路 1

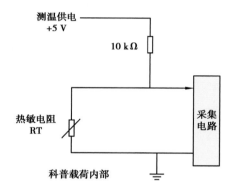

图 5.93　温度量遥测电路 2

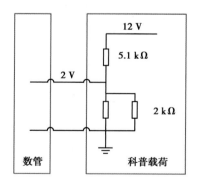

图 5.94　模拟量遥测电路

(4)1553B 总线接口

总线芯片采用国产 B65170,接口电路如图 5.95 所示。

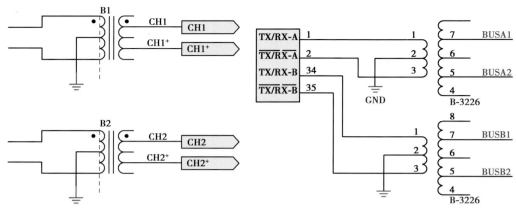

图 5.95　1553B 接口电路

6）接地设计

科普载荷内部通过 DC/DC 内部变压器将一次地和二次地物理隔离,科普载荷机壳与一次地完全隔离,与二次地直接相连,二次地中电源地和控制地分别布线,单点接地,避免地线杂散,信号相互干扰。科普载荷机壳与着陆器机壳通过 68 kΩ 电阻相连。

科普载荷设备内部接地关系如图 5.96 所示。

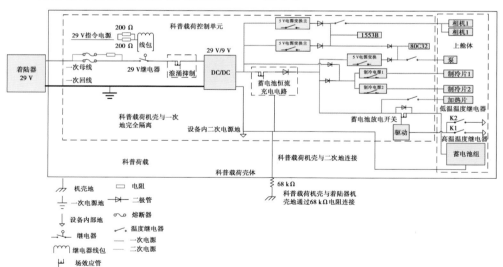

图 5.96　科普载荷整机接地关系图

7)电路工作模式

①地面阶段。科普载荷的蓄电池放电开关处于断开状态,整个电路及电池处于不工作状态。在着陆器整器发射前最后一次联调时,将蓄电池放电开关接通,科普载荷温度在生物正常范围内,温度继电器处于断开状态,整个电路及电池处于不工作状态。

②飞行阶段。科普载荷生物舱内温度高于 35 ℃左右时,温度继电器开关闭合,蓄电池接通,电路处于低功耗模式工作状态,进行加热或制冷等相应的控温。

③第一个月昼期。月昼期第一天,着陆器不给科普载荷供电,科普载荷工作状态与飞行阶段一致。月昼期第二天,着陆器给科普载荷供电 29 V 后,科普载荷控制单元开始工作,通过检测 DC/DC 模块输出状态判断着陆器工作状态,当检测DC/DC 模块正常输出电压+9 V 时,判断着陆器处于工作状态(月昼期),科普载荷由着陆器提供能量,给蓄电池充电,给生物舱控温,并与着陆器建立 1553B 通信,进行拍照并开展正常的空间实验。

④月夜期。进入月夜期,当检测 DC/DC 模块输出电压<0.5 V 时,判断着陆器处于休眠状态(月夜期),科普载荷由自身蓄电池提供能量,为节省能量,开启低功耗工作模式,在月夜期只进行满足生物生存的控温操作。

后续的月昼期与月夜期工作模式与之前的工作模式相同。

5.2.5 相机的设计

科普载荷相机集耐辐照摄像、控制、传输、照明于一体,实现高湿常温腔体内无光源情况下的特定区域高清彩色成像。相机研制过程包含电性、粗样、鉴定、正样4 个阶段,且每个阶段均与项目总体紧密配合、联试等。最终,正样相机具备上电自检功能,且主、副相机模块可切换工作,以外部输入指令为依据,改变自身工作状态,实现触发式拍照、缓存和传输等功能。

科普载荷相机整套重量在 80 g 以内,通过半双工 485 接口与外部通信,输出JPEG 压缩图片数据;整机以 5 V 直流供电,平均功耗不高于 0.6 W,具有防雾、耐辐射、抗冲击等特点。主摄像模块视场≥90°,最小物距 50 mm,分辨率 1 600 像素×1 200 像素(约 200 万像素);副摄像模块视场≥60°,最小物距 60 mm,分辨率 1 920

像素×1 080 像素(约 200 万像素)。

1)技术指标的符合性

(1)主要技术指标

设备为定制型产品,主要技术指标依据《科普载荷相机产品采购技术协议》,设备部分指标见表 5.24。

表 5.24　科普载荷相机主要技术指标表

指标名称	指标数值或描述
抗辐射能力/(mSv·h⁻¹)	优于 0.08
整机重量/g	≤80
成像物距/mm	不高于 120
视场范围/mm²	优于 π×70×70
抗冲击能力	半正弦冲击满足 50g,能承受随机振动
通信接口	科普载荷相机数据传输采用 485 总线
湿度范围/%	0 ~ 100
拍照方式	等待指令开机、拍照、回传数据、关机
整机功耗/W	不高于 0.6
图像分辨率/px	200 万
存储容量	相机自身需配备存储单元,且存储照片数量不少于 5 幅
防雾功能	成像光学系统具备防雾功能
压力检测	配备压力传感器接口,实现压力模块的数据获取和传输

(2)与科普载荷主控的通信要求

科普载荷相机需实时接收主控指令实现相应功能的闭环,指令类型包括轮询指令、图像信息传送指令、间接指令。具体说明如下:

相机与主控采用半双工通信方式,通信接口为 485。通信格式:1 bit 起始位,1 bit 停止位,8 bit 数据位,无奇偶校验,初始波特率 115 200。

相应指令内容如下(以下数值除特殊说明,都是 16 进制,XX 表示任意数值):

①轮询控制指令(包长:6 字节),见表 5.25。

表 5.25 轮询控制指令

字节位置	意义	定义
Byte1	帧头	EBH
Byte2	帧头	90H
Byte3	轮询指令 Title	10H
Byte4	包序号 IDL	XXH
Byte5	包序号 IDH	XXH
Byte6	累加和(SUM)	XXH(Byte 4-5)

②图像信息传送指令(图像数据包有效,包长:220 字节),见表 5.26。

表 5.26 图像信息传送指令 1

字节位置	意义	定义	
Byte1	帧头	EBH	
Byte2	帧头	90H	
Byte3	轮询指令 Title	10H	
Byte4	包长	XXH(除最后一包外均为 D7H)	
Byte5	状态字	B0(MSB)	0:图像数据有效
			1:图像数据为空
		B1	0:A 相机正常
			1:A 相机异常
		B2	0:B 相机正常
			1:B 相机异常
		B3	0:A 相机数据
			1:B 相机数据
		B4	备用
			备用
		B5	备用
			备用
		B6	备用
			备用
		B7	备用
			备用
Byte6	有效数据 1	XXH	

续表

字节位置	意义	定义
Byte7	有效数据 2	XXH
...	...	...
Byte219	有效数据 214	XXH
Byte220	累加和(SUM)	XXH(Byte 4-219)

③图像信息传送指令(图像数据包无效,包长:6 字节),见表 5.27。

表 5.27　图像信息传送指令 2

字节位置	意义		定义
Byte1	帧头		EBH
Byte2	帧头		90H
Byte3	轮询指令 Title		10H
Byte4	包长		01H(十进制 01)
Byte5	状态字	B0(MSB)	0:图像数据有效
			1:图像数据为空
		B1	0:A 相机正常
			1:A 相机异常
		B2	0:B 相机正常
			1:B 相机异常
		B3	0:A 相机数据
			1:B 相机数据
		B4	备用
			备用
		B5	备用
			备用
		B6	备用
			备用
		B7	备用
			备用
Byte6	累加和(SUM)		XXH(Byte 4-5)

④主控间接指令(主控发送格式,包长:8 字节),见表 5.28。

表 5.28   主控间接指令

字节位置	意义	定义
Byte1	帧头	EBH
Byte2	帧头	90H
Byte3	间接指令 Title	20H
Byte4	包长	03H
Byte5	指令内容	XXXXH
Byte6		
Byte7	发送指令计数	XXH(00-FFH)
Byte8	累加和(SUM)	XXH(Byte4-7)

⑤相机间接指令(相机应答格式,包长:8 字节),见表 5.29。

表 5.29   相机间接指令

字节位置	意义	定义
Byte1	帧头	EBH
Byte2	帧头	90H
Byte3	间接指令 Title	20H
Byte4	包长	03H
Byte5	最近接收指令内容	XXXXH
Byte6		
Byte7	接收指令计数	XXH(00-FFH)
Byte8	累加和(SUM)	XXH(Byte4-7)

其中,间接指令内容包括两大类:一类是主相机拍照为 0101H;另一类是副相机拍照为 0303H。

(3)设备软件性能

①接口要求。科普载荷相机软件与主控系统直接关联,接收主控命令包含拍照命令、包序号数据读取命令、时间信息写入命令等,与主控接口关系如图 5.97所示。

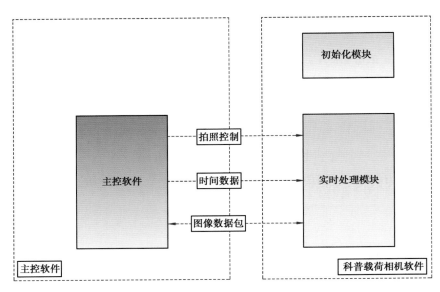

图 5.97　科普载荷相机软件接口图

②安全性需求。

a. 对接口输入数据进行有效性检查,避免使用无效数据。

b. 对关键数据设置有效标识,并设计单独的数据合法性检测模块、异常处理模块,在关键数据失效后不致引起程序崩溃。

c. 对软件能够检测到的故障,在状态字中有所反映,以供事后分析。

③可靠性需求。

应对软件进行健壮性、可靠性设计。

a. 对接口数据帧进行校验,验证其有效性,避免使用错误数据。

b. 不得出现软件致命故障,致命故障包括软件死机、异常错误、软件崩溃。

2)产品试验、测试及测试覆盖性情况

(1) 单机测试与试验

科普载荷相机的测试包括单机和联合试验。

单机试验分别经历辐射、湿热、冲击、振动等指标第三方评测。

①抗辐射试验。该试验为验证相机模块的总剂量水平,在中核同辐辐射技术有限公司进行,剂量率水平 1.0 Sv/h,试验报告封面如图 5.98 所示,完整报告见相关附件。

②湿热试验。该试验为验证科普载荷相机的防雾措施的有效性,在天津航天

瑞莱科技有限公司进行,温度范围:0 ~ 35 ℃,湿度 95% RH,实现科普载荷密封腔体内的高湿环境模拟,试验报告封面如图 5.99 所示,完整报告见相关附件。

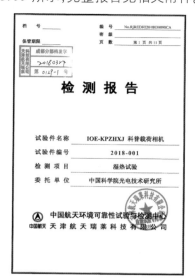

图 5.98　抗辐射试验报告封面图　　图 5.99　防雾湿热试验报告封面图

③冲击试验。该试验为验证科普载荷相机的抗冲击性能,在天津航天瑞莱科技有限公司进行,冲击指标:$800g$,X,Y,Z 试验方向上各 3 次,试验报告封面如图 5.100 所示,完整报告见相关附件。

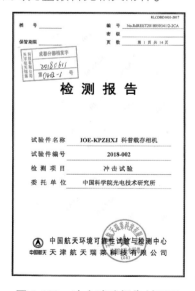

图 5.100　冲击试验报告封面图　　图 5.101　振动试验报告封面图

④振动试验。该试验为验证科普载荷相机的抗振动性能,振动类型包含随机和正弦两种,在天津航天瑞莱科技有限公司进行,正弦振动指标:X 方向最大 15g、Y 和 Z 方向最大 8g,持续时间 1 min;随机振动指标:X 方向最大 26.4 Grms、Y 和 Z 方向最大 12.9 Grms,持续时间 1 min;试验报告封面如图 5.101 所示,完整报告见相关附件。

联合试验在科普载荷相机的每个研制环节均有进行,试验中相机与主控、载荷总体进行联试,地点分别在重庆、烟台和北京,试验包括振动、冲击、离心和一系列热环境试验。

(2)关键特性的研制测试情况

①防雾设计。科普载荷相机的防雾设计是设备的关键研制环节之一,措施的有效性关系到设备能否成像和成像质量。设备通过主体密封和光学窗口镀膜(亲水基活性剂)的方式避免雾气在玻璃窗上附着,防雾效果通过湿热试验进行测试,结果表明镀膜可有效避免玻璃窗结雾。

②软件设计。科普载荷相机的软件系统要实现主相机、副相机、压力传感器、照明等模块的控制,对其进行可靠、稳定的设计是设备的关键研制环节之一。科普载荷相机软件要实现密闭罐体内光学成像,其中,主相机和副相机完成两种不同视角的观察;气压模块完成每次拍照期间的罐内气压获取;时间记录模块可根据主控情况进行设置,然后在 RAM 中进行保持。该软件设计是嵌入式设计,软件功能框如图 5.102 所示。

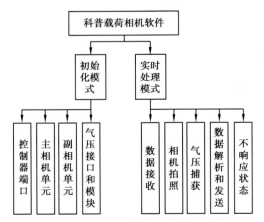

图 5.102　科普载荷相机软件框图

5.2.6 其他零配件

科普载荷零配件采购清单,见表 5.30。

表 5.30 科普载荷零配件采购清单

序号	名称	型号	生产厂家	技术参数	备注
1	光导管	—	深圳市银利来科技有限公司	$\phi 10 \times 23$	胶粘固定
2	水缓释泵	SDMP206D	高砂电气(苏州)有限公司	2017.08	胶粘固定
3	接插件 37 芯	J30JM1-37ZKS	贵州航天	密封型	螺钉固定
4	接插件 19 芯	CX2-19MZJ	镇江惠通元二接插件有限公司	密封型	螺钉固定
5	接插件 4 芯	CX2-4M1ZJ	镇江惠通元二接插件有限公司	密封型	螺钉固定
6	储水袋	—	上海乐纯生物技术有限公司	20 mL	胶粘固定

5.2.7 软件研制情况

1)软件设计

科普载荷相机的软件系统工作示意图,如图 5.103 所示。

在生物科普载荷系统中,科普载荷主控软件为主软件,相机软件为从软件,即科普载荷相机的工作模式在主控软件的操控下进行;针对主控的需求,科普载荷相机软件在预先设置的时间间隔内作出响应,并输出数据;涉及科普载荷相机的软件为嵌入式软件,包括可实时响应主控命令的中断模块、内部主副相机模块初始化、气压模块初始化、图像数据捕获、压缩存储和分块分包传输模块。

根据软件的工作状态,将软件工作模式分为初始化模式和实时处理模式。

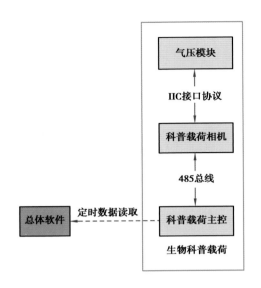

图 5.103　软件系统工作示意图

（1）初始化模式

科普载荷相机软件上电后进入初始化模式,初始化包含控制器各接口状态（端口模式、串口模块、中断模块、SCCB 模块、DCMI 模块等）、主图像传感器参数配置、副图像传感器参数配置、气压传感器参数配置、照明模块状态配置等;同时,配置完成后,软件进入中断等待状态,在 10 s 内接收主控相机选择指令,若无控制指令输入,则默认拍照摄像单元为主相机。

（2）实时处理模式

当软件进行中断等待状态,实时处理包括接收状态（接收拍照指令、包序号指令或时间设置指令）、拍照状态（主或副相机进行状态设置、拍照和数据缓存等）、传输状态（根据包序号进行 Flash 块中对应图像小包的解析、RAM 中气压和时间数据的打包、485 接口总线上数据的写入）、不响应状态（软件处理主任务过程中,禁用外部中断）等。

2）软件测试情况

科普载荷相机软件系统测评通过委托第三方的方式,测评单位为航天 710 所。

5.3　月球背面实验结果

科普载荷随嫦娥四号着陆器在月面停留时间已有 5 个多月,顺利度过了 4 个月夜,在轨已累计工作 1 300 h,各项参数正常(表 5.31),工作状态良好。通过照片可知,2019 年 1 月 5 日有一颗种子发芽,经综合判断确定为棉花单子叶嫩叶,截至 2019 年 1 月 12 日载荷断电,棉花嫩芽已长大,尺寸约 8 mm×12 mm。第二月昼期棉花嫩叶状态与第一月昼期状态相比变化不大,没有腐烂。第三月昼期照片显示棉花嫩叶已枯萎,没有腐烂。

表 5.31　科普载荷实时遥测信息表

序号	遥测名称	遥测代码	设计指标	说明	在轨指标	备注
1	+2 V 电压遥测	ZTMP001	0 ~ 2.1 V	1.9 ~ 2.1 V:加电	加电:1.94 ~ 2.09 V	
				0 ~ 0.5 V:断电	断电:0 V	
2	温度遥测	ZTMP002	−60 ~ 70 ℃	MF61	13.33 ~ 49.93 ℃	
3	科普载荷电压	ZTMP003	2.4 ~ 2.7 V	正常工作	2.54 V	
4	制冷片电压	ZTMP004	0.8 ~ 1.1 V	制冷片 1 工作	0.96 ~ 0.98 V	
			≤0.2 V	制冷片 1 不工作	0 V	
5	生物舱温度	ZTMP005	0 ~ 50 ℃	生物生长环境温度	16.43 ~ 53.57 ℃	
6	水泵电压	ZTMP006	2.4 ~ 2.7 V	水泵工作	2.54 ~ 2.56 V	
			≤0.2 V	水泵不工作	0 V	
7	相机电压	ZTMP007	2.4 ~ 2.7 V	相机工作	2.54 V	
			≤0.2 V	相机不工作	0.06 V	
8	制冷片 2 温度	ZTMP008	−5 ~ 50 ℃	制冷片 2 温度	15.08 ~ 52.67 ℃	
9	制冷片 1 温度	ZTMP009	−5 ~ 50 ℃	制冷片 1 温度	15.08 ~ 52.67 ℃	

5.3.1 在轨首次开机情况

科普载荷于着陆器落月后 12.88 h 后开机,开机工作时间为 2019 年 1 月 3 日 23:18:40,并于 2019 年 1 月 3 日 23:48:28 成功放水。2019 年 1 月 12 日 20:03:34 断电,正常关机,关机状态如图 5.104 所示。

截至 1 月 12 日 20:00,累计工作时间为 212.75 h,共拍摄 34 次,收到照片 169 幅。其中,主相机拍摄 22 次,传回照片 110 幅;副相机拍摄 12 次,传回照片 59 幅。

根据电压遥测正常数据,科普载荷自主温控模式正常(表 5.32)。载荷内部压力在 98~104 kPa 范围变化(一个标准大气压为 101 kPa),温度在 16.7~36.5 ℃,基本满足生物的生长需求(表 5.33)。主相机视域内有一颗种子萌芽,初步判断为棉花幼芽,随着时间的增加,幼芽有长大趋势。副相机视场域没有观察到种子萌芽现象。

表 5.32　科普载荷在轨工作期间温度变化

日期	温度/℃	备注
1 月 4 日	31.6~32.5	呈上升趋势
1 月 5 日	32.5~36.5	
1 月 6 日	36.5~35.0	呈下降趋势
1 月 7 日	35.0~33.0	
1 月 8 日	33.0~28.1	
1 月 9 日	28.1~22.9	
1 月 10 日	22.9~18.2	
1 月 11 日	16.7~25.2	周期变化
1 月 12 日	16.7~25.2	

表 5.33　生物科普试验载荷在轨工作情况汇总表

日期	开机时间	关机时间	工作时间/h	拍照次数		照片数量		温度/℃	压力/kPa
				主相机	副相机	主相机	副相机		
第一月昼	1 月 3 日 23 点 18 分	1 月 12 日 20 点 03 分	212.75	22	12	110	59	16.7~37.5	98~104

续表

日期	开机时间	关机时间	工作时间/h	拍照次数		照片数量		温度/℃	压力/kPa
				主相机	副相机	主相机	副相机		
第二月昼	1月31日1点33分	2月11日14点24分	276.85	12	12	60	60	16.7～37.5	91～100
第三月昼	3月1日9点44分	3月13日7点47分	286.05	12	12	60	60	16.7～37.5	88.2～99.2
第四月昼	3月30日20点04分	4月11日23点59分	291.92	12	12	60	60	16.7～49.5	85.7～96.1
第五月昼	4月30日8点37分	5月9日11点53分	219.27	10	9	48	45	16.7～49.5	82.3～94.5

佳木斯深空站(中继星数传1测站时 2019-01-12 20:03:59　喀什深空站(中继星数传1测站时 2019-01-12

	参数代号	参数名称	空站(中继星数传	:站(中继星数传1	:站(中继星数传(
1	ZTMP001	科普载荷加断电+2V遥测	0.000	00	0.000
2	ZTMP002	科普载荷温度遥测	15.805	5A	15.805
3	ZTMP003	科普载荷系统电压	2.540	7F	2.540
4	ZTMP004	制冷片1电压	0.000	00	0.000
5	ZTMP005	生物仓温度	18.154	66	18.154
6	ZTMP006	水泵电压	0.000	00	0.000
7	ZTMP007	相机电压	2.540	7F	2.540
8	ZTMP008	制冷片2温度	17.806	67	17.806
9	ZTMP009	制冷片1温度	17.806	67	17.806

图5.104　科普载荷断电关机状态

5.3.2　第六月昼

第六月昼开机后,上述故障依然复现,经与总体协商后,后续科普载荷将不再开机。

5.3.3　试验结果分析

为了让植物有更多时间生长,在嫦娥四号着陆器落月通电并进行自检后,北京时间 2019 年 1 月 3 日 23:50 开始,进行了遥控指令放水,同时在地面对照载荷罐也进行了放水过程。两个载荷罐中的生物模块都被白色水溶性织物覆盖。从注水过程开始,大部分水溶性织物已溶解,表明注水已成功完成。从注水后 22 h 开始,月面载荷罐中的棉花种子便已发芽。地面控制载荷罐中也有一颗棉花种子发芽,是在注水后 53 h 发芽。载荷罐的冷却模块在注水的同时启动。由于月球表面温度非常高,载荷罐内的温度仍攀升至 37 ℃。月面载荷罐在注水后 82 h 观测到棉花幼苗的第一片叶子。但直到注水后 190 h,拍摄的照片显示其叶片大小并无太大差异,表明月面植株出现了发育停滞现象。在照相机的视域范围内,除了棉花幼苗外,没有观察到月面载荷罐中有其他植物发芽迹象。

相比之下,地面对照载荷罐中的棉花幼苗生长迅速,在注水 190 h 后,茎秆的生长已超过相机的捕获范围。注水 172 h 后,地面对照载荷罐中的 3 颗油菜种子也开始发芽。在地面对照载荷罐中,O_2 浓度呈不断下降趋势。

在地面开放空间中的植物对照实验中,注水后 42 h,营养土壤中的油菜种子开始发芽。注水后 59.5 h,蛭石土壤中的油菜籽开始发芽,营养土和蛭石中的花种子也开始发芽。注水后 131.5 h,营养土壤中的马铃薯种子开始发芽,两小时后,蛭石中的马铃薯种子也开始发芽。

5.4　意义与价值

5.4.1　技术成果

通过团队近三年的攻关,攻克了 6 项关键技术,具体如下:

1)生物静置生长控制技术

本次实验实现了植物种子的精准休眠控制与休眠解除技术。棉花种子在月面成功发芽,表明此前从装载进入发射场和在轨总共长达3个月的精确休眠时间控制,以及在月面注水后的休眠解除技术都取得了成功。

2)复杂力学环境下生物固定技术

科普载荷装器后要在地面待2个月,在轨飞行1个月,共计3个月时间。在这段时间内要确保载荷内植物种子不能萌发。从植物种子萌发的必要环境分析,水分和适宜的温度是不可或缺的条件。由于该时期内科普载荷是不能加电的,其内部温度将随外界环境温度变化,能够控制的就是水分供给。因此,科普载荷专门设置了水存储舱室,待放水指令发出后,水由电磁泵输送至生物舱。

考虑发射、着陆时的力学环境,植物种子、蛭石(类似于土壤,是一种有机材质,用于植物生长发育)、水等必须进行固定,以确保科普载荷在经历复杂力学环境后生物舱内的种子、蛭石等不会散乱导致实验失败。种子的固定比较关键,若采用网眼较小的尼龙网,虽然能够实现种子与蛭石的固定,但种子的萌发会受影响,生长出的嫩芽将无法突破尼龙网的束缚,地面将观察不到植物的生长情况,导致实验失败;若采用网眼较大的尼龙网,拟南芥、油菜等种子由于粒径非常小,无法实现完全固定。通过多方调研与实验,将水溶棉确定为搭载所需的固定材料。水溶棉是一种纤维状物质,化学成分是聚乙烯醇纤维,极易溶于水。干燥时形态、颜色与普通棉花一致,具有较强的韧性,遇水后约20 s即溶解为透明状凝胶态物质,可做植物种子萌发时的养分,是一种非常理想的固定材料(图5.105)。

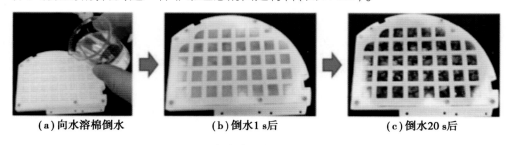

(a)向水溶棉倒水　　**(b)倒水1 s后**　　**(c)倒水20 s后**

图5.105　水溶棉遇水溶解过程示意图

水在振动条件下会产生液压冲击,根据振动的强度不同,产生的冲击力也不同。科普载荷携带的18 mL水全部存储在水袋内,经电磁泵、水管将水释放至生物舱。电磁泵是一种蠕动式容积泵,不具备阀的功能,在水袋内水冲击且电磁泵关闭的情况下,经电磁泵水直接溢出,将水溶棉溶解,直接影响生物舱的固定导致实验失败。受空间、电功率限制,主动形式的阀门体积、功耗不满足要求,只能选择被动形式将水封闭在水袋内。

在不额外增加指令和元器件的条件下,能够实现被动形式的方式只有控制温度,通过温度的控制,寻求一种物质,能够在温度升高时由固态变为液态,在低温时又能够维持固态存在。满足上述条件的物质很多,包含石蜡、巧克力、凡士林等。通过反复实验对比,凡士林以熔点低、熔化速度快的优点成为科普载荷封闭水袋内水的材料。凡士林常温时保持凝胶态,具有黏性,当温度达到 40 ℃ 时,凡士林将很快溶解为液态。因此,在科普载荷盒盖前,特别将熔化的凡士林通过注射器注入水管内,注入长度为 60 mm。待冷却后,凡士林凝固,并与水管内壁紧密贴合。为了使科普载荷能够顺利将水放出,特别设定放水时载荷内环境温度需高于 40 ℃。倘若温度低于 40 ℃,将启动科普载荷自身的加热片为科普载荷加热。待放水指令发出后即开启半导体制冷器,使载荷内温度降低至满足生物生长需要的温度。

科普载荷随着陆器飞行和着陆过程中将经历复杂的随机振动和冲击,可能使土壤和种子散乱,将直接导致科普展示任务失败。另外,种子固定得过于牢固将导致发芽的种子无法突破约束而影响展示效果。针对上述相互矛盾的难题,结合科普载荷自身的有限资源,研究团队通过调研和多方案对比,依托水溶棉纤维良好的抗拉性能以及遇水易溶且对植物无害的特性,提出了采用水溶棉配合多孔压板的被动固定方案,并结合地面的放水指令,解决了种子在轨固定和释放的矛盾问题,成功实现了植物种子长期稳定固定和择机按需展示的目标。

3）月面自然条件下的导光技术

科普载荷生物实验的主要目的是验证在月球表面自然光照条件下植物的生长发育状态,并与地面 1∶1 对照实验进行对比。为了将月表自然光照导入载荷内部且不破坏设备自身的密封性,通过实验与分析,确定采用光导纤维(光导管)与导光玻璃相结合的形式,导光玻璃通过双密封圈与载荷盖板实施密封配合,光导管与密封结构隔离。光导管由一种玻璃材质制成,依据光的全反射原理工作(图5.106)。

月表直射的太阳光线通过光导管的全反射后形成一束散射光,经导光玻璃后照射到载荷内部,在载荷内部形成均匀的光照区域,这些均匀的光照区域位置会随着太阳高度角、方位角的变化而变化,光照强度也随着太阳高度角降低而减弱(图5.107)。

图 5.106　光导管微观结构

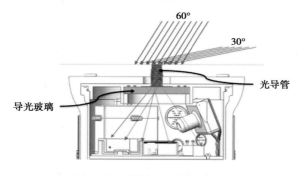

图 5.107　载荷导光路线示意图

由于光导管自身不具备密封性能,且通过 GD414C 胶固定在上舱体安装盖板中间顶部。为了不影响光线进入科普载荷内部,该位置设置导光玻璃,且在导光玻璃与盖板之间安装两个端面密封圈,以减少内部气体的泄漏,同时保证光线的导入,如图 5.108 所示。

4)小尺度、高湿度、宽温差条件下自主温控技术

生物适宜生长的温度为 15～25 ℃,目标温控窗口窄,而科普载荷安装在着陆器-Y 舱顶板且顶板开口,载荷顶部直接暴露在月球环境,导致科普载荷所在的位置环境温度温差非常宽,使载荷面临的温度环境异常恶劣。此外,科普载荷与着陆器的热接口仅靠两片散热片以辐射形式散热,也使科普载荷的主动温控难题突出。

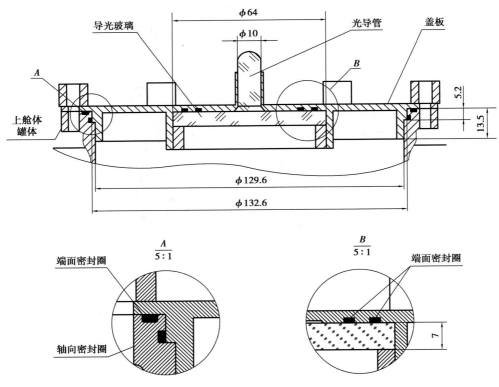

图 5.108　光导管与盖板泄漏密封措施

5）高湿度条件下相机防雾成像技术

科普载荷相机的防雾设计是设备的关键研制环节之一，措施的有效性关系到设备能否成像和成像质量。设备通过主体密封和光学窗口镀膜（亲水基活性剂）的方式避免雾气在玻璃窗上附着，防雾效果通过湿热试验进行测试，结果表明镀膜可有效避免玻璃窗结雾。

科普载荷相机的防雾处理主要包括玻璃内壁和外侧，任何一处出现水汽现象，都会严重影响玻璃的透明性，进而在相机的成像数据上有所体现。因此，科普载荷设计中采用相机腔体密封、光学窗口镀膜、光学窗口加热等措施，从而保障相机的防雾性能。

水汽在相机光学玻璃上的直观效果为水滴凝结，以相机内侧玻璃为例，由于相机内部密封设计，其湿度相对稳定，只有当相机光学窗口的内表面温度低于相机腔内空气的露点时，玻璃内表面的水汽才会凝结，因此，设计中优先降低腔体内空气的湿度,保证露点温度尽可能低;同时,对玻璃与电气系统的导热进行优化设计,使相机内侧玻璃的温度与电气模块一致,即始终大于等于密封腔内的气体温度;最后,是光学玻璃的镀膜处理,通过玻璃表面形成亲水分子层,进而降低空气中的水汽在玻璃表面的接触角,当接触角足够小时,即便水汽可以在玻璃内壁附着,也不会形成对成像造成影响的水滴,从而达到相机防雾的目的。

相机外侧的玻璃表面由于生物舱的高湿度环境,一旦温差存在,水汽凝结将不可避免,故处理方式主要采用镀膜工艺和加热,保障光学窗口的温度不低于露点的同时,进行玻璃的透明性和均匀性处理,满足除雾需求。

6)月面高真空、宽温差条件下的密封技术

针对高真空、宽温差的极端环境条件,科普载荷实现了封闭一个大气压的空气。密封性设计方面,针对泄漏接触面积大的区域采用双密封圈结构。密封圈脆性温度为 $-100\ ℃$。为保障科普载荷具有较好的密封性能,研制设计时要求单点漏率 $\leqslant 1.0 \times 10^{-5}\ Pa \cdot m^3/s$,整体漏率 $\leqslant 1.0 \times 10^{-4}\ Pa \cdot m^3/s$。科普载荷密封性试验在力学试验前进行单点检漏、整体检漏,在力学试验后、热环境试验后分别进行整体检漏。科普载荷在高真空、宽温差的月面运行 1 个月后,载荷内气压降低了不足 0.2 个大气压。

5.4.2　科学发现及意义

1)实现人类首次月背生物实验并培育出月球上的第一片绿叶

人类从未在月球上进行过生物实验。为了实现这一梦想,2019 年 1 月 3 日,嫦娥四号月球探测器携生物实验有效载荷成功地在月球背面着陆。为了更好地了解植物、动物和微生物在高真空、宽温差、强辐射、强光照和低重力的月球环境中是如何生长的,在地球上建立了一个相同的科普载荷进行地面同步实验。其中,一颗棉花种子成功发芽,长成了有两片叶子的绿色幼苗,这是人类首次在月球上种植植物。对两个科普载荷的观测表明,月球上的棉花种子发芽比地球上快得多。通过构造适当的环境,这些植物可以在月球上生存。科普载荷实验创造了历史,为未来人类在月球和地外行星居住生存铺平了道路。

在太空植物栽培系统中,早期的任务包括开发小型植物生长系统,生产新鲜蔬

菜和小水果,以补充宇航员的饮食。在后期,随着任务持续时间的增加,植物将提供越来越多的重要功能,如食物和氧气生产,二氧化碳去除和水净化,所有这些都需要创新的园艺技术和方法。科普载荷成功地展示了首次在月球背面进行的生物实验。嫦娥四号月球探测器生物实验载荷(科普载荷)是通过整合最先进的材料、技术、方法和设施,为生物提供适宜温度的环境。该科普载荷包含6位"乘客",即棉花种子、马铃薯种子、拟南芥种子、油菜籽种子、果蝇蛹和酵母,从而创建了一个"微型受控生态系统"。该实验将让人们了解植物、动物和微生物在月球环境中是如何生长的,月球环境中有 1/6 的重力、低磁力、明亮的阳光和辐射。

北京时间 2019 年 1 月 3 日 23:48,"嫦娥四号"着陆器启动并自我测试后放水,将在月球白天结束前有更多时间种植植物。同时对地面同步的载荷进行注水。两个科普载荷的板上都覆盖了白色的水溶性织物,如图 5.109 所示,距注水时间 0 h。水溶性织物大部分被溶解,说明注水成功完成,从水辅注射 22 h 开始。令人惊讶的是,在月球上的科普载荷中,棉花种子从注水时间发芽 22 h,其下胚轴清晰地显示出来。从水注射到地面控制的科普载荷 22 h 内未观察到萌发迹象,科普载荷的冷却模块与注水同时启动。由于月球表面的极端高温,科普载荷内部的温度仍攀升至 37 ℃(表 5.34)。

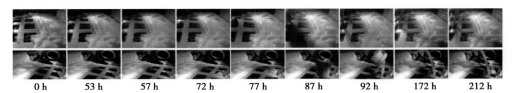

| 0 h | 53 h | 57 h | 72 h | 77 h | 87 h | 92 h | 172 h | 212 h |

图 5.109　地面控制科普载荷中生长状态图片

表 5.34　月球上的科普载荷温度记录

日期	温度/℃	备注
2019/1/4	31.6 ~ 32.5	增长
2019/1/5	32.5 ~ 36.5	
2019/1/6	36.5 ~ 35.0	下降
2019/1/7	35.0 ~ 33.0	
2019/1/8	33.0 ~ 28.1	
2019/1/9	28.1 ~ 22.9	
2019/1/10	22.9 ~ 18.2	

在月面科普载荷中,棉花幼苗的第一片叶子在水经注射后 82 h 被观测到,叶片大小在 82 h 和 190 h 时差异不显著,说明该时期出现了生长迟缓。嫦娥四号着陆器在轨设备监测的压力数据如图 5.110 所示。棉花种子在地面控制的科普载荷中发芽 53 h。幼苗生长迅速,只有 190 h 后的茎被相机拍到。3 颗油菜种子在地面控制的科普载荷中开始发芽 172 h)。地面组的温度高于 30 ℃ 到 127 h,地面控制的科普载荷 O_2 浓度不断下降(图 5.111)。除了在相机视野内观察到棉花幼苗外,月面科普载荷中没有其他植物萌发的迹象。

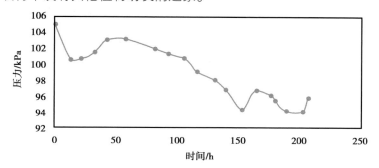

图 5.110　嫦娥四号着陆器在轨设备监测的压力数据采集图

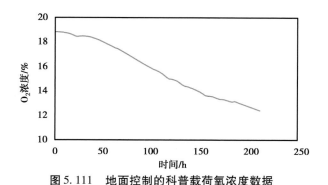

图 5.111　地面控制的科普载荷氧浓度数据

营养土壤中油菜籽种子在水注射后 42 h 开始萌发。水注射 59.5 h 后,蛭石中油菜籽开始发芽,营养土壤和蛭石中棉籽开始发芽。经水注射 131.5 h 后,营养土壤中的马铃薯种子开始发芽,2 h 后蛭石中的马铃薯种子开始发芽。

棉花种子在两种科普载荷中首先萌发,从水辅注射开始,温度保持在 30 ℃ 以上,直到 127 h。这种高温对棉花种子萌发的抑制作用低于其他种子。实验结束时,随着温度的降低,油菜籽种子开始在地面控制的科普载荷中萌发。马铃薯和拟南芥种子在适宜的发芽温度(约 20 ℃)未能发芽。在地面对照实验中,开放空间环境下种子的生长情况优于封闭环境(图 5.112)。

| 0 h | 59.5 h | 77 h | 107 h | 131.5 h | 212 h |

图 5.112　开放空间环境下地面控制科普载荷的生长状态图片

2）月球 $1/6g$ 重力有助于植物生长和低温快速适应能力

了解地球生命对行星微重力的反应对人类雄心勃勃的太阳系探索至关重要。利用嫦娥四号探测器搭载的生命再生生态系统，科普载荷在人类历史上首次跟踪了一颗地球棉花种子长期暴露于超冷温度下的萌发、发育和最终命运的生命轨迹。科普载荷将月球上的生命轨迹与地球上的生命轨迹进行比较，在受控的环境中，参数匹配，除了重力不同。科普载荷实验发现，$1/6g$ 月球重力对种子萌发速度没有明显的影响，但会减缓幼苗的生长，并导致下胚轴明显缩短，子叶变薄。最令人惊讶的是，月苗在 $1/6g$ 微重力条件下对超冻环境的适应速度很快，在月夜长期超低温条件下仍能挺立发绿。科普载荷提出了基于月球微重力诱导的细胞和分子反应的冷恢复机制。这些独特的发现将扩展科普载荷对植物在空间次优环境下适应性反应的理解。

科普载荷进行了人类首次在重力为 $1/6g$ 的月球上种植植物的实验，由嫦娥四号着陆器在一个密封、气压和气候可控的生态系统设备中进行，在低重力和宽温度变化条件下形成一个微型生物圈（图 5.113A ～ D）。在这个小容器中，底部固定有一个生物仓库，里面装有油菜籽、棉花、马铃薯和拟南芥种子，以及酵母和果蝇卵（图 5.113B ～ D）。两个散热器和多层隔热设计，精确控制容器内部温度。所有生物样品均用水溶性 PVA 纤维棉覆盖，通过一根管道将水从储罐装入生物仓库。容器顶部的光管被利用来为植物的光合作用导入自然光。其他接口的遥测和电源，以及 CMOD 安装准确控制。仓库上方的两台摄像机可以实时记录生物的生长情况。

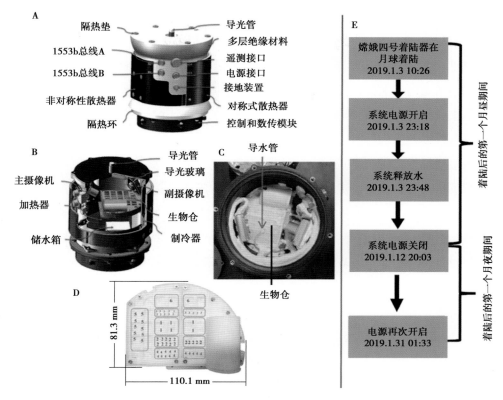

图 5.113　月球幼苗在真月 $1/6g$ 微重力条件下似乎能迅速适应超冻

1—棉花；2—油菜籽；3—马铃薯；4—拟南芥；5—果蝇蛹；6—酵母菌

2019 年 1 月 3 日 10:26 嫦娥四号飞船着陆，23:18 生态系统的能量开启。30 min 后，水管成功地将水装入生物仓，容器温度暂时调至 54 ℃，几分钟内水管封蜡塞融化。在科普载荷命名为"登陆后的第一个月球日"期间，摄像机和传感器记录并传输回地球的实时数据，直至 2019 年 1 月 12 日 20:03 停电。此后，月球进入了所谓的"登陆后的第一个月球之夜"，持续了大约 18 个地球日，黑暗而寒冷。根据中国空间技术研究院在地球上进行的热平衡试验，这种环境下的容器在断电后 23 h 内温度迅速下降到-52 ℃左右。最终，2019 年 1 月 31 日凌晨 1:33，电力恢复，标志着"登陆后的第二个阴历日"开始。科普载荷在地球上的一个生长容器中平行地进行了同样的实验，所有的参数和生长条件都与月球上的科普载荷精确匹配。

科普载荷实时记录了深低温月夜 18 天暴露环境下的植物萌发、发育和最终命运的生命轨迹。对于嫦娥四号探测器携带的生命再生生态系统或地球上的平行控制系统，除了空间辐射和重力外，其他物理参数均相同，重力在月球上为 $1/6g$，在

地球上为 $1g$。根据摄像机的记录,月球和地球生态系统都生长着一株幼苗。月苗在水注射后约 22 h 出现,数量较少,土苗在水注射后约 82 h 长大,肉质肥厚。说明 $1/6g$ 重力对种子萌发无显著干扰。科普载荷推测,嫦娥四号探测器发射时,强烈的振动使月球种子更接近地表,从而导致月球种子发芽更快。同时,与 $1g$ 条件下的植株生长相比,月球幼苗生长缓慢,下胚轴明显变短,子叶变薄。棉花种子萌发和生长多样性在月地平行控制,如图 5.114 所示。

一般情况下,失重对植物来说是一种应激状态,尤其是对于分生细胞的功能而言。根据重力压力模型或淀粉-平衡石假说,植物应该能够感知重力的方向并重新定位自己。对在 ISS 上生长的植物,微重力可以改变植株的体形,增加具有横向微管的细胞数量,并抑制下胚轴和上胚轴等地上器官的横向扩张。将阿拉斯加豌豆幼苗暴露在 ISS 微重力环境下 3 天,导致生长素极性运输严重紊乱,PsPIN1 膜定位依赖于这种方式。此外,在 ISS 环境下生长的拟南芥幼苗的 RNA-seq 分析表明,在微重力环境下,光合天线蛋白和叶绿素代谢等与植物生长有关的相关通路显著下调。此外,在 ISS 黑暗环境下生长 4 天的拟南芥幼苗,细胞增殖速率增加,细胞生长速率降低。同时,对拟南芥幼苗的 mRNA 测序数据表明,与细胞体积增加相关的基因在下胚轴中的表达受到强烈抑制。综上所述,月棉幼苗应通过微管、淀粉体或生长素等细胞物质的机械转导适应 $1/6g$ 重力环境,再加上微重力诱导的基因表达变化,形成矮株薄叶的性状。值得注意的是,可能是受温度高于 30 ℃ 的影响(图5.114A),其他植物如油菜籽、马铃薯和拟南芥种子,其适宜的发芽温度低于 30 ℃,在月球和地球的容器中都没有发芽。

在太空探索中,生命面临的主要挑战是极端环境。了解植物在不同重力条件下如何应对极端条件,不仅对未来太空基地的生命支持系统建设具有重要意义,而且对了解生命系统的总体生存也具有重要意义。为了获得一些了解,科普载荷跟踪了棉花幼苗在月球夜间 $1/6g$ 重力下长时间经历极端低温的生存轨迹(图5.115)。发芽后的幼苗先生长 190 h,然后在暗色和超低温(容器中低温)可达−52℃;根据在地球上模拟环境中进行的一项热平衡实验,对月球夜晚进行了约 18 个地球日的观测。在月亮的夜晚,生命再生生态系统的电源被切断,以节省能源。令人惊讶的是,2019 年 1 月 31 日,当容器在冷冻条件下保存约 18 天后重新接通电源,并将其加热至室温时,月苗仍然绿色挺立。相比之下,地球上的幼苗已经死亡,外观呈碎片状,颜色呈黑黄色。在第二个阴历日之后的 8 天里,月苗一直站在绿色

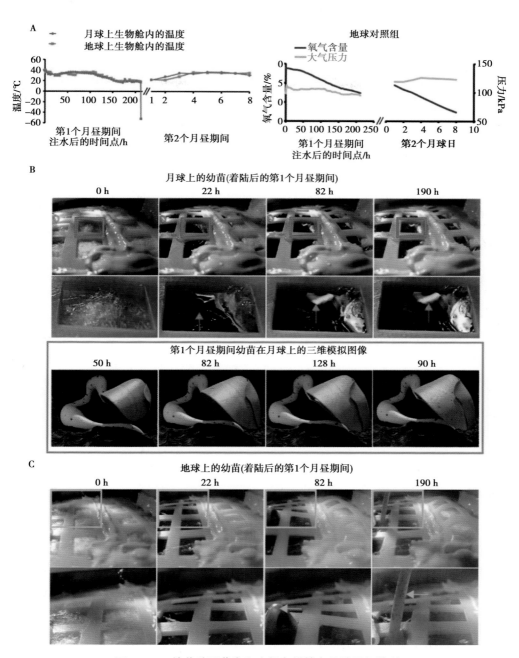

图 5.114 棉花种子萌发和生长多样性在月地平行控制

的叶子上,最后起皱。虽然瘦弱的幼苗在农历二月天似乎没有继续生长,但科普载荷怀疑这是容器缺氧所致。以上的观察结果表明了一个不寻常的现象:在月球微重力环境下,一棵纤细的幼苗很可能在持续超冷的环境下存活下来。

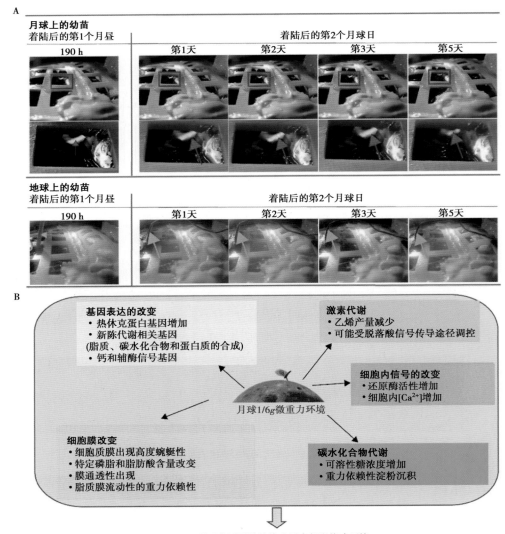

微重力诱导植物快速适应超强抗冻环境

图5.115　在真月1/6g微重力条件下,月球幼苗似乎能迅速适应超冻

科普载荷首次发现地球植物种子可以在真实的微重力星球下发芽,月球1/6g重力导致种子生长速度下降,下胚轴缩短,子叶外形变薄。最重要的是,月苗对超冻环境的适应能力极强,在长期超冷的月夜暴露后,能在数天内保持绿色挺立。我们提出了月苗快速适应超低温胁迫的假设模型。通过月球微重力诱导的适应性,植物可以折叠细胞的细胞质膜,改变膜成分和通透性,增加细胞质可溶性糖和其他碳水化合物,减少乙烯的产生,增加钙离子进入细胞的流量,并改变"主要空间基因"的表达,从而有助于抗寒性。

这是在月球上进行的第一次植物生长实验,探索了植物对真正的低重力环境的反应,并扩展了科普载荷对生命在极端空间条件下生存的知识。在未来的太空探索中测试植物能否更好地在微重力条件、超低温下生存,这将是值得期待的。同样重要的是,观察这种现象是否也适用于其他多细胞生物,如动物。对微重力相关生理的深入探索,将有助于解决人类的一些关键问题,如将人体作为一种保存生命的方式进行深度冷冻,这对长时间的太空旅行可能是重要的,也可以被目前无法治疗的疾病患者所用。

5.4.3　社会影响(Nature、Science 报道)

生物科普试验载荷是一个简式密闭微型生态系统,除温控、热控、拍照等装置外,仅搭载有棉花、油菜、马铃薯、拟南芥、酵母、果蝇 6 种生物和地球上的土壤、独立封装的水、一个标准大气压下的空气等非生物环境。系统装置及试验要素如图5.116 所示。

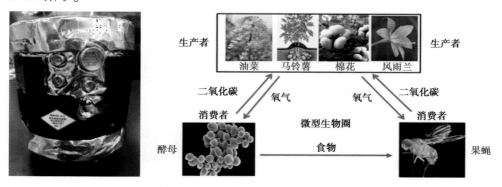

图 5.116　嫦娥四号任务生物科普试验载荷微型生态系统图

发射到月球表面的目的:科普展示月球表面微重力、强辐射和自然太阳光等条件下,载荷内种子能否萌芽、长成植株并进行光合作用,动物能否发育、生成个体,微型生态系统能否实现自循环。

结果:成功培育出一株棉花嫩芽(图5.117)。这是人类月球探索史上的里程碑事件,具有深远的社会影响。

生物科普试验载荷任务的成功还得到了世界知名期刊 Nature 和 Science 的关注(图5.118),其中,Nature 评价该试验为"The first ever to grow plants on the Moon",Science 评价该试验为"In a first for humankind,Plants are growing on the surface of the moon"。

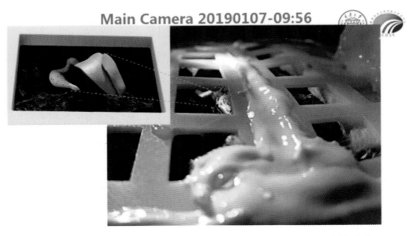

图 5.117 嫦娥四号任务生物科普试验载荷培育出的一株棉花嫩芽图

nature

NEWS | 15 January 2019

Plant sprouts on the Moon for first time ever

China's Chang'e-4 lander has sent back pictures of a cotton seed sprouting in a miniature biosphere experiment on the craft.

Davide Castelvecchi & Mićo Tatalović

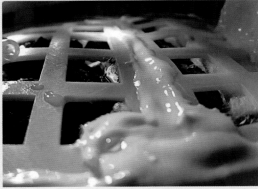

Credit: Wang Quanchao/Xinhua via Zuma

China's Chang'e-4 mission has become the first ever to grow plants on the Moon. The lander sent back images of a cotton seed sprouting in a mini-biosphere experiment, a feat announced on 15 January.

The pioneering experiment is one of several being carried out by Chang'e-4, a mission that is quickly racking up lunar firsts. On 3 January, it became first craft to make a soft landing on the far side of the Moon.

A small, sealed container carrying the seeds also contained nutrients, air and water, as well as yeast and fruit-fly eggs. The idea is for the plants to try and form a mini biosphere -- an artificial, self-sustaining environment.

"It will provide a basis for world scientists to study the biological growth and photosynthesis under the conditions of low gravity, wide temperature difference and long illumination of the moon," says Xie Genxin, a space environment scientist at Chongqing University and the chief designer of the biological experiment payload on the Chang'e mission.

doi: https://doi.org/10.1038/d41586-019-00159-0

the chief designer of the biological experiment payload on the Chang'e mission.

doi: https://doi.org/10.1038/d41586-019-00159-0

（a）nature

In a first for humankind, <u>plants are growing on the surface of the moon</u>, the *South China Morning Post* reports. Cotton, rapeseed, and potato seedlings have all sprouted inside a canister aboard China's Chang'e-4 lunar lander, now parked on the far side of the moon. Yeast, fruit flies, and rock cress were also sent aboard Chang'e-4 as part of an experiment to investigate growth in low-gravity environments. The mission's architects say the experiments could help lay a foundation for one day establishing a lunar base.

（b）science

图 5.118 研究成果在 Nature、Science 等期刊报道

1）大大延伸了人类试验高等生物的空间距离，创新了实践方法，刷新了认知知识库

生物科普试验载荷之前，人类试验高等生物仅限于太空站以下，空间距离 400 km 左右；人类对高等生物的空间试验，如太空育种、动植物生存、生长、发育、适应性、变异观察等，都是个体的、功能式的，没有以系统方式考查过；月球表面能否培育出高等生物并且培育出的高等生物能否经受住高真空/高洁净度、低重力、宽温差、强辐射等外部环境和自然光照，不得而知。生物科普试验载荷将这一试验距离

大大延伸,达到地球的卫星——月球表面,空间距离 38 万 km,超出 37.96 万 km,是前者的 949 万倍,实现质的飞跃;所提出的简式密闭微型生态系统实践,除检验月球表面高真空/高洁净度、微重力、强辐射、自然光照等环境条件下系统的个体机能外,还检验其生态原理,如植物光合作用、自循环等,这是以前没有实践过的新方法。所经历的过程和所获得的结果表明,在下列条件下,人类可以在月球表面培育出某些植物(如棉花):

①载荷安装在嫦娥四号着陆器内。

②配置地球的土壤、营养液、水、1 个标准大气压下的空气。

③控制载荷内的温度为 4 ~ 40 ℃。

④利用光导管采集月面自然光照。

⑤将载荷置于月球表面高真空/高洁净度、低重力、宽温差、强辐射等外部环境中。

⑥试验前载荷内生物要素经历长达 3 个月的休眠且在休眠期经历地球表面发射/月球表面降落时 $9g \sim 18g$ 的重力加速/减速、地球大气层宽温差变化、地月空间和月球在轨的高速度飞行与低温考验等。

这是以前所没有的知识。

此外,在对载荷连续 5 个白昼(地球日 132 天左右)的观察中,还发现以下有趣的现象:

①月球上的植物比地球上的生长发育快,基本上是地球日 1 ~ 2 天即长成,且衰老、腐烂得慢,5 个月球白昼(地球日 132 天左右)后仍未完全腐烂。

②月球上植物的茎容易弯曲生长,贴着土壤的部分长,直立的部分短,且容易在靠近土壤的位置长成肥大的流线节,跟地球上植物直立上长、下大上小、外形均匀等不相同。

2)里程碑式更新了月球探测历史,为未来月球基地建设储备了智慧,为人类未来地外天体生命探测活动提供了新思路

截至 2019 年 12 月,人类探测月球所发射的探测器和载人登月飞船数量已超过 70 个,俄罗斯、美国、日本、欧洲航天局、中国和印度先后进行了月球探测,航天强国——美国于 1969 年实现载人登月并在月球表面完成度过 21 h 和行走两个半小时的体验,但以简式密闭微型生态系统在月球表面开展生态系统科普试验并培育出一株棉花嫩芽,却是人类探月史上的首次,属里程碑事件,刷新了月球探测史

（包括知识、技能），为后续世界各国月球基地建设提供了原位资源利用、基地人员食物就地生产、氧气制备和环境净化等经验与智慧，并为人类开展地外天体（如金星、火星、木星等太阳系行星，太阳系小行星、行星带、银河系行星等）生命探测活动提供了科学目标选择、载荷装置机构、生态系统布局、关键环节实现等新思路。

3）充分吸引了公众对月球探测的关注，激发了人类探索宇宙的自豪感和热情，促进了月球探测的有关合作

嫦娥四号任务生物科普试验载荷成功后，CNN、BBC、TIME、Nature、Science、中央电视台、人民日报、科技日报、联合早报、参考消息、环球时报等上万家媒体进行了报道；中央电视台第 10 频道（科教频道）、第 13 频道（新闻频道），湖南卫视，重庆电视台都市频道、卫视频道等还拍摄了《飞向月球》《揭秘月球上第一道绿色》《新闻大求真》《为你喝彩》《第 1 眼新闻》等科普宣传记录片并进行在线传播；公众在网络空间广泛传播生物科普试验载荷相关信息，月球种菜、月球棉花种子发芽、月球嫩芽、月球上第一片绿叶、月球生物科普等成为网络搜索热词。据不完全统计，主要搜索引擎搜索热词的检索信息量，谷歌累计超过 1 亿，百度累计超过 0.5 亿，雅虎累计超过 0.3 亿，在以年轻受众为主的短视频应用网站"抖音"上相关视频以百万级播放量闯入热搜榜。可见关注度之高。同时，在月球表面成功培育出人类第一株棉花嫩芽，也是我国空间探索事业由之前跟随历史转换为自此以后的领先、领跑历史的标志性事件之一，与美国 20 世纪 40 年代将玉米种子发射升空并成功回收和 2016 年在空间站培育出一朵百日菊（被媒体称为在外太空开放的第一朵花）等一样，成为人类太空生命科学研究的标志性事件之一，极大地激发了国人的民族自豪感和探索宇宙的热情，引领了世界其他国家对月球及其他深空天体的探索，包括促进月球探测的有关合作，如英国生物科普试验载荷展及欧洲巡回展，英国、澳大利亚、西班牙、法国、德国、欧盟、意大利等后续月球探测合作意向，国内航天企业、智慧农业公司、政府科技产业园等联合项目、平台共建等。科研团队以"地球的第一片绿叶"为主题奔赴西班牙、意大利、英国、法国等地开展科研宣讲，极大地宣传了我国探月工程成果。在国内的重庆、北京、陕西、湖南、广西、广东、湖北、吉林、江苏等 20 多个省市进行科普报告，极大地激发了下一代青年探索宇宙、研学求真的科学精神，点燃科学梦想，激发民族自豪感。

6　展望

　　对地外空间的探索一直是人类孜孜以求的梦想,从嫦娥奔月、万户飞天到我国空间站建成,人在地外空间长期居留逐步成为现实,我们正在往越来越远的外太空拓展。20 世纪 60 年代,美国通过实施"阿波罗计划"实现了人类历史上的首次登月,迄今,已过去了半个多世纪。2019 年美国公布实施"阿尔忒弥斯计划",期望于2025 年前实现人类重返月球,并计划于 2030 年前人类首次登陆火星。欧洲空间局也于 2016 年公布启动"月球村"计划,建设人类月球根据地。我国也计划在月球上建立月球科研站,甚至永久月球基地,于 2030 年左右将中国人送上月球。

　　通过载人飞船和空间站的设计及运行管理,我们已经对人类开展太空旅行的生命保障技术基本掌握,使人类实现在地球低轨开展安全可靠的健康太空旅游。2001 年 4 月 30 日,美国亿万富翁丹尼斯·蒂托花了 2 000 万美元,乘坐俄罗斯的联盟号飞船奔赴国际空间站,进行了为期 8 天的太空之旅。2021 年 7 月 11 日,维珍银河公司宇宙飞船搭乘 5 名成员顺利升空,抵达 80 多 km 的太空边缘。2021 年7 月 20 日,亚马逊创始人贝佐斯的蓝色起源公司也圆满完成太空飞行任务。2021年 9 月 16 日,SpaceX 全民用机组成功地将 4 名普通乘客乘坐龙飞船离开了 575km 的轨道经历 3 天飞行回到地球。随着我国空间站的建成以及商业航天的快速发展,我们进入太空的能力更强,生命保障技术更加成熟,保障人体健康安全的手段更加简单可靠,太空旅游成本将大幅下降,不需要长时间特殊训练的普通人也能安全开展太空之旅,太空旅游将成为商业航天的主力产业并将引领太空经济的发展。

　　人类对太空探索不能只满足在地球轨道甚至月球开展太空旅游,人类应有雄心去地外星球长期驻留开展科考、旅游甚至移民,美国 SpaceX 公司总裁马斯克甚至规划了要移民 100 万人到火星上,如果人类要在地外星球开展长期驻留甚至生存,就需要尽量原位利用地外星球的资源构建可持续低功耗的适宜人类居住的受控生态系统,尽管美国开展的生物圈二号宣告失败,只是说明要建立全封闭 100% 物质自动循环的人造生态系统十分困难,但是通过人为干预和尽量少的可控补充物质维持生态平衡的小型生态系统构建还是具有较大的现实意义。图 6.1 为人类月球家园建设概念畅想图。

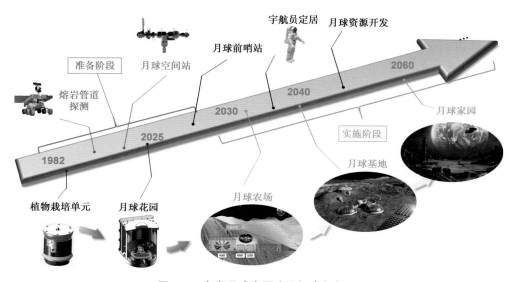

图 6.1　人类月球家园建设概念畅想图

要在月球、火星等地外星球建设基地甚至供人类在地外星球开展科学考察和居住的家园,首先需要在月球或火星等星球构建适合人类生存居住的宜居密闭受控生态系统,这个居住地的选址十分重要。例如,在月球上建设基地,尽管目前国际上主流方案是选址在月球南极附近的月球坑,一方面考虑充分利用太阳光,另一方面考虑有可能有水的存在。但从人类本能的生存选择及月球极端恶劣的月表环境出发,我们建议选址在月球早期形成的熔岩管洞,利用其洞深长、洞体十分坚固和洞内温差小、辐射少等优势,这是理想的居住场所。但是我们对月球熔岩管洞内部环境及其结构与地质条件还知之甚少,需要尽快利用现在无人勘察和探测技术,发射机器人到月球溶洞开展探测,详细掌握月球熔岩管洞的形状、环境状况、结构等情况,同时如何开展洞体的密封性检查并对其泄漏位置精确定位、如何实现在洞外高真空环境下的自动密封也是首先必须面临的难点和需要解决的关键技术,需要开展一种能自动进行洞体密封的先进技术,最好通过无人系统完成该任务。另外,必须解决的关键难点就是如何在不影响洞体密封性的前提下把月球表面的阳光引进熔岩管洞内。在人类到达月球熔岩管洞前,最好能在里面开展月球农场的实验和建设,在智慧精准农业的基础上,针对熔岩管洞环境进行无人种植,为人类在月球生存提供食物等。尽管这还是我们的一个想法,但希望在地面上开展一些关键技术的模拟和验证。为此,我们走访了重庆武隆、酉阳、南川、涪陵、璧山和万盛,四川成都,湖南湘西等地,这些地区拥有丰富的喀斯特溶洞。我们选取了部分溶洞开展自动密封、物质循环、生态系统构建、机器人作业和溶洞农业技术等研究和验证,以期为推动人类在地外星球构建受控生态系统积累经验和技术积累。

因此,建议国家尽快启动针对月球和火星熔岩管道的"洞察"计划,发射环绕卫星对其表面的熔岩管道的主体结构分布进行遥感勘察。同时研发针对熔岩管洞内暗弱环境及地下密闭环境导航通信和遥操作与控制等技术。尽早研发能够在月球熔岩管道内行走自如、具有自主操控和智慧感知能力的机器人,对管道的形状、内部环境、结构及分布进行就地探测和勘察。同时为我们在地面上开展的研究和验证提供最直接的资料。畅想不久的将来,在我国科学家和工程师的努力下,在月球和火星熔岩管道内建造了安全、舒适的洞穴旅馆,供人们旅游、科考等活动。不仅能展示中国的科研能力与水平,还能提高我们对地外星球探测的话语权。

参考文献

[1] ANDREWS-HANNA J C, ZUBER M T, HAUCK II S A. Strike-slip faults on Mars: Observations and implications for global tectonics and geodynamics[J]. Journal of Geophysical Research: Planets, 2008, 113(E8): E08002.

[2] BENAROYA H. Lunar habitats: a brief overview of issues and concepts[J]. Reach, 2017, 7/8: 14-33.

[3] BLAIR D M, CHAPPAZ L, SOOD R, et al. The structural stability of lunar lava tubes[J]. Icarus, 2017, 282: 47-55.

[4] BLAMONT J. A roadmap to cave dwelling on the Moon and Mars[J]. Advances in Space Research, 2014, 54(10): 2140-2149.

[5] BYRNE C J. A Large Basin on the Near Side of the Moon[J]. Earth, Moon, and Planet, 2007, 101(3): 153-188.

[6] CADOGAN P H. Oldest and largest lunar basin? [J]. Nature, 1974, 250(5464): 315-316.

[7] CAMERON W S. An Interpretation of Schröter's Valley and Other Lunar Sinuous Rills[J]. Journal of Geophysical Research, 1964, 69(12): 2423-2430.

[8] CARRER L, GEREKOS C, BRUZZONE L. A multi-frequency radar sounder for lava tubes detection on the Moon: Design, performance assessment and simulations[J]. Planetary and Space Science, 2018, 152: 1-17.

[9] CHAPPAI L, SOOD R, MELOSH H J, et al. Evidence of large empty lava tubes on

the Moon using GRAIL gravity[J]. Geophysical Research Letters,2017,44(1):
105-112.

[10] CHAPPAZ L,SOOD R,MELOSH H,et al. Buried empty lava tube detection with GRAIL data[C]. AIAA SPACE conference and exposition,2014:1361-1380.

[11] CLAUWAERT P,MUYS M,ALLOUL A,et al. Nitrogen cycling in Bioregenerative Life Support Systems:Challenges for waste refinery and food production processes [J]. Progress in Aerospace Sciences,2017,91:87-98.

[12] COLAPRETE A,SCHULTZ P,HELDMANN J,et al. Detection of Water in the LCROSS Ejecta Plume[J]. Science,2010,330(6003):463-468.

[13] COOPER M,DOUGLAS G,PERCHONOK M. Developing the NASA Food System for Long-Duration Missions[J]. Journal of Food Science,2011,76(2):R40-R48.

[14] CRAWFORD I A. Lunar resources:A review[J]. Progress in Physical Geography, 2015,39(2):137-167.

[15] CZUPALLA M,HORNECK G,BLOME H J. The conceptual design of a hybrid life support system based on the evaluation and comparison of terrestrial testbeds[J]. Advances in Space Research,2005,35(9):1609-1620.

[16] DARTNELL L R,DESORGHER L,WARD J M,et al. Modelling the surface and subsurface Martian radiation environment:implications for astrobiology[J]. Geophysical Research Letters,2007,34(2):346-358.

[17] DING J,XIE G,GUO L,et al. Karst Cave as Terrestrial Simulation Platform to Test and Design Human Base in Lunar Lava Tube[J]. 2022,2022.

[18] DONG C,SHAO L,FU Y,et al. Evaluation of wheat growth,morphological characteristics,biomass yield and quality in Lunar Palace-1,plant factory,green house and field systems[J]. Acta Astronautica,2015,111:102-9.

[19] DRAKE B G,HOFFMAN S J,BEATY D W. Human exploration of Mars,Design Reference Architecture 5.0[C]// 2010 IEEE Aerospace Conference. Big sky, MT,USA. IEEE,1-24.

[20] EFFIONG U,NEITZEL R L. Assessing the direct occupational and public health impacts of solar radiation management with stratospheric aerosols[J]. Environmental Health,2016,15(1):7.

［21］ EHLMANN B L,MUSTARD J F,MURCHIE S L,et al. Subsurface water and clay mineral formation during the early history of Mars［J］. Nature,2011,479(7371)：53-60.

［22］ FELDMAN W C MAURICE S,BINDER A B,et al. Fluxes of fast and epithermal neutrons from Lunar Prospector：evidence for water ice at the lunar poles［J］. Science,1998,281(5382)：1496-1500.

［23］ FU Y M,LI L Y,XIE B Z,et al. How to Establish a Bioregenerative Life Support System for Long-Term Crewed Missions to the Moon or Mars［J］. Astrobiology,2016,16(12)：925-36.

［24］ GIULI R T. On the rotation of the Earth produced by gravitational accretion of particles［J］. Icarus,1968,8(1/2/3)：301-323.

［25］ GLAUERT A M. The Martian climate revisited：atmosphere and environment of a desert planet［J］. Journal of the British Astronomical Association,2006,116(2)：97.

［26］ GREELEY R,HYDE J H. Lava Tubes of the Cave Basalt,Mount St. Helens,Washington［J］. Geological Society of America Bulletin,1972,83(8)：2397.

［27］ GREELEY R,Lunar hadley rille：considerations of its origin［J］. Science,1971,172(3984)：722-725.

［28］ GREELEY R. Lava tubes and channels in the lunar Marius Hills［J］. The Moon,1971,3(3)：289-314.

［29］ GUAN J Z,LIU A M,XIE K Y,et al. Preparation and Characterization of Mar-tian Soil Simulant NEU Mars-1［J］. Transactions of Nonferrous Metals Society of China,2020,30(1)：212-222.

［30］ HARTMANN W K,DAVIS D R. Satellite-sized planetesimals and lunar origin［J］. Icarus,1975,24(4)：504-515.

［31］ HARUYAMA J,SAWAI S,SIIUNO T,et al. Exploration of Lunar Holes,Possible Skylights of Underlying Lava Tubes,by Smart Lander for Investigating Moon (SLIM) ［J］. Transactions Japan Society Aeronautical Space Sciences Aerosp Tech-nology Japan,2012,10(28)：7-10.

［32］ HARUYAMA J,HIOKI K,SHIRAO M,et al. Possible lunar lava tube skylight ob-

served by SELENE cameras[J]. Geophysical Research Letters, 2009, 36 (21):L21206.

[33] HARUYAMA J, MOROTA T, KOBAYASHI S, et al. Lunar Holes and Lava Tubes as Resources for Lunar Science and Exploration[M]//Moon. Berlin, Heidelberg: Springer Berlin Heidelberg. 2012:139-163.

[34] HE W T, LIU H, XING Y D, et al. Comparison of three soil-like substrate production techniques for a bioregenerative life support system[J]. Advances in Space Research, 2010, 46(9):1156-1161.

[35] HEAD J W, WILSON L. The Formation of Eroded Depressions around the Sources of Lunar Sinuous Rilles: Observations[M]. Lunar and Planetary Science Conference, 1980:426-428.

[36] HEAD J W. Lunar volcanism in space and time[J]. Reviews of Geophysics, 1976, 14(2):265.

[37] HENDRICKX L, MERGEAY M. From the deep sea to the stars: human life support through minimal communities[J]. Current Opinion in Microbiology, 2007, 10(3): 231-237.

[38] HOLSAPPLE K A, HOUSEN K R. A crater and its ejecta: An interpretation of Deep Impact[J]. Icarus, 2007, 191(2):586-597.

[39] HOU X Y, DING T X, CHEN T, et al. Constitutive properties of irregularly shaped lunar soil simulant particles[J]. Powder Technology, 2019, 346:137-149.

[40] HU E Z, BARTSEV S I, LIU H. Conceptual design of a bioregenerative life support system containing crops and silkworms[J]. Advances in Space Research, 2010, 45 (7):929-939.

[41] HULME G. A review of lava flow processes related to the formation of lunar sinuous rilles[J]. Geophysics Surveys, 1982, 5(3):245-279.

[42] HURWITZ D M, HEAD J W, HIESINGER H. Lunar sinuous rilles: Distribution, characteristics, and implications for their origin[J]. Planetary Space Science, 2013, 79/80:1-38.

[43] JOLLIFF B L, GILLIS J J, HASKIN L A, et al. Major lunar crustal terranes: Surface expressions and crust-mantle origins[J]. Journal of Geophysical

Research: Planets, 2000, 105 (E2): 4197-4216.

［44］JORDÁ-BORDEHORE L, TOULKERIDIS T, ROMERO-CRESPO P L, et al. Stability assessment of volcanic lava tubes in the Galápagos using engineering rock mass classifications and an empirical approach［J］. International Journal of Rock Mechanics and Mining Sciences, 2016, 89: 55-67.

［45］KABIR M Y, NAMBEESAN S U, BAUTISTA J, et al. Effect of irrigation level on plant growth, physiology and fruit yield and quality in bell pepper (Capsicum annuum L.)［J］. Scientia Horticulturae, 2021, 281: 109902.

［46］KAKU T, HARUYAMA J, MIYAKE W, et al. Detection of Intact Lava Tubes at Marius Hills on the Moon by SELENE (Kaguya) Lunar Radar Sounder［J］. Geophysical Research Letters, 2017, 44 (20): 10155-10161.

［47］KAMPSCHREUR M J, TEMMINK H, KLEEREBEZEM R, et al. Nitrous oxide emission during wastewater treatment ［J］. Water Research, 2009, 43 (17): 4093-4103.

［48］KEIHM S J, LANGSETH. Surface brightness temperatures at the Apollo 17 heat flow site-Thermal conductivity of the upper 15 cm of regolith［C］. proceedings of the Lunar and Planetary Science Conference Proceedings, F, 1973.

［49］LEVINE J S, KRAEMER D R, KUHN W R. Solar radiation incident on Mars and the outer planets: Latitudinal, seasonal, and atmospheric effects［J］. Icarus, 1977, 31 (1): 136-145.

［50］LI C S, CAI R R. Preparation of solid organic fertilizer by co-hydrothermal carbonization of peanut residue and corn cob: A study on nutrient conversion［J］. Science of the Total Environment. 2022, 838.

［51］LI M, HU D W, LIU H, et al. Chlorella vulgaris culture as a regulator of $CO2$ in a bioregenerative life support system［J］. Advances in Space Research, 2013, 52 (4): 773-779.

［52］LI S, LUCEY P G, MILLIKEN R E, et al. Direct evidence of surface exposed water ice in the lunar polar regions［J］. Proceedings of the National Academy of Sciences, 2018, 115 (36): 8907-8912.

［53］LINGENFELTER R E, PEALE S J, SCHUBERT G. Lunar Rivers［J］. Science,

1968,161(3838):266-269.

[54] LIU Q,CHEN X B,WU K,et al. Nitrogen signaling and use efficiency in plants: what's new? [J]. Current Opinion in Plant Biology,2015,27:192-198.

[55] LIU X F,CHEN M,BIAN Z L,et al. Studies on urine treatment by biological purification using Azolla and UV photocatalytic oxidation[J]. Advances in Space Research,2008,41(5):783-786.

[56] LÉVEILLÉ R J,DATTA S. Lava tubes and basaltic caves as astrobiological targets on Earth and Mars: A review[J]. Planet Space Sci,2010,58(4):592-598.

[57] MAGALHAES J R,HUBER D M. Response of ammonium assimilation enzymes to nitrogen form treatments in different plant species[J]. Journal of Plant Nutrition,1991,14(2):175-185.

[58] MANGOLD N,BARATOUX D,WITASSE O,et al. Mars: a small terrestrial planet [J]. The Astronomy and Astrophysics Review,2016,24(1):15.

[59] MARTELLATO E,FOING B H,BENKHOFF J. Numerical modelling of impact crater formation associated with isolated lunar skylight candidates on lava tubes [J]. Planetary and Space Science,2013,86:33-44.

[60] MCCALL G J H. Lunar Rilles and a Possible Terrestrial Analogue[J]. Nature,1970,225(5234):714-716.

[61] MEZGER K,DEBAILLE V,KLEINE T. Core Formation and Mantle Differentiation on Mars[J]. Space Science Reviews,2013,174(1):27-48.

[62] MORTHEKAL P,JAIN M,DARTNELL L,et al. Modelling of the dose-rate variations with depth in the Martian regolith using GEANT4[J]. Nuclear Instruments & Methods in Physics Research Section A, Accelerators, Spectrometers, Detectors and Associated Equipment,2007,580(1):667-670.

[63] MURASE T,MCBIRNEY A R. Thermal Conductivity of Lunar and Terrestrial Igneous Rocks in Their Melting Range[J]. Science,1970,170(3954):165-167.

[64] NAZARI-SHARABIAN M,AGHABABAEI M,KARAKOUZIAN M,et al. Water on Mars-a Literature Review[J]. Galaxies,2020,8(2):40.

[65] NEALY J E,WILSON J W,TOWNSEND L W. Solar-flare shielding with Regolith at a lunar-base site[R]. NASA Technical Paper,1989:2869.

［66］ NEGI Y K,SAJWAN P,UNIYAL S,et al. Enhancement in yield and nutritive qualities of strawberry fruits by the application of organic manures and biofertilizers［J］. Scientia Horticulturae,2021,283:110038.

［67］ NGUYEN M T P,KNOWLING M,TRAN N N,et al. Space farming:Horticulture systems on spacecraft and outlook to planetary space exploration［J］. Plant Physiology and Biochemistry,2023,194:708-21.

［68］ NITTA K. The Mini-Earth facility and present status of habitation experiment program［J］. Advances in Space Research,2005,35(9):1531-1538.

［69］ NÚÑEZ J I,BARNOUIN O S,MURCHIE S L,et al. New insights into gully formation on Mars:Constraints from composition as seen by MRO/CRISM［J］. Geophysical Research Letters,2016,43(17):8893-8902.

［70］ PALOS M F,SERRA P,FERERES S,et al. Lunar ISRU energy storage and electricity generation［J］. Acta Astronautica,2020,170:412-420.

［71］ PIETERS C M,GOSWAMI J N,CLARK R N,et al. Character and Spatial Distribution of OH/H2 O on the Surface of the Moon Seen by M-3 on Chandrayaan-1 ［J］. Science,2009,326(5952):568-572.

［72］ PONSANO E H G,PAULINO C Z,PINTO M F. Phototrophic growth of Rubrivivax gelatinosus in poultry slaughterhouse wastewater［J］. Bioresource Technology, 2008,99(9):3836-3842.

［73］ PÉREZ J,MONTESINOS J L,ALBIOL J,et al. Nitrification by immobilized cells in a micro-ecological life support system using packed-bed bioreactors:An engineering study［J］. Journal of Chemical Technology and Biotechnology,2004,79 (7):742-754.

［74］ QUAIDE W. Rilles,ridges,and domes-Clues to maria history［J］. Icarus,1965,4 (4):374-389.

［75］ RECTOR T J,GARLAND J L,STARR S O. Dispersion characteristics of a rotating hollow fiber membrane bioreactor:Effects of module packing density and rotational frequency［J］. Journal of Membrane Science,2006,278(1/2):144-150.

［76］ ROBERTS C E,GREGG T K P. Rima Marius,the Moon:Formation of lunar sinuous rilles by constructional and erosional processes - ScienceDirect［J］. Icarus,2019,317:682-688.

[77] ROBINSON M S,BRYLOW S M,TSCHIMMEL M,et al. Lunar Reconnaissance Orbiter Camera(LROC)Instrument Overview[J]. Space Science Reviews,2010, 150(1):81-124.

[78] ROBINSON M S,ASHLEY J W,BOYD A K,et al. Confirmation of sublunarean voids and thin layering in mare deposits[J]. Planet & Space Science,2012,69 (1):18-27.

[79] SAGANTI P B,CUCINOTTA F A,WILSON J W,et al. Radiation climate map for analyzing risks to astronauts on the mars surface from galactic cosmic rays[J]. Space Science Reviews,2004,110(1/2):143-156.

[80] SAGGESE T,THAMBYAH A,WADE K,et al. Differential Response of Bovine Mature Nucleus Pulposus and Notochordal Cells to Hydrostatic Pressure and Glucose Restriction[J]. Cartilage,2020,11(2):221-233.

[81] SAURO F,POZZOBON R,MASSIRONI M,et al. Lava tubes on Earth,Moon and Mars:A review on their size and morphology revealed by comparative planetology [J]. Earth-Science Reviews,2020,209:103288.

[82] SCOTT A N,OZE C,TANG Y,et al. Development of a Martian regolith simulant for in-situ resource utilization testing[J]. Acta Astronautica,2017,131:45-49.

[83] SEVIGNÉ ITOIZ E,FUENTES-GRÜNEWALD C,GASOL C M,et al. Energy balance and environmental impact analysis of marine microalgal biomass production for biodiesel generation in a photobioreactor pilot plant[J]. Biomass Bioenergy, 2012,39:324-335.

[84] SILVA A G,CARTER R,MERSS F L M,et al. Life cycle assessment of biomass production in microalgae compact photobioreactors[J]. GCB Bioenergy,2015,7 (2):184-194.

[85] SOLOMON S C,HEAD J W. Vertical movement in mare basins:Relation to mare emplacement,basin tectonics,and lunar thermal history [J]. Journal of Geophysical Research,1979,84(B4):1667.

[86] SPUDIS P D,BUSSEY D B J,BALOGA S M,et al. Evidence for water ice on the moon:Results for anomalous polar craters from the LRO Mini-RF imaging radar [J]. Geophys Res Planets,2013,118(10):2016-2029.

[87] DO S,OWENS A,HO K,et al. An independent assessment of the technical feasibility of the Mars One mission plan-Updated analysis[J]. Acta Astronautica, 2016,120:192-228.

[88] THEINAT A K,MODIRIASARI A,BOBET A,et al. Lunar lava tubes: Morphology to structural stability[J]. Icarus,2020,338:113442.

[89] THOMPSON T W. High Resolution LUNAR Radar Map at 7.5 m Wavelength[J]. ICARUS,1978,36(2):174-188.

[90] USHAKOVA S A,ZOLOTUKHIN I G,TIKHOMIROV A A,et al. Some Methods for Human Liquid and Solid Waste Utilization in Bioregenerative Life-Support Systems[J]. Applied Biochemistry and Biotechnology,2008,151(2):676.

[91] VOLLSTAEDT H,MEZGER K,LEYA I. The selenium isotope composition of lunar rocks: Implications for the formation of the Moon and its volatile loss[J]. Earth Planetary Science Letters,2020,542:116289.

[92] WAGNER R V,ROBINSON M S. Distribution,formation mechanisms,and significance of lunar pits[J]. Icarus,2014,237:52-60.

[93] WEBER R C,LIN P Y,GARNERO E J,et al. Seismic Detection of the Lunar Core [J]. Science,2011,331(6015):309-312.

[94] WILSON J W,CLOWDSLEY M S,CUCINOTTA F A,et al. Deep space environments for human exploration[J]. Advances in Space Research,2004,34(6): 81-1287.

[95] XIE G,YANG J,XU Y,et al. The first biological experiments on the lunar show that low gravity conditions will acclimate to super-freezing. Microgravity Science and Technology,2023.

[96] ZABEL B,HAWES P,STUART H,et al. Construction and engineering of a created environment: Overview of the Biosphere 2 closed system[J]. Ecological Engineering,1999,13(1/2/3/4):43-63.

[97] ZHANG H,PENG Y,YANG P J,et al. Response of process performance and microbial community to ammonia stress in series batch experiments[J]. Bioresource Technology. 2020,314.

[98] ZHAO J N,HUANG J,KRAFT M D,et al. Ridge-like lava tube systems in southeast Tharsis,Mars[J]. Geomorphology,2017,295:831-839.

［99］ ZOLOTUKHIN I G，TIKHOMIROV A A，KUDENKO Y A，et al. Biological and physicochemical methods for utilization of plant wastes and human exometabolites for increasing internal cycling and closure of life support systems［J］. Advances in Space Research，2005，35（9）:1559-1562.

［100］ 曹建华,蒋忠诚,袁道先,等.岩溶动力系统与全球变化研究进展［J］.中国地质,2017,44（5）:874-900.

［101］ 陈慈,赵姜,龚晶.蔬菜废弃物资源化利用的技术路径与建议［J］.北方园艺.2021（6）:156-161.

［102］ 陈建平,王翔,许延波,等.基于多源数据的月球大地构造纲要图编制:以LQ-4地区为例［J］.地学前缘,2012,19（6）:1-14.

［103］ 陈伟海.洞穴研究进展综述［J］.地质论评,2006,52（6）:783-792.

［104］ 戴文赛,陈道汉.太阳系起源各种学说的评价［J］.天文学报,1976,17（1）:93-105.

［105］ 董捷,王闯,赵洋.基于工程约束的火星着陆区选择［J］.深空探测学报,2016,3（2）:134-139.

［106］ 冯传禄.混凝-超声电化学-MAP 联合工艺处理列车粪便污水研究［D］.长沙理工大学,2019.

［107］ 付广青,杜静,叶小梅,等.青贮水稻秸秆厌氧发酵产沼气特性［J］.江苏农业学报.2016,32（1）:90-96.

［108］ 格央.高原气候环境与人类健康［J］.西藏科技,2006,（4）:50-51.

［109］ 谷瑶,朱永杰,姜微.农林复合系统生态服务功能研究综述［J］.热带农业科学,2015,35（10）:57-63.

［110］ 郭弟均,刘建忠,籍进柱,等.月球的全球构造格架初探［J］.地球物理学报,2016,59（10）:3543-3554.

［111］ 郭双生.太空基地受控生态生命保障系统理论设计［M］.北京:北京理工大学出版社,2018.

［112］ 郝晟,王春连,林浩文.城市湿地公园生物多样性设计与评估——以六盘水明湖国家湿地公园为例［J］.生态学报,2019,39（16）:5967-77.

［113］ 贺可强,王滨,郭璐,等.中国北方与南方岩溶塌陷对比研究［J］.河北地质大学学报,2017,40（1）:57-64.

［114］胡璇. 环境温度与人体健康[J]. 心血管病防治知识（科普版），2011
（11）：54.

［115］黄保健. 重庆芙蓉洞崩塌作用及其环境效应[J]. 中国岩溶，2011，30（1）：
105-112.

［116］姜晓燕，高圣杰，蒋燕，等. 毛乌素沙地植被不同恢复阶段植物群落物种多样
性、功能多样性和系统发育多样性[J]. 生物多样性，2022，30（5）：18-28.

［117］靳庆壮. 生物质水热碳化废水循环利用过程中水热炭的形成机制研究[D].
华北电力大学，2021.

［118］匡恩俊，迟凤琴，宿庆瑞，等. 三江平原地区不同有机物料腐解规律的研究
[J]. 中国生态农业学报. 2010，18（4）：736-741.

［119］李甲琳. 农村生活有机垃圾与人粪便堆肥过程及其微生物特性研究[D]. 东
南大学，2019.

［120］李正泉，贺忠华，胡中民. 气候与健康及气候康养研究进展[J]. 2020，40（1）：
107-116.

［121］刘汉生，王江，赵健楠，等. 典型模拟火星土壤研究进展[J]. 载人航天，2020，
26（3）：389-402.

［122］吕金波，李铁英，郑明存，等. 北京石花洞岩溶学研究进展[J]. 城市地质，
2014，9（2）：11-17.

［123］戚英，虞依娜，彭少麟. 广东鹤山林-果-草-鱼复合生态系统生态服务功能价
值评估[J]. 生态环境，2007，（2）：584-91.

［124］尚可，钱荣毅. 雷达探测技术在月球科学探测研究中的进展[J]. 地球科学前
沿（汉斯），2017（2）：158-166.

［125］宋靖华，张杨姝禾，袁焕鑫. 利用熔岩管道建设月球基地的规划设想[J]. 城
市建筑，2019，16（7）：44-51.

［126］孙萌. 房山地质公园岩溶洞穴群特征和成因及利用研究[D]. 北京：中国地
质大学（北京），2014.

［127］王超，张晓静，姚伟. 月球极区水冰资源原位开发利用研究进展[J]. 深空探
测学报，2020，7（3）：241-247.

［128］王娇，周成虎，程维明. 全月球撞击坑的空间分布模式[J]. 武汉大学学报（信
息科学版），2017，42（4）：512-519.

[129] 王攀,任连海,甘筱.城市餐厨垃圾产生现状调查及影响因素分析[J].环境科学与技术.2013,36(3):181-185.

[130] 王晓玉.以华东、中南、西南地区为重点的大田作物秸秆资源量及时空分布的研究[D].中国农业大学,2014.

[131] 肖龙,黄俊,赵佳伟,等.月面熔岩管洞穴探测的意义与初步设想[J].中国科学(物理学力学天文学),2018,48(11):87-100.

[132] 谢和平,李存宝,孙立成,等.月球原位能源支撑技术探索构想[J].工程科学与技术,2020,52(3):1-9.

[133] 熊康宁,肖杰,朱大运.混农林生态系统服务研究进展[J].生态学报,2022,42(3):851-61.

[134] 许英奎,朱丹,王世杰,等.月球起源研究进展[J].矿物岩石地球化学通报,2012,31(5):516-521.

[135] 薛善夫.太阳系起源和演化理论的研究[J].天文学报,2011,52(5):385-391

[136] 燕翔,宫峥嵘,王都留,等.大豆秸秆综合利用研究进展[J].大豆科学.2022,41(4):480-489.

[137] 姚美娟,陈建平,王翔,等.基于最优分割分级法的月球撞击坑分级及其演化分析[J].岩石学报,2016,32(1):119-126.

[138] 姚美娟,陈建平,徐彬,等.月球正面与背面的差异对比与演化分析[J].地球科学与环境学报,2017,39(3):428-438.

[139] 曾伟,雷江丽,史正军,等.林分改造模式对马占相思森林群落木本植物更新的影响[J].生态科学,2023,42(1):164-71.

[140] 张雷.毛乌素沙地人工灌木林群落特征及其生态系统服务研究[D];内蒙古大学,2021.

[141] 张莹,谷萌,孙捷,等.餐厨垃圾水热炭化产物分配规律及液固产物特性研究[J].中国环境科学.2022,42(1):239-249.

[142] 张远海,朱德浩.中国大型岩溶洞穴空间分布及演变规律[J].桂林理工大学学报,2012,32(1):20-28.

[143] 朱学稳.芙蓉洞的次生化学沉积物[J].中国岩溶,1994,13(4):357-368.

[144] 邹永廖,欧阳自远,徐琳,等.月球表面的环境特征[J].第四纪研究,2002,22(6):533-539.